AF411293

FLORULE DU MONT-BLANC

GUIDE

DU BOTANISTE ET DU TOURISTE DANS LES ALPES PENNINES

PAR

VENANCE PAYOT

NATURALISTE
MEMBRE DES SOCIÉTÉS BOTANIQUE ET GÉOLOGIQUE DE FRANCE
ET DE PLUSIEURS AUTRES SOCIÉTÉS SAVANTES

PHANÉROGAMES

PARIS

LIBRAIRIE SANDOZ ET THUILLIER
4, rue de Tournon, 4

<table>
<tr><td>NEUCHATEL</td><td>GENÈVE</td></tr>
<tr><td>LIBRAIRIE JULES SANDOZ</td><td>LIBRAIRIE DESROGIS</td></tr>
</table>

OPUSCULES SCIENTIFIQUES DE L'AUTEUR :

Catalogue des principales plantes qui croissent sur la chaîne du Mont-Blanc : 40 pages in-4, imprimé d'un seul côté.

Guide du botaniste au Jardin de la Mer de glace, ou 1re notice sur la végétation de la région des neiges.

Catalogue des cryptogames cellulaires qui croissent dans un rayon de 200 kilomètres autour du Mont-Blanc. (Guide du Lichenologue.)

Les fougères, prêles et lycopodiacées des environs du Mont-Blanc.

2e notice sur la végétation de la région des neiges ou flore des Grands-Mulets.

Enumération des mousses rares, nouvelles et peu connues des environs du Mont-Blanc, suivie de la liste des Diatomées de la vallée de Chamounix.

3e notice sur la végétation de la région des neiges ou florule de la vallée de la Mer de glace.

Observations thermométriques et météorologiques sur la vallée de Chamounix.

Température de la rivière d'Arve, des sources et des torrents de la vallée de Chamounix, observée pendant les années 1855, 1856 et une partie de 1857.

Erpétologie, malacologie et paléontologie des environs du Mont-Blanc, ou description historique des reptiles et énumération des coquilles vivantes et fossiles; grand in-8, 75 pages, 1865.

Catalogue de la série des roches et des minéraux de la chaîne du Mont-Blanc.

Oscillations des quatre grands glaciers de la vallée de Chamounix, 1867.

Florule de la vallée de la Mer glace, 1868.

SOUS PRESSE :

La géologie et la minéralogie des environs du Mont-Blanc.

La florule bryologique des environs du Mont-Blanc ou Etudes bryo-géographiques des Alpes pennines.

La florule hépaticologique des environs du Mont-Blanc ou Etudes hépatico-géographiques autour du massif des Alpes pennines et des montagnes adjacentes.

La florule lichenologique ou Guide du Lichenologue au Mont-Blanc et sur toute la chaîne des Alpes pennines.

FLORULE DU MONT-BLANC

NEUCHATEL — IMPRIMERIE DE JAMES ATTINGER

FLORULE DU MONT-BLANC

GUIDE

DU BOTANISTE ET DU TOURISTE DANS LES ALPES PENNINES

PAR

VENANCE PAYOT

NATURALISTE

MEMBRE DES SOCIÉTÉS BOTANIQUE ET GÉOLOGIQUE DE FRANCE

ET DE PLUSIEURS AUTRES SOCIÉTÉS SAVANTES

PHANÉROGAMES

PARIS

LIBRAIRIE SANDOZ ET THUILLIER

4, rue de Tournon, 4

NEUCHATEL	GENÈVE
LIBRAIRIE JULES SANDOZ	LIBRAIRIE DESROGIS

PRÉFACE

Depuis longtemps les nombreux naturalistes qui, chaque année, viennent explorer nos belles vallées, regrettaient de n'avoir
pas à leur portée un ouvrage qui leur offrît un tableau complet de la végétation du géant des montagnes.

Le livre que je présente aux botanistes est destiné à combler
cette lacune; il contient l'énumération de toutes les espèces
végétales qu'on rencontre dans les diverses excursions qu'on
peut entreprendre dans un périmètre de trois cents kilomètres
autour du Mont-Blanc.

Comme cette chaîne appartient à trois Etats différents, le
champ de trente années d'excursions ou d'explorations s'est
étendu indifféremment vers le nord-est qui appartient à la
Suisse, vers le sud-est à l'Italie au nord et au nord-ouest; les
trois quarts du territoire compris dans les limites de ce *Guide*
appartiennent à la France. Pour mieux préciser ces limites, je
les tracerai par bassins hydrographiques, en suivant le cours
des rivières sans les dépasser. Je commence par le bassin du
Rhône, de Vernayaz à Martigny, pour suivre le cours de la
Dranse d'Entremont ou du grand Saint-Bernard jusqu'à l'Hospice et descendre au sud-est sur Saint-Rémy ou la Doire supérieure. En suivant Buttier et le vallon des Bosses, je des-
cends en ligne droite sur Saint-Didier et le petit Saint-Bernard,
le bourg de Sceu et Saint-Maurice, pour remonter le bassin
de l'Isère par Bonneval, le Chapiu et le val de Mont-Joie ou
du Bonnant, qui nous conduit dans le grand bassin de l'Arve.
Ce dernier comprend à peu près tout l'arrondissement de Bonneville; nous entrons ensuite dans le bassin du Giffre, qui peut
se souder, en traversant les Tours Saillières, à celui de Suzanfe
et Salanfe sous la Dent du Midi, et va, avant de se souder au

point de départ, former la magnifique cascade de Pissevache près de Vernayaz. Telle est sommairement l'orographie de la région que j'ai explorée et le programme que j'ai exécuté avec plus ou moins de suite dans les localités les plus rapprochées de mon centre de gravitation.

Je partage mon champ d'étude en trois régions :

1º La région inférieure ou la région des noyers et des vignes, comprenant les plaines qui entrent dans ma circonscription jusqu'à l'altitude de 600 mètres.

2º La seconde région fait suite à la première, jusqu'à l'altitude de 1250 mètres. C'est là qu'est la limite des dernières céréales ou des dernières cultures qu'on rencontre sur les deux versants de la chaîne du Mont-Blanc ; sur le versant occidental, au Tour, elles arrivent jusqu'à 1250 m., et au maximum à Merlet jusqu'à 1450 m. ; au revers oriental, elles s'élèvent un peu plus haut, à 1285 m., et au maximum, à Entrèves, 1450 m.

3º La troisième région va de la limite des dernières cultures jusqu'aux cîmes les plus élevées.

Il y aurait une quatrième région, qu'on pourrait appeler nivale ; mais cette région est si variable en altitude et selon les expositions, que je la désigne simplement comme dernière limite de la végétation ou superalpine.

J'ai été sollicité depuis longtemps de publier le résultat de près de trente ans de recherches et d'explorations sur cette imposante chaîne, recherches qui n'ont pas été sans résultats en découvertes importantes, notamment dans la cryptogamie, qui formera la seconde partie de l'ouvrage complet. Mais deux ans de travaux ou d'analyses sont encore nécessaires avant sa publication, attendu que le champ des explorations est infiniment plus riche dans cette dernière classe que pour les phanérogames, qui ne présentent qu'un petit nombre d'espèces nouvelles, sous des formes vraiment distinctes.

Presque toutes les localités indiquées dans ce travail sont le

résultat de persévérantes recherches entreprises dans le périmètre de cette florule. Si nous comptons 80 courses par saison
sur un point inexploré et souvent à une ou plusieurs fois, à
différentes époques, cela représente environ deux mille courses
sur toute l'étendue de notre domaine floral.

Au Congrès de Florence, M. Alph. de Candolle a présenté
des considérations très-intéressantes sur les causes de l'inégalité de distribution des plantes rares sur la chaîne des Alpes.

Tous les botanistes savent à quel point, dans la chaîne des
Alpes, spécialement en Suisse et en Savoie, certaines parties
abondent en espèces rares et locales, tandis que d'autres sont
pauvres et monotones. M. de Candolle remarque une coïncidence entre l'époque de la disparition des anciens glaciers et
la richesse relative de la flore dans chaque subdivision de la
chaîne des Alpes. Selon lui, les vallées et les groupes de montagnes qui ont aujourd'hui le plus d'espèces rares et la flore la
plus variée, appartiennent aux districts dans lesquels la neige
et les glaciers ont duré le moins; au contraire, les parties
dont la flore est pauvre, sont celles où l'influence des neiges
et des glaciers s'est le plus longtemps prolongée. Ce principe pourrait peut-être s'appliquer à de grandes distances,
mais je remarque le contraire si je compare des localités dans
le voisinage des glaciers actuels. On voit que ces localités sont
infiniment plus riches que celles qui en sont éloignées. Selon
moi, la nature du sous-sol a plus d'influence sur la végétation
que le principe développé par M. de Candolle. Si nous comparons, par exemple, les vallées qui entourent le Mont Rose et
les vallées autour du Mont-Blanc. nous remarquons que les
premières sont infiniment plus riches que les secondes. bien
qu'elles soient aussi rapprochées des glaciers. Ainsi, dans des
conditions topographiques et climatologiques presque analogues, il n'y aurait de différence qu'au point de vue géologique;
mes longues pérégrinations dans les montagnes m'ont conduit à admettre la variabilité illimitée des formes spécifiques.

La persistance des formes ou l'immutabilité spécifique est
pour moi en contradiction avec les faits, qui démontrent que

les stations jouent un très-grand rôle dans la variabilité d'un type spécifique. Je n'admettrais néanmoins pas la subdivision basée sur la différence d'un plus ou moins grand nombre de poils, ainsi que sur d'autres caractères d'une permanence aussi contestable, comme par exemple dans les genres *Erophila, Rosa* ou *Rubus*, dont on fait autant d'espèces qu'il y a de pieds et de localités différentes dans certaines contrées. Je n'ai admis la subdivision des espèces que pour autant qu'elles présentent une certaine étendue permanente et qu'elles sont généralement admises par les botanistes.

J'ai suivi en général la classification adoptée par MM. Grenier et Godron, dans leur *Flore de France,* à l'exception de quelques changements de peu d'importance dans l'ordre des familles.

Toutes les indications de plantes ou de localités, qui ne sont pas suivies du nom de leur auteur, ont été constatées et vérifiées, et présentent la plus rigoureuse exactitude.

Il n'y a d'exception à faire que pour quelques localités du bassin de la Dranse d'Entremont, pour lesquelles des emprunts ont été faits aux bulletins de la Société Murithienne du Valais, dont je suis membre. Ce bassin, moins accessible par suite de son éloignement et de la difficulté d'y trouver des gîtes convenables, est peut-être un peu moins exploré que les autres. Quant aux bassins de la Doire Baltée et de l'Arve, je n'ai pu utiliser aucun renseignement sérieux : les documents que j'ai eus entre les mains contiennent de nombreuses inexactitudes et ne peuvent mériter aucun crédit.

D'autre part, je dois de nombreux renseignements à MM. Reuter, Dr J. Müller, Rapin, Chavannes et Blanchet, qui m'ont honoré de leurs communications pour la révision de certaines familles ou genres. M. Jordan a examiné les Crucifères et les espèces du genre *Hieracium ;* les *Roses* ont été revues par M. Puget, les *Ronces,* par M. Reuter, et les trois dernières familles par le célèbre monographe Duval-Jouve. Qu'ils reçoivent tous ici l'expression de ma vive gratitude.

GUIDE DU BOTANISTE AU MONT-BLANC

PLANTES VASCULAIRES

PREMIER EMBRANCHEMENT : DICOTYLÉDONES

PREMIÈRE CLASSE : THALAMIFLORES

1ʳᵉ famille — RENONCULACÉES

1. Clematis L. (Clématite.)

1 (1) — *Vitalba L.* (C. des haies.) — Commune dans la région inférieure du bassin de l'Arve et de la Dranse : à Martigny, entre 4 à 500 m. au maximum. Juin–juillet.

2. Atragene L. (Atragène.)

2 (1) — *alpina L.* — *Clematis alpina Mill.* (A. des Alpes.) — Eboulis buissonneux du Salève et les derniers escarpements d'Anday sur Bonneville. Juin–juillet.

3. Thalictrum L. (Pigamon.)

3 (1) — *aquilegifolium L.* (P. à feuilles d'Ancolie.) — Fréquent dans les pâturages boisés, frais et ombragés de la région moyenne : en face de Chamonix, au Liapet, au Cougnon, au bord de la Dioza, au Mont, au hameau de Chozalet, au Biolet ; entre 1050 à 1100 m., jusqu'à 1500 m. au maximum, comme entre Lognan et la Pendant ; terrain talqueux. Juin–juillet.

4 (2) — *fœtidum L.* — *saxatile Vill.* (P. fétide.) — Coteaux secs et découverts : montagne de la Saxe sur Courmayeur, au-dessus des Bains, 1100 m. Plateau de Pradaz, 1940 m. (Tissier) Saint-Bernard. Terrain talqueux. Juin–juillet.

5 (3) — *odoratum Gren. et Godr.* (P. odorant.) — Revers méridional du Mont-Blanc, entre la Vzaille et Courmayeur, 1100 à 1200 m.; terrain jurassique. Juin–juillet.

6 (4) — *minus L.* (P. mineur.) — Rochers herbeux et buissonneux : à la montagne de la Côte, sur le hameau du Mont, contre Taconnaz ; altitude moyenne 1050 et 1150 à 1200 m. Terrain cristallin talqueux. Juin-juillet.

Var. — *pubescens Schleich.* À Pradaz, 2000 m.

7 (5) — *saxatile DC.,* — *minus saxatile Gaud.,* — *flexuosum Rchb.* (P. des rochers.) — Coteaux secs bien exposés du revers oriental de la chaîne du Mont-Blanc : en montant au Cramont, au-dessus de Palusieux, dans le val du Chapi, au levant du chaînon de la Saxe, vers le trou des Romains sur Courmayeur, 1400 à 1500 m. ; val d'Entrèves, sur la Chapelle de Berryer, 1100 m. ; terrain jurassique. Juillet-août.

8 (6) — *Jacquinianum Koch.,* — *nutans Schleich.* (P. de Jacquin.) — Rochers herbeux, en montant de Bionnay à Bionnassay, dans le val Mont-Joie, vers 1200 m. d'altitude, sur le terrain jurassique. Juin-juillet.

9 (7) — *simplex L.* (P. simple.) — Prairies de la région inférieure, rentrant à peine dans le périmètre de cette *Flore;* entre Martigny et le Guercet, base du Mont-Chemin ; 450 à 700 m. Juillet.

(Ce genre est un de ceux qui présentent le moins de constance et le plus de variabilité dans les types spécifiques qui passent par tous les intermédiaires, et celui dont la synonymie est la plus nombreuse et la plus embrouillée. Les *Th. majus Jacq.* et *flavum L.* n'ont pas été observés dans le rayon de ma *Flore*, ainsi que les formes décrites par Jordan.

4. Anemone L. (Anémone.)

10 (1) — *vernalis L.,* — *Pulsatilla vernalis Mill.* (A. printanière.) — Pâturages près des neiges fondantes : au col de Balme, vers le mont Catogne et la Croix-de-Fer ; elle couvre le sommet du Mont-Lachat, près du pavillon de Bellevue, où elle est extrêmement abondante ; Mont-Jovet, col du Bonhomme, la Seigne, la Saxe, le grand Saint-Bernard et à peu près sur toutes les montagnes comprises dans la circonscription de ce *Guide*, à une altitude moyenne de 1500 à 2200 m. au maximum. Terrain jurassique. Juin-juillet.

11 (2) — *montana Hoppe,* — *Pulsatilla nutans Gaud.* — (A. de montagne.) — Pelouses de la région inférieure : les Marques, la Bâtiaz et Sembrancher (Valais). Avril-mai.

12 (3) — *alpina L.,* — *Pulsatilla alpina Lois.* (A. des Alpes.) — Assez fréquente sur les deux revers de la chaîne du

Mont-Blanc, dans les pâturages des montagnes : autour des chalets de Balme, de Charamillon, et surtout abondante aux pentes occidentales du Mont-Lachat, de Blaitière, à la Baux, au grand Saint-Bernard, de 1500 à 2000 m.; terrain indifférent. Juin-juillet.

13 (4) — *sulphurea L.* — *apiifolia Wulf.* (A. soufrée.) — Diffère seulement de la précédente par ses sépales jaune de soufre, ordinairement plus grands et plus ovales ; admise comme simple variété de la précédente. Beaucoup plus fréquente et moins alpine que le type ; elle se trouve dans tous les pâturages des basses montagnes : autour de Chamonix, chalets de Balme, de Charamillon, d'Argentière, du hameau de La Joux, du Lavancher, de Blaitière, du Rocher, du Liapet, aux Barats, le Mont, Les Ayers sur Servoz; entre 1050 et 2000 m., rarement au-dessus.; terrain indifférent. Juin-juillet.

14 (5) — *narcissiflora L.* (A. à fleurs de Narcisse.) — Pâturages rocailleux ou rocheux de la Croix-de-Fer, et surtout aux pentes occidentales du Mont-Lachat sur le pavillon de Bellevue, où l'on rencontre ensemble, formant une des plus ravissantes prairies qu'on puisse voir, les quatre espèces ci-dessus aussi abondantes les unes que les autres ; chalets de la Charbonnière, sur Servoz et au val Mont-Joie, Allée-Blanche, dans le val Ferret, Vichères de Liddes, entre le Mont-Jovet et le Bonhomme, la Sauce, aux Granges de Salaison, au Méry, au Vergy, au Chapiu sous le Bonhomme, etc., etc.; rarement au-dessous de 1500 m.; terrain calcaire jurassique et triasique. Juin-juillet.

15 (6) — *baldensis L.*, — *fragifera Wulf.* (A. du Mont-Baldo.) — Rocailles herbeuses : au mont Méry sur Sallanches et au Vergy dans la vallée du Reposoir ; elle est surtout abondante au bord du glacier de l'Allée-Blanche, dans la vallée de ·ce nom, au revers oriental de cette chaîne, ainsi que dans le vallon de Chapi sur Courmayeur, sur le Trocet-Blanc et à la Combe de la Hyoulaz au Cramont. Toujours sur le calcaire jurassique ou triasique, ne descendant que très-exceptionnellement au-dessous de 2000 m. Juillet-août.

16 (7) — *nemorosa L.* (A. Sylvie.) — Lieux frais et humides dans toute la région inférieure, ne s'élevant qu'exceptionnellement au-dessus de 500 m., comme au Chatelard, près de Servoz, et à la Combe de Martigny ; terrain d'alluvion. Avril.

17 (8) — *ranunculoides L.* (A. fausse-renoncule.) — Recherche les mêmes stations que la précédente ; ne s'élève que

bien rarement au-dessus de 400 m. : à Vougy dans la vallée inférieure de l'Arve et dans le vallon de la Combe près de Martigny ; sur l'alluvion. Mars-avril.

18 (9) — *Hepatica L.,* — *Hepatica triloba Chaix.* (A. Hépatique.) Bois et taillis de la région moyenne : au Lavancher, à Argentière, Chozalet, Forclaz du Trient, cascade de Folly en face de Chamonix, Servoz, chalets de la Charbonnière, Mont-Vautier, Combe de Martigny, val d'Essert ou de Ferret ; sa limite verticale ne dépasse pas 1200 m. d'altitude ; terrain d'alluvion. Mars-avril.

5. Adonis L. (Adonide.)

19 (1) — *autumnalis L.* — (A. d'automne ; *vulg. :* Goutte de sang). — Cultivée dans les jardins d'où elle s'échappe en se propageant spontanément dans les moissons de presque toute la région inférieure : entre Sembrancher, Saint-Pierre et Vince dans la vallée d'Entremont, et dans la vallée inférieure et moyenne de l'Arve. Juin-Septembre.

20 (2) — *œstivalis L.,* — *ambigua Gaud.* (A. d'été). — Moissons de la région inférieure. Mai-Juin.

21 (3) — *flammea Jacq.* (A. rouge.) — Région moyenne ; Sembrancher. Mai-juin.

6. Ranunculus L. (Renoncule.)

22 (1) — *aquatilis L.* (R. aquatile.) — Eaux tranquilles et limpides d'une température moyenne de 8 à 15° : dans toute la région inférieure ; ne dépasse pas 1200 m. d'altitude. Juin-juillet.

b) — *lutulentus Perr. et Song.* Ces auteurs, se fondant sur des caractères qui leur paraissent suffisants, élèvent cette forme au rang d'espèce. Cette variation ne proviendrait-elle pas de la température des eaux dans lesquelles elle végète, et de son altitude supérieure à ses congénères? On la trouve au Bouchet, aux Gaillands, à Argentière. La température des eaux dans notre vallée est de 7 à 8° centig. Cette variété occupe la limite altitudinale des espèces de la section des *Batrachium.*

c) — *fluitans Gr. et God.* (R. flottante.)

d) — *submersus Gr. et God.* (R. submergée).

e) — *terrestris Gr. et God.* (R. terrestre) : au bord des mares, lorsque les eaux se retirent. Vallée inférieure de l'Arve, ne s'élevant pas au-dessus de 600 m.

23 (2) — *trichophyllus Chaix — paucistamineus Tausch.*

— *Rionii Lagg.*, — *pantotrix Gaud.* — Région inférieure. Alt. 450 à 500 m. au maximum : Aranthon. Eté.

24 (3) — *Drouetii Schultz.* (R. de Drouet.) — Dans les eaux stagnantes : Vallée inférieure de l'Arve et de la Dranse d'Entremont, Aranthon, près de Bonneville et de Reignier ; environs de Martigny. C'est l'espèce qui recherche la plus haute température des eaux, elle ne s'élève qu'accidentellement au-dessus de 450 à 500 m. Juin.

25 (4) — *divaricatus Schrank,* — *stagnatilis Wallr.* (R. divariquée.) — Beaucoup moins répandue que les précédentes, quoique dans les mêmes stations des eaux limpides et tranquilles ; effleurant à peine les limites de notre domaine. Près de Martigny et aux environs de Genève. Avril.

26 (5) — *Thora L.* (R. Thora.) Les montagnes du sud-ouest, parmi les débris de rochers : à la Grande-Gorge, au Salève ; au Môle, au-dessus de Bonneville (Dumont) ; au Brezon et au Reposoir. Plante appartenant absolument aux terrains calcaires-crétacés, s'écartant peu de 700 à 1000 m. d'altitude moyenne. 15 juin au 15 juillet.

27 (6) — *alpestris L.* — (R. alpestre.) — Débris de rochers dans toute la région de cette flore : col de Balme, col d'Anterne jusqu'au Buet ; Entre-les-Eaux et vallon du Vieux-Emousson, Mont-Jovet, col du Bonhomme, la Seigne, l'Allée-Blanche, mont Catogne à l'est de la chaîne ; mont Méry, au Vergy, etc. Se confinant dans une région élevée de 1500 à 2200 m. ; appartenant exclusivement aux terrains calcaires, et croissant au revers nord des montagnes, près des neiges fondantes. Juillet.

28 (7) — *glacialis L.* (R. des glaciers.) — Débris de rochers humides ravinés par les eaux des neiges fondantes, dans toute la région supérieure : au bord de la Mer de Glace, au Jardin, revers nord de Catogne. col de Balme, les deux revers de la chaîne des Aiguilles-Rouges, au Buet, base de l'Aiguille des Charmoz, sommet de l'arête de Taconnaz, sous les Grands Mulets, sommet de Pierre-Ronde, sous l'Aiguille du Goûté, Aiguille du Midi, Aiguille du Tour, sommet de la montagne de la Côte et de la Gria dans la vallée de Chamonix ; val de Mont-Joie, à Tré la Tête, col du Bonhomme, col des Fours au sud-ouest de la chaîne ; col de la Seigne, col de Ferret, autour de l'hospice du grand Saint-Bernard ; croît indifféremment sur le calcaire et le cristallin. C'est certainement l'espèce qui croît le plus haut sur les Alpes ; elle ne descend qu'exceptionnellement au-dessous de 2200 m. On rencontre plusieurs variétés dues à la station, à l'exposition, au terrain et surtout à l'altitude verticale. Elle est très-employée et bien connue par tous les habitants sous le nom de carline mâle pour la variété à fleurs rouges et de carline femelle pour la variété à fleurs blanches. C'est une erreur qui s'est propagée parmi nos montagnards. Juillet-septembre.

a) — *genuinus Rchb. fl. exc.,* — *minimus Gaud;* qui croît à la dernière limite de la végétation : col du Géant. 3000 m.

b) — *holosericeus Gaud.* — Sommet de l'Aiguille à Bochard, base des Becs-Rouges, près du col de Balme; col de Fenêtre, de Menouve et du Mont-Mort près le Saint-Bernard.

c) — *aconitoides Gaud.* — Indiqué également au Saint-Bernard.

29 (8) — *aconitifolius L.* (R. à feuilles d'aconit.) — Partout dans les prés humides, au bord des ruisseaux, jusqu'aux plus hautes sommités : dans tous les pâturages humides depuis Chamonix jusqu'au col de Balme, le Montanvert, le Chapeau, les Tines, Pavillon de Bellevue, val Mont-Joie, Pormenaz sur Servoz, Allée-Blanche, val Ferret, grand Saint-Bernard, à la Baux, val Champé, au Trient; entre les Champs et Valorsine, c'est-à-dire dans toutes les vallées comprises dans le rayon de ce *Guide*, depuis 1000 jusqu'à 2300 m. d'altitude, indistinctement sur les terrains calcaire ou cristallin. Juin-septembre.

b) — *trifolii Nobis.* — Variété accidentelle très-remarquable par la soudure des folioles embrassant la tige : au Bouchet, 1050 m.

c) — *nanus Nob.* — Atteignant à peine 5-10 cent.; pâturages humides près des neiges : col de Balme, Pormenaz.

30 (9) — *platanifolius L.,* — *aconitifolius b. DC.* (R. à feuilles de platane.) Ressemble à l'espèce précédente; elle en diffère par ses tiges plus élevées, à rameaux dressés, les feuilles sont plus amples, à 5-7 divisions trifides incisées, plus ou moins soudées entre elles à la base. Moins répandue et s'élevant moins, recherchant les pâturages buissonneux, moins humides de la région moyenne : la Forclaz, val du Trient, Entre-les-Champs, chalets de Colonne, de Salaison, au Brezon; entre 1050 à 1500 m. au maximum. A Servoz, vers le Platet. Juin-septembre.

31 (10) — *hybridus Nob.,* non *Biria.* — Je crois avoir affaire à une hybride entre le *R. aconitifolius* et le *R. pla-*

tanifolius ou le *R. lacerus*, forme qui diffère considérablement des deux précédentes; son facies se rapproche de *R. aconitifolius* par sa tige haute de 20 cent. au plus, uniflore, très-petite, par ses feuilles toutes caulinaires, les unes à cinq divisions cunéiformes, très-irrégulièrement incisées-dentées, très-légèrement pubescentes; pédoncule très-court, uniflore. Cette plante ne présente aucune régularité dans la forme des feuilles, aucune fixité dans l'ensemble de son facies, qui est très-délicat, mince, fluet et supporté par de grosses racines. Elle croît dans le vallon d'Entre-les-Eaux, parmi les débris de rochers calcaires, à une altitude de 1500 à 2000 m. Juillet-août.

32 (11) — *grandiflorus Nob.* (R. à grande fleur.) — Fleur unique, dépourvue de sépales, presque aussi grande que celle du *Trollius europœus*, portée sur un très-long pédoncule entièrement nu, sans aucune ramification, glabre, strié, et surmonté d'une grande fleur aux pétales largement obovés; deux feuilles à pétiole engaînant, long de 15 cent., entièrement glabre et strié comme toute la plante, portant cinq à six segments largement ovales-dentés. Une troisième feuille ne dépassant pas le pétiole engaînant des deux autres, à cinq segments plus étroitement lancéolés. C'est probablement une forme accidentelle et très-caractéristique, mais elle est peu fréquente et je n'en ai trouvé que trois exemplaires le long des rigoles en allant au col de Balme. Juin-août.

33 (12) — *parnassifolius L.* (R. à feuilles de Parnassie.) — Pâturages rocailleux et ravinés de la région supérieure. Indiquée derrière les Aiguilles-Rouges par M. Chevallier. Malgré de persévérantes recherches, je ne l'y ai point rencontrée, car cette plante recherche les terrains calcaires et les pentes exposées au midi : au mont Méry et au mont Vergy, environs de Samoëns; à la Combe de Sixt, à la Vauzalle, près du Taneverge; de 2000 à 2400 m. sur le terrain calcaire crétacé. Juin-juillet.

34 (13) — *pyrenœus L.* (R. des Pyrénées.) — Les pâturages élevés, près des neiges fondantes : Chalets de Charamillon, au col de Balme, à Pormenaz, au Méry, au Reposoir, au Vergy, au col du Bonhomme, aux Mottets, la Saxe sur Courmayeur, au grand Saint-Bernard, Plan des Dames, Plan de Jupiter, à la Baux; 1700-2400 m. Plus répandue sur le calcaire jurassique que sur le cristallin. La durée de sa floraison est très-courte. Juillet.

b) — *bupleurifolius DC.* (R. à feuilles de buplèvre.) — Feuilles lancéolées capillaires, tige uniflore : montagne de la Saxe sur Courmayeur.

c) — *plantagineus DC.* (R. à feuilles de Plantain.) — Feuilles largement lancéolées, tiges multiflores : en descendant le col d'Anclave, sur les Moîtets, et au val de Ferret, près le Proz de Bard, col de Balme, près des chalets de Charamillon.

35 (14) — *Lingua L.* (R. lancéolé.) — Fossés des vallées inférieures : marais de Ponchy près Bonneville et jusqu'à Sallanches. Limite supérieure : 600 m. Juin–septembre.

36 (15) — *Flammula L.* (R. Flammette.) — Fossés et marais, beaucoup plus fréquente que la précédente : vallée inférieure de l'Arve, mais s'élevant plus haut que la précédente : 1050-1500 m. Juin-octobre.

37 (16) — *reptans L.,* — *Flammula b. reptans Gr. Gd.* (R. radicante.) — Flaques d'eaux stagnantes : au Pavillon de Bellevue et jusqu'au sommet du mont Lachat, au Bouchet de Chamonix. Cette espèce est une de celles qui occupent l'aire verticale la plus étendue, des bords du Léman jusqu'à 2140 m. d'altitude. Juin-octobre.

38 (17) — *montanus Willd.* — *gracilis Schl.,* — *nivalis Vill.* (R. de montagne) — Les pâturages de toute notre circonscription : au Brezon, au Méry, au Vergy, aux Ayers sur Servoz, au Platet, au col du Bonhomme, au mont Catogne, col de Balme et val Champé ; appartient exclusivement au terrain calcaire jurassique, tandis que la suivante appartient au contraire aux terrains cristallins. C'est un point qui a quelque valeur pour séparer ces deux plantes, qu'un grand nombre d'auteurs réunissent en une seule espèce. Juin-juillet.

39 (18) — *Villarsii DC.* — *lapponicus Vill.* — *Gouani Rchb., Schleich,* — *montanus Reut.,* — *aduncus Gr. et God.* (R. de Villars.) — Pâturages rocailleux et gazons compactes des montagnes et des vallées, de préférence sur le terrain cristallin, quoiqu'elle se trouve sur le calcaire, mais moins fréquemment : au Méry, sur toute la chaîne des Aiguilles-Rouges, Allée-Blanche, dans toutes les vallées rentrant dans nos limites, depuis l'altitude de 1050 à 2000 m. Juin-juillet.

40 (19) — *acris L.* (R. âcre.) — Très-commune partout ; croît indifféremment sur tous les terrains et alluvions, depuis la plaine jusqu'à 1500 m. et au-delà. Mai-juin.

41 (20) — *Grenieranus Jord.* (R. de Grenier.) — Pâturages entre Charamillon et le col de Balme, aux Chauderons, sous le Brevent.

42 (21) — *Frieseanus Jord.* (R. de Fries.) Feuilles amples velues à larges divisions.

43 (22) — *Boreanus Jord.* (R. de Boreau). Feuilles profondément palmatipartites.)—Pàturages des vallées inférieures. — Ces trois dernières formes fleurissent en mème temps que le type et n'en sont que des variétés affines dues à l'altitude et aux terrains des prairies qui reçoivent des engrais.

44 (23) — *lanuginosus L.* (R. lanugineuse.) — Toute la région des sapins, plus fréquente dans la région supérieure que dans la région moyenne : vallée de Chamonix, au Biolet, au Liapet, aux Gaillands, sous Blaitière; dans la région inférieure, aux Voirons, au Salève, Saint-Gervais, les Contamines : 500 à 1500 m. Juin.

45 (24) — *nemorosus DC.,* — *sylvatici s Thuill.* (R. des bois.) — Bois de sapins de la plaine et des montagnes; fleurit presque tout l'été; depuis avril autour de Martigny, vallon de la Combe.

46 (25) — *repens L.* (R. rampante.) — Commune dans les cultures et le long des fossés de la région inférieure et moyenne : à Martigny, au Bouchet, à Chamonix. Avril-juin.

47 (26) — *bulbosus L.* (R. bulbeuse.) — Commune dans les lieux frais, les prés, les vergers, au bord des chemins, de 400 à 1500 m. M. Jordan a créé aux dépens du type un assez grand nombre de variétés qui sont admises par les botanistes qui partagent sa manière de voir et rejetées par d'autres. Avril-juillet.

48 (27) — *Philonotis Retz.* (R. des marécages.) — Autour des fumiers, dans les lieux gras et humides et le long des routes de la région inférieure, jusqu'à 600 m. d'altitude. Mai-août.

49 (28) — *sceleratus L.* (R. scélérate.) — Au bord des égoûts, des ruisseaux fangeux : environs des villages de la région inférieure. Mai-septembre.

50 (29) — *arvensis L.* (R. des champs.) — Partout dans les moissons ; sa limite supérieure est celle des céréales. Juin.

51 (30) — *Ficaria L.,* — *Ficaria ranunculoides Mœnch.* (R. Ficaire.) — Champs humides, bord des fossés et des haies de la région inférieure, de 600 à 700 m. Avril.

52 (31) — *rectus Bauh.* Boreau, fl. du centre, 3e édit. page 15). — Indiquée au mont Catogne et au lac Champé (Deséglise). Villars l'a signalée en Dauphiné, d'après Chaix. Juin.

7. **Caltha L.** (Populage.)

53 (1) — *palustris L.* (P. des marais.) — Bord des ruisseaux, prés humides, depuis la plaine jusqu'à l'altitude de
2200 m. Avril-juin.

8. **Trollius L.** (Trolle.)

54 (1) — *europæus L.* (T. d'Europe.) — Commun dans les
prairies des basses montagnes et les pâturages buissonneux.
depuis 600 m. d'altitude : Servoz, les Houches, au bord de
l'ancienne route; dans toutes les prairies jusqu'à 1600 m.;
moins fréquente sur le cristallin que sur le jurassique. Mai-
juin.

9. **Helleborus L.** (Ellébore.)

55 (1) — *fœtidus L.* (E. fétide.) — Coteaux buissonneux
et pierreux des éboulis de la région inférieure, ne dépassant
qu'accidentellement l'altitude de 800 à 1000 m. : Servoz,
Pissevache et val d'Entremont; il est aussi un fidèle adhérent
du terrain calcaire. Février–mars.

56 (2) *viridis L.* (E. vert.) — Vergers et prés : entre Ponchy et Saint-Laurent, Dessy, Vougy, près la grande route de
Chamonix, Saint-Roch près de Sallanches. Je l'ai aussi rap-
porté de Megève. Cette espèce se trouve donc sur plusieurs
points du bassin moyen de l'Arve, ainsi qu'entre Martigny, le
village de La Croix et le pont sur la Dranse. Mars-avril.

10. **Isopyrum L.** (Isopyre.)

57 (1) — *thalictroides L.*, — *Helleborus thalictroides DC.*
(I. faux-pigamon.) — Vergers, haies : au bord de la grande
route à Maglan et en face de la cascade d'Arpennaz, seule
localité connue et classique, dans le périmètre de ce *Guide.*
Avril.

11. **Aquilegia L.** (Ancolie.)

58 (1) — *vulgaris L.* (A. commune.) — Prés et vergers de
la région inférieure et moyenne : bassin de l'Arve, à Passy,
Chède, Domancy, combe de Martigny et val d'Entremont, jusqu'à 1500 m. Mai-juin.

b) — *atrata Koch.* (A. noirâtre.) Fleurs plus petites et plus
violacées, pédoncules plus visqueux, folioles plus profondément divisées. Alluvion calcaire : Chêne, Sembrancher, Liddes, la Forclaz, la combe de Saint-Roch, Saint-Gervais, les
Rappes, de 500 à 600 m. Mai-juin.

59 (2) *alpina L.* (A. des Alpes.) — Pâturages rocailleux ou
rocheux, pentes escarpées et gazonnées de la région supérieure : aux Rassaches, Pierre-Pointue et à l'Echelle, flancs

de l'Aiguille à Bochard, sur le Chapeau et la Mer de Glace, col de Golèse sur Sixt, mont Méry et au-dessus de la Chartreuse du Reposoir, Tré la Tête, sur Contamines; dans l'Allée-Blanche, sur les pentes qui dominent le lac Combal, où elle est si abondante qu'elle forme de véritables prairies; dans le val de Ferret, parmi les blocs et les arbustes d'une ancienne moraine un peu avant les chalets de Proz de Bard, dans le val d'Essert, au Grand Saint-Bernard, sous le mont Cubit, à Pradaz. Le terrain lui est plus indifférent que l'altitude: entre 2000 et 2300 m. Juillet-août.

<h3 style="text-align:center">12. Delphinium L. (Dauphinelle.)</h3>

60 (1) — *Consolida L.* (D. des champs.) — Champs et moissons, au revers méridional de la chaîne : à Courmayeur, à Saint-Didier, en montant au Cramont, à Elevaz: de 600 à 1200 m. Juin-août.

<h3 style="text-align:center">13. Aconitum L. (Aconit.)</h3>

61 (1) — *Lycoctonum L.* (A. Tue-Loup. — Pâturages buissonneux et prairies fertiles et humides : sous les chalets de la Corne au-dessus des Pèlerins, du Dard, au Cougnon à deux minutes de Chamonix, à la cascade du Folly, aux Rognes à droite du glacier de Bionnassay, vallon de Barberine, de Valorsine, de la Tête-Noire au Trouleroz, au bois Magnin, aux Jœurs, val Montjoie, val Ferret, au grand Saint-Bernard, à la Baux, à Pradaz; indifférente quant au terrain, et à l'altitude; 800 à 1500 m. et jusqu'à 2000 m., par exemple au Saint-Bernard. Juin-août.

62 (2).— *Napellus L.* (A. Napel.) — Pâturages et lieux humides : vallée de Barberine, près des chalets d'Emousson et de Barberine, vallon d'Entre les Eaux; sur Valorsine, pentes nord-est du col du Genévrier et à Salanfe. Cette espèce a été subdivisée en un certain nombre de variétés : — *densum Gaud.*, — *multifidum Koch.*, — *canescens Schleich.*, — *glaciale Schleich*; — appartient exclusivement au terrain calcaire, entre 2000 et 2200 m. Août.

63 (3) — *paniculatum Lam.*, — *Cammarum Vill.*, — (A. paniculé.) — Rochers buissonneux et herbeux : derrière le Brevent, au bord de la Dioza des deux côtés du torrent, mont Méry, col de Golèse, vallon de la Combe sur Sixt ; extrêmement abondant dans le vallon de la Dioza, sur le terrain cristallin et anthracifère, tandis qu'il fait défaut sur le calcaire; alt. 2000 m. Août-septembre.

<h3 style="text-align:center">14. Actæa L. (Actée.)</h3>

64 (1) — *spicata L.* (A. en épi.) — Commune dans les

lieux couverts d'arbustes; s'élevant jusqu'à 1200 m. d'altitude. Mai-juin.

2ᵉ famille — BERBÉRIDÉES

1. Berberis L.   (Vinetier.)

65 (1) — *vulgaris* L. (V. commun.) — Très-commun dans les buissons, les haies et sur les rochers secs de toute la région inférieure jusqu'à 1600 m. d'altitude. Mai-juin.

3ᵉ famille — NYMPHÉACÉES

1. Nymphæa Neck.   (Nénuphar.)

66 (1) — *alba* L. (N. blanc.) — Eaux stagnantes de la région inférieure : entre Vernayaz, les gorges du Trient et la Bâtiaz à Martigny ; 450 m. Juin-juillet.

4ᵉ famille — PAPAVÉRACÉES

1. Papaver L.   (Pavot.)

67 (1) — *alpinum* L. (P. des Alpes.) — Pâturages rocailleux du mont Jalouvre, du mont Vergy, près du col de Bella-frasse, mont Saxonnet, Mieussy, localités classiques et bien connues, les seules de notre circonscription; terrain calcaire-crétacé. Juin-juillet.

68 (2) — *Rhœas* L. (P. Coquelicot.) — Dans les champs; plus rare au revers nord qu'au sud-est de la chaîne, jusqu'à 1000-1600 m. : Courmayeur, Saint-Rémy, Bourg-Saint-Pierre. Juin.

b) — *arraticum* Jord., c) — *erraticum* Jord., d) — *agrivagum* Jord., e) — *cruciatum* Jord. — Ces quatre variétés sont signalées dans la région inférieure.

69 (3) — *dubium* L. (P. douteux.) — Moissons, dans la même région que le précédent. Juin.

b) — *Lecoqii Lamotte,* — *collinum Reut.* — Champs sablonneux de la vallée moyenne de l'Arve : au pied du Môle, à Bonneville et à Courmayeur; Saint-Didier à l'extrême limite sud-est de la chaîne.

70 (4) — *Argemone* L. (P. Argemone.) — Champs sablonneux des coteaux, dans les vallées inférieures : Martigny et vallée d'Entremont; au Biolay; à Courmayeur. Mai-juin.

2. Chelidonium L.   (Chélidoine.)

71 (1) — *majus* L. (Ch. majeure.) — Vieux murs, depuis la région inférieure jusqu'à 1500 m. d'altitude. Avril-septembre.

5ᵉ famille — FUMARIACÉES

1. Corydalis DC. (Corydale.)

72 (1) — *cava Schweigg.*, — *bulbosa Pers.*, — *tuberosa DC.* (C. creuse.) — Commune le long des haies et dans les vergers des vallées inférieures, surtout le long de la grande route entre Cluses, la cascade d'Arpennaz et jusqu'au Fayet. le Brocard, vallon de la Combe à Martigny; s'élevant rarement au-dessus de 500 m. Avril-mai.

73 (2) — *fabacea Pers.*, — *intermedia Ehrh.*, C. naine. — Prés, haies et pâturages buissonneux : à Dessy, hameau de Ponchy près Bonneville, col entre Balafaux et Tinnar, derrière Saint-Laurent, entre Ponchy et La Roche, aux Ayers sur Servoz, autour des chalets de la Charbonnière sous le Platet. dans le val Ferret, au-dessus d'Essert, Gueuroz près de Salvan; de 500 à 1500 m. d'altitude ; elle ne se trouve pas sur le cristallin. Mai-juin.

74 (3) — *solida Smith.*. — *bulbosa DC.* (C. pleine.) — Haies et vergers, sur un petit nombre de. points : près de la cascade de Pissevache, hameau de la Balme, à Gueuroz près de Salvan. entre la Combe et le Brocard ; terrain d'alluvion. Avril-mai.

75 (4) — *lutea DC.* (C. jaune.) — Plante originaire des contrées méridionales et qui s'est introduite sur les murs des jardins potagers du hameau de la Croix près Martigny. Mai-septembre.

2. Fumaria L. (Fumeterre.)

76 (1) — *officinalis L.* (F. officinale.) — Commune dans les cultures, champs, jardins et vignes. Mai-août.

77 (2 — *Vaillantii Lois.* — *Laggeri et Chavini Reut.* (F. de Vaillant.) Espèce voisine de la F. officinale, due à l'altitude ; elle habite la région supérieure : val d'Aoste, Chamonix, revers méridional du Mont-Blanc et du Saint-Bernard ; de 1000 à 1500 mètres. Juin-juillet.

6ᵉ famille — CRUCIFÈRES

1. Raphanus L. (Radis.)

78 (1) — *sativus L.* (R. cultivé.) Vulg. Ravonet. — Plante cultivée dans toute notre circonscription pour l'usage culinaire. Mai-juillet.

79 (2) — *Raphanistrum L.* (R. sauvage.) — Commun dans les moissons, surtout dans les champs d'avoine et d'orge. Juin-août.

2. **Brassica L.**   (Chou.)

80 (1) — *oleracea L.* (C. cultivé.) —Comprenant toutes les variétés cultivées pour les besoins de l'homme. Avril-juin.

81 (2) — *Napus L.* (C. Navet.) — Plante étrangère, mais cultivée pour les mêmes usages que la précédente. Avril-juin.

a) — *oleifera DC.* (le colza). — Racine grêle, pivotante.

b) — *esculenta DC.* (le navet comestible.) — Racine charnue, fusiforme.

82 (3) — *campestris L.* (C. champêtre.) — Croît abondamment dans les cultures de toute la région supérieure : près de Fourtz, Finshauts, Salvan, vallée d'Entremont, Liddes, Chamonix. Juillet-août.

83 (4) — *Rapa L.* (La rave.) — Racine épaisse, fusiforme, en toupie ou orbiculaire, déprimée, aplatie ; cultivée partout pour l'usage domestique. Mai-juin.

3. **Sinapis L.**   (Moutarde.)

84 (1) — *arvensis L.* (**M.** des champs.) Vulg. Senevé. — Commune dans les champs et au bord des chemins jusqu'à 1500 m. Juin-juillet.

b) — *Schkuhriana Rchb.,* — *orientalis Reut.* (**M.** de Schkuhr.) — Cultures et vignobles d'Aïse près de Bonneville, vallée moyenne de l'Arve ; à 550 m.

4. **Erucastrum Schimp. et Sp.**   (Erucastre.)

85 (1) — *obtusangulum Rchb.,* — *Diplotaxis obtusangulum Gr. God.* (E. obtusangle.)—Endroits sablonneux dans tout le bassin de l'Arve, le long de cette rivière jusqu'à 1500 m.; revers méridional de la chaîne à Courmayeur et à Saint-Rémy. Mai-octobre.

86 (2) — *Pollichii Schimp. et Spenn.* (E. de Pollich.)—Coteaux des cultures et champs de Passy, vallée moyenne de l'Arve ; 600 m. Mai-octobre.

5. **Eruca DC.**   (Roquette.)

87 (1) — *sativa Lam.* (R. cultivée.) — Moissons autour de Chamonix ; 1050 m. Juin-juillet.

6. **Diplotaxis DC.**   (Diplotaxis.)

88 (1) — *tenuifolia DC.* (**D.** à feuilles menues.) — Lieux incultes et graveleux des coteaux de Passy, Sallanches et Fayet. Avril-octobre.

7. **Cheiranthus R. Br.**   (Giroflée.)

89 (1) — *Cheiri L.* (**G.** Violier.) — Murs et rochers : près

des gorges du Trient, sous Salvan et aux murs du château de La Roche. Mai-juin.

8. **Erysimum L.** (Vélar.)

90 (1) — *helveticum DC.* (V. de Suisse.) — Assez abondant dans les endroits rocailleux et graveleux. M. Reuter me l'a signalé aux ravins du Brevent, en montant à l'Aiguille; je l'ai cueilli abondamment au revers sud de la chaîne, en montant au Cramont, sur Pallevieux, à la Combe de la Hyoulaz, à la base de la Saxe sur Courmayeur, vallon du Chapi, sur les rochers au-dessus des Bains de la Saxe, sous la cabane du Pointiers, près du Saint-Bernard. On la trouve sur tous les terrains, mais elle recherche les pentes exposées au midi, de 1000 m. à 1700 m. Les échantillons de la Saxe ont jusqu'à 30 cent.; ceux de la Hyoulaz 3 cent. Mai-juillet.

91 (2) — *strictum Koch.. — virgatum Roth., — juranum Gaud.* (V. effilé.) Feuilles sinuées-dentées : rochers près du pont d'Allèves entre Liddes et Bourg-Saint-Pierre, Larzettaz de Sembrancher; 1500 m. Juin-août.

9. **Barbarea R. Br.** (Barbarée.)

92 (1) — *vulgaris R. Br.* (B. commune.) — Lieux humides et le long des fossés : au Bouchet, autour de Chamonix, Martigny; terrain d'alluvion. Altitude : 1050 m. Juin-juillet.

93 (2) — *augustana Boissier, — intermedia Bor.* (B. d'Aoste.) — Le long des chemins : Liddes, entre Fourtz et Bourg-Saint-Pierre dans la vallée d'Entremont et à St-Rémy sur le versant méridional du Saint-Bernard. localité classique; terrain cristallin gneissique; altitude : 1500 à 1600 m. Juin-juillet.

94 (3) — *præcox R. Br.* (B. précoce.) — Lieux sablonneux aux environs de La Roche, vallée inférieure de l'Arve; 500 m. Terrain d'alluvion. Mai-juin.

95 (4) — *stricta Andrz.* (B. effilée.) — Bords des champs à Aranthon près Bonneville (M. Puget); terre arable. Altitude : 550 m. Mai-juin.

10. **Sisymbrium L.** (Sisymbre.)

96 (1) — *Alliaria Scop., — Alliaria officinalis Andrz.* (S. Alliaire.) — Commun le long des haies et dans les décombres; plus rare au-dessus de 850 m. Avril-mai.

97 (2) — *officinale Scop., — Erysimum officinale L.* (S. officinal.) Commun dans la région inférieure : voisinage des habitations dans tout l'Entremont; Martigny; vallée inférieure de l'Arve. Mai-juillet.

98 (3) — *austriacum Jacq.*, — *Sinapis pyrenaica L.* (S. d'Autriche.) — Fentes de rochers au Salève. Mai-juin.

99 (4) — *strictissimum L.* (S. élancé.) — Lieux pierreux, incultes : sous le Saint-Bernard près de Saint-Rémy; entre cette localité et Saint-Oyen et à Bourg-Saint-Pierre, ainsi qu'à Sembrancher et à Saint-Maurice (Dumont), altitude supérieure 1500 à 1700 m. Juin-juillet.

100 (5) — *Sophia L.* (S. Sophie). — Endroits rocailleux et sablonneux au bord des chemins : vallée d'Entremont; base de la Saxe; vallon du Chapi; Courmayeur; Aranthon, bassin inférieur de l'Arve; altitude max. 1200 m.; terrain talqueux. Mai-juin.

101 (6) — *pinnatifidum DC.*. — *Braya pinnatifida Koch.* (S. pennatifide.) — Graviers, éboulements sablonneux de la région supérieure : sur les deux versants des Aiguilles-Rouges; Plampraz; Brévent; la Tapiaz; le long de la Mer de Glace; Tré la Tête; col d'Enclave, vers le Bonhomme; grand Saint-Bernard; Allée-Blanche; col de Balme. Je ne l'ai point rencontré au-dessous de 2000 m. Il appartient presque exclusivement au terrain cristallin. Juillet-août.

11. **Hugueninia Rchb.** (Huguéninie.)

102 (1) — *tanacetifolia Rchb.*, — *Sisymbrium tanacetifolium L.* (H. à feuilles de Tanaisie.) — Débris de rochers. La seule localité connue au nord de la chaîne est le Tré-du-Chosal au-dessus de Contamines dans le val Montjoie, près du Nant Bourant; mais il est abondant sur le versant méridional : Allée-Blanche; val Ferret; grand Saint-Bernard; la Baux. C'est une des plus belles plantes des Alpes, surtout pour l'altitude de 2000 m., où l'on ne rencontre que de petites plantes, tandis que celle-ci atteint de 1 mètre à 1^m,40. Juillet.

12. **Nasturtium R. Br.** (Cresson.)

103 (1) — *officinale R.Br.* (C. officinal.) — Bord des ruisseaux de la région inférieure et moyenne, aux environs de Bonneville et d'Aranthon. 500 m. Juin-septembre.

13. **Turritis L.** (Tourrette.)

104 (1) — *glabra L.*, — *Arabis perfoliata Lam.* (T. glabre.) — Lieux pierreux et arides, champs de lin : Chamonix; vallée inférieure de l'Arve, entre Bonneville et Genève; à Saint-Rémy; Larzettaz de Sembrancher. 600 m. Juin-août.

14. **Arabis L.** (Arabette.)

105 (1) — *brassicæformis Wallr.* (A. à feuilles de chou.) — Endroits rocailleux de la région supérieure : au Mont

Méry; Nant du Fouilly; au Cougnon, en face de Chamonix, 1050 m.; au bord de la Dioza, derrière le Brevent; base de la Saxe, sur le hameau de ce nom près de Courmayeur, en montant au Cramont, sur Pallevieux; Bourg-Saint-Pierre. Croît indifféremment sur le calcaire ou sur le terrain siliceux, entre 1050 et 1500 m. Juin-juillet.

106 (2) — *saxatilis All.* (A. des rochers.) —Pentes rocailleuses et herbeuses : vallée du Reposoir sur les rochers dominant le petit Bornand, entre Cenise, à Salaison (Dumont); Mont Méry; à l'Echaud, au-dessus du petit Saint-Bernard (Dumont); à Serraval; Sellavay; à la Fory de Sembrancher et à la Cluse de Bovernier; spéciale aux terrains calcaires; altitude 1000-1500 m. Mai-juin.

107 (3) — *hirsuta Scop.* (A. poilue.) Commune dans les lieux secs rocailleux et dans les pâturages : au Bouchet; à Servoz; aux Chauderons; à Chamonix; terrains d'alluvion siliceux; altitude supérieure 1200 m. Mai-juin.

108 (4) — *sagittata DC.* (A. sagittée.) — Moins fréquente : pâturages rocailleux à Servoz; aux Ayers; à Chamonix; côte du Piget; à la base de la Saxe sur Courmayeur. Mai.

109 (5) — *alpestris Rchb.* (A. alpestre.) — Pâturages rocailleux : bassin moyen de l'Arve; Chêde; les Chauderons; Entre les Champs; val de Montjoie; col du Bonhomme; jusqu'à 1500 m. d'altitude; terrain calcaire et siliceux. Mai-juin.

b) — *ciliata Koch.* — *arcuata Godet.* Chamonix; Servoz; sous les Ayers et à Catogne. Mai-juin.

110 (6) — *muralis Bertol.* (A. des murs.) — Rochers et rocailles herbeuses : Servoz; près des gorges du Trient; à l'Aromanet, près de Sembrancher; jusqu'à 800-900 m.; terrain siliceux. Mai-juin.

111 (7) — *serpyllifolia Vill.* (A. à feuilles de Serpolet). — Débris de rochers : Brezon sur Bonneville; Vergy, en descendant sur le Reposoir; base de la chaîne des Fys; sur les Ayers; à Servoz; à la Combe de Sixt (Puget), toujours sur le calcaire, à l'altitude de 1050 à 1200 m. Mai-juin.

112 (8) *stricta Huds.* (A. raide.) — Débris de rochers exclusivement calcaires : Mont Méry et base des Fys sur Servoz; altitude 1500 à 1600 m. Mai-juin.

113 (9) — *Thaliana L.,* — *Sisymbrium Thalianum Gay* et *Monnard.* (A. de Thalius.) — Endroits sablonneux et graveleux dans toute la région inférieure, jusqu'à 800-1000 m. : Servoz; Chamonix; Martigny, etc., etc. Avril-mai.

114 (10) — *alpina L.* A. des Alpes. — Endroits sablonneux et graveleux, indifféremment sur le terrain calcaire ou
le siliceux, depuis la plaine jusqu'aux plus hauts sommets. Son
aire est une des plus étendues, de 700-2400 m. Je l'ai cueillie
au moins sur cent points différents : autour de Chamonix;
Bouchet; base du Fouilly: Mer de Glace, moraines de gauche
et de droite; Pormenaz; Brevent; cascade du Dard; Pierre-
Pointue; Moncoutant, etc., etc. Mai-août.

115 (11) — *cœrulea Jacq.* (A. bleue.) Rocailles et pâturages rocailleux : croix de fer du Mont Méry; rochers d'Arbeyrons; assez fréquente sur les deux versants de la chaine, mais
exclusivement sur le calcaire : vallon du Vieux-Emousson; entre le col de Salenton et le sommet du Buet; sur un petit plateau entre l'éboulement et l'Aiguille de la Portette; entre les
chalets du Platet et ceux de Sâles; en montant depuis les chalets de Catogne au sommet de la montagne, en passant à côté
du lac près du col de Balme; entre les chalets et le col d'Anterne; vers les chalets du Mont Jovet, en traversant le col
du Bonhomme; près du sommet du col des Tours; entre les
chalets inférieurs et les chalets supérieurs de l'Allée-Blanche;
le col de la Hvoulaz, à côté du Cramont sur Courmayeur; en
montant le col de Fenêtre depuis le val Ferret et près du Pain
de Sucre au grand Saint-Bernard, à la Combe de Sixt (Vaugul), de 2000-2500 m. Juillet-août.

116 (12) — *bellidifolia Jacq.* (A. à feuilles de pâquerette.)
— Le long des ruisseaux et près des sources : sous le Pavillon
français du col de Balme; le long de la Dioza sous Arlève; à
Villy; vallon d'Entre les Eaux, versant des frêtes de la montagne de l'Eau; sommet du col de Genévrier séparant les deux
vallons; ravins du Buet; toute la chaine du col d'Anterne; col
du Bonhomme; de la Seigne; Allée-Blanche; grand Saint-Bernard; aux Plançades; à la Baux; à Pradaz. Terrain calcaire
jurassique, ne descendant que très-accidentellement au-dessous de 2000 m. Juillet-août.

b) — *subcoriacea Gren. in Schultz Archiv.* Diffère par
sa grappe de fleurs plus courte, dressée, ne se recourbant qu'après avoir été cueillie : col de la Seigne; Allée-Blanche; Catogne de Martigny.

117 (13) — *pumila Jacq.* (A. naine.) — Débris de rochers
calcaires. Je ne l'ai rencontrée que sur un point, dans les fentes de rochers exclusivement calcaires entre les chalets de Sâles et ceux du col de la Portette sur Servoz, où je l'ai cueillie
le 30 août 1848. Elle est aussi indiquée à la Glacière du Mont

Brizon; au mont Vergy, montagne de Samoëns et au Criou. Juillet-août.

118 (14) — *Turrita L.* (A. Tourrette.) — Lieux ombragés, buissonneux ou pierreux, dans toutes les vallées inférieures : Maglan; dans les bois en montant aux grottes de la Balme à Servoz; Courmayeur; base des rochers du château de la Bâtiaz, toujours sur le calcaire et ne dépassant pas 800 m. Mai-juin.

15. **Cardamine L.** (Cardamine.)

119 (1) — *pratensis L.* (C. des prés.) — Commune dans toute la région inférieure jusqu'à 600 m. : Passy; Servoz; Orsières; à la Proz. Mai.

120 (2) — *Matthioli Reut.,* — *Moretti Bertol.* (C. de Matthiolus). — Plante un peu moins robuste, à fleurs blanches et plus petites que celles de l'espèce précédente. Seule localité connue, aux alentours d'Aranthon dans la région inférieure. Mai-juin.

121 (3) — *amara L.* (C. amère). — Fréquente au bord des ruisseaux de toute la région inférieure jusqu'à 1500 m. sur les deux versants de la chaîne, surtout aux Gaillands; aux Barats; à Chamonix. Mai-juin.

122 (4) — *impatiens L.* (C. impatiente.) — Lieux frais et ombragés : au pied du Nant du Fouilly; au Cougnon sous la cascade de Blaitière; au milieu du marais au pied du Grand Bois; les prés en allant à la cascade du Dard; au Bouchet de Servoz, au bord du petit ruisseau qui descend du Mont Vauthier; Martigny; val Ferret; Gorges du Durnand; Tête-Noire; terrain siliceux, altitude supérieure 1500 m. Mai-juin.

123 (5) *sylvatica Link.* (C. des bois.) — Bois de sapins du Brezon; de Servoz, etc.; altitude moyenne 700-800 m.; Chamonix. 1050 m. Mai-juin.

124 (6) — *hirsuta L.* (C. poilue.) — Lieux ombragés de la région inférieure jusqu'à 1050 m. : Servoz; vers le pont de Peralottaz et en allant vers les Gorges de la Dioza. Avril-mai.

125 (7) — *alpina Willd.* (C. des Alpes.) — Escarpements gazonnés de toute la région supérieure : montagnes de Sâles; vallon d'Entre les Eaux; col de Balme; vallée de Berard; moraine du glacier de Beugean, sur les deux versants des Aiguilles-Rouges; Combe de la Floriaz; Plampraz; Brevent; vallée des Chaux au-dessus des Chalets; Mont Criou sur Sixt; la Vœuzalle; la Combe, les pentes gazonnnées du Buet, etc.: indi-

quée aussi au grand Saint-Bernard et à Salvan. C'est une des plantes qui s'élèvent le plus haut sur notre chaîne, comme par exemple, aux Grands-Mulets, 3050 m.; croissant indifféremment sur le calcaire ou le cristallin siliceux, plus fréquente sur ce dernier que sur le premier et ne descendant que très-accidentellement au dessous de 2000 m. Juillet-août.

126 8) — *resedifolia L.* (C. à feuilles de réséda). — Endroits sablonneux ou gazonnés : Col de Balme; Ferpecloz, en allant du pied de la Coudraz aux Ingoléronts; Liapet; Grand Bois; Lavoussay; moraines du glacier des Bois et de la Mer de Glace; Plan de l'Aiguille ou la Tapiaz; montagne de Taconnaz; combe de la Floriaz; sur les Aiguilles-Rouges; aux deux revers de la chaîne; bord de la Dioza; Plampraz; Brevent; base de l'Aiguille-Pourrie, sur la Flégère; au Bonhomme ; appartient de préférence aux terrains siliceux. Altitude 1050-2400 m. Juin-juillet.

16. **Dentaria L.**   (Dentaire.)

127 (1 — *digitata Lam.* (D. digitée.) — Débris de rochers ombragés : Pic d'Anday; chalet de Colonne; abondante à la base de Pormenaz sur Servoz, au-dessus du torrent du Chouet contre les Ayers; sous le col d'Anterne et autour des chalets de la Charbonnière sous le Platet; chalets de Flaine; en allant de Tête-Noire à Leytroz, village à droite de l'Eau-Noire; en face de cette localité, et en suivant la droite de cette rivière jusqu'aux Gorges du Durnand, sous le val Champé; Tréquend; terrain calcaire siliceux; altitude moyenne 1200-1500 m. Mai-juin.

128 (2) — *pinnata Lam.* (D. ailée.) — Plus rare que la précédente dans les limites de cette flore : au Brezon. Mai-juin.

17. **Vesicaria Lam.**   (Vesicaire.)

129 (1) — *utriculata Lam.* (V. utriculée). — Pentes de rochers : assez fréquente aux rochers de l'entrée des Gorges du Trient à Gueuroz; entre Sembrancher et Bovernier, aux escarpements du Roc-percé, dans la vallée d'Entremont; seules localités dans les limites de notre *Guide.* Terrain siliceux, alt. 450 m. Avril-juin.

18. **Alyssum L.**   (Alysson.)

130 (1) — *calycinum L.* (A. à calice persistant.) — Lieux secs, graveleux et bien exposés de la région inférieure : vallée d'Entremont; Orsières; base de la Saxe sur Courmayeur; Ravoire sur Martigny. Avril-mai.

Un assez grand nombre de variétés ont été décrites par M. Jordan, qui les a élevées au rang d'espèces.

19. **Draba L.** (Drave.)

131 (1) — *aizoides L.* (D. aizoïde). — Fissures des rochers du calcaire jurassique : Chalets de Flaine; du Platet; montagnes de Sâles; autour des chalets de Balme près du col; la Bâtiaz à Martigny; toute l'Allée-Blanche; environs de Courmayeur; montagne de la Saxe; Aiguille de Varens; en montant au Platet; aux Fys; vallon du Vieux-Emousson. Mai-juin.

a) — *alpina Koch.* — Grappe pauciflore, courte; silicules ovales : sur les hautes sommités du Vergy; combe de la Hyoulaz, sur Courmayeur; Aiguille de Varens; sommet du Buet; col de Balme, etc.

b) — *montana Koch.* — Entre le pont du Trient et Gueuroz.

132 (2) — *Zahlbruckneri Host.* (D. de Zahlbruckner.) — Forme du type précédent et qui croît à la limite supérieure de la végétation. Elle est spéciale aux terrains cristallins granitiques, entre 2500 et 3000 m. : pied de l'Aiguille du Tour; derniers rochers cristallins vers le col de Salenton. Juillet-août.

133 (3) — *tomentosa Wahl.* (D. tomenteuse.) — Pédoncules hérissés, silicules ovales, arrondies aux deux extrémités, ciliées, quelquefois velues sur toute leur surface, plus rarement tout à fait glabres. Fentes de rochers des terrains calcaires : Bonhomme; Criou; Vœuzalle; sur la Combe de Sixt; pentes escarpées du Buet; grand Saint-Bernard; la Baux et Tzermanaire, 2480 m. Juillet.

134 (4) — *frigida Saut.,* — *tomentosa b. frigida Gr. Godr.* (D. des frimas.) Fissures des rochers les plus élevés de la région supérieure : à l'origine des moraines du glacier de Talèfre sous l'Aiguille-Verte; au sommet du Couvercle; sommet de la montagne de la Côte, au-dessus de Pierre à l'Echelle, chemin du Mont-Blanc; sur les deux revers de la chaîne des Aiguilles-Rouges; au lac Blanc sur la Flégère; à la combe de la Floriaz; au-dessus du col de Berard et du col de Salenton; au lac Cornu; vallon du Vieux-Emousson; aux flancs de Pormenaz, qui regardent Servoz et la Dioza, vers le Campo; la Vœuzalle sur la Combe de Sixt (Puget); au Mont Jovet; à la traversée et à la Croix du Bonhomme. Cueillie dans ces diverses localités en 1845, 1850, 1860; au col de la Seigne en 1851; montagne de la Saxe; Combe de la Hyoulaz, à gauche en montant au Cramont; rochers de la Croix de Fer près du col de Balme; grand Saint-Bernard près des Roches-Polies et vers

les lacs de Fenêtre. Terrain siliceux ou calcaire, mais toujours au-dessus de 2250 m. jusqu'à 2600 m. Juillet-août.

135 (5) — *Johannis Host.*, — *nivalis DC.*. — *hirta Gaud.* (D. de Carinthie.) — Pentes des rochers de la région supérieure : la Tapiaz; base de l'Aiguille du Plan sur Chamonix; aux Becs-Rouges qui dominent le glacier du Tour; à la base de l'Aiguille du Tour; au Mont-Lachat, au-dessus du pavillon de Bellevue; en traversant le col du Bonhomme; sommet du col de la Hyoulaz, sur Courmayeur; Fourtz près Bourg-Saint-Pierre; pentes rocailleuses au pied de la Chenalettaz, au grand Saint-Bernard; Mont Catogne, sur Champé. Indiqué aussi au Buet; au Mont Vergy et à la Combe de Sixt. Mêmes terrains et même altitude que la précédente. Juillet-août.

136 (6) — *Wahlenbergii Hartm.*, — *D. fladnizensis Wulf.* (D. de Wahlenberg.) — Escarpements rocailleux et fissures de rochers sur quelques points du revers oriental de la chaîne : Cimes du col de Fenêtre près du Saint-Bernard, cueilli en 1854; pointe de Dronaz; au Mont-Mort; en longeant les escarpements rocheux de la Combe de la Hyoulaz, près du sommet et à la cime même du col de ce nom (1858); pentes du mont Catogne sur Sembrancher, au lieu dit : Montagne viria (tournée), avec la *Sesleria disticha Pers.*; terrain calcaire, altitude supérieure 2650 m. Juillet-août.

Observ. Cette montagne a maintenant disparu sous des blocs entassés les uns sur les autres ensuite de l'éboulement d'une Aiguille qui a recouvert un plateau assez fertile. La tradition rapporte que ce désastre aurait eu pour cause l'insolence des pâtres, qui passaient agréablement l'estivage en jouant aux quilles avec des pelotes de beurre. Une juste punition s'ensuivit : le Christ lui-même vint trouver les bergers sous la figure d'un pauvre mendiant, mais il ne reçut, au lieu d'aumône, que le mépris et des outrages. La malédiction du ciel tomba sur ces hommes gâtés par l'abondance : un orage se déchaîna sur eux ; tout périt, hommes et bêtes, et la plaine fut jonchée des débris qui recouvrent aujourd'hui ces riches pâturages d'autrefois.

137 (7) — *muralis L.* (D. des murs.) — Endroits graveleux et sablonneux : à Servoz, sur les dégorgements des mines du Bouchet entre l'Arve et la Dioza; la Combe de Sixt ; terrain siliceux feldspathique, à 800 m. d'altitude. Mai.

138 (8) — *verna L.*, — *Erophila vulgaris DC.* (D. printanier.) Rocailles et champs arides de toute la région inférieure. Mars-avril.

. M. Jordan a divisé le type en un grand nombre d'espèces dont suivent les principales :

a) — *majuscula Jord.* Vallées inférieures.

b) — *brachycarpa Jord.* — *D. præcox Rchb.*, à silicules arrondies.

c) — *hirtella Jord.*, partitions des pétales presque contiguës, silicules oblongues, rétrécies.

d) — *glabrescens Jord.*, partitions des pétales étroitement lancéolées.

e) — *stenocarpa Jord.*

f) — *Lugdunensis Jord.*

g) — *virescens Jord.*

h) — *micrantha Jord.*

i) — *oblongata Jord.*

j) — *medioxima Jord.*

k) — *rubella Jord.*

l) — *chlorotica Jord.*

m) — *decipiens Jord.*

n) — *fucipila Jord.*

N. B. La plupart de ces formes ne sont pas admises comme espèces par la généralité des botanistes.

20. **Roripa Bess.** (Roripe.)

139 (1) — *nasturtioides Spach.*, — *Nasturtium palustre DC.* (R. faux-cresson.) — Lieux humides et flaques d'eau : au Bouchet, en sortant du bourg par l'avenue du Montanvert et dans la vallée inférieure de l'Arve ; limite supérieure 1050 m. Juin-juillet.

140 (2) — *amphibia Bess.*, — *Nasturtium amphibium R. Br.* (R. amphibie). Lieux inondés, eaux stagnantes : au Bouchet. Juin-juillet.

141 (3) — *pyrenaicum Spach.*, — *Nasturtium pyrenaicum R. Br.* (R. des Pyrénées.) — Endroits sablonneux et secs. Indiqué par Allioni aux environs de Courmayeur où je ne l'ai pas rencontré jusqu'ici. Terrain siliceux. Juin-juillet.

21. **Cochlearia L.** (Cranson.)

142 (1) — *saxatilis Lam.*, — *Kernera saxatilis Rchb.* (C. des rochers.) — Fissures de rochers calcaires ; exceptionnellement sur le terrain siliceux ; c'est une des plantes dont l'aire verticale est la plus étendue, depuis le bord de la Dioza à Servoz, 800 m., aux flancs de Pormenaz sur les Ayers, 1650 m. ; terrain siliceux : chaîne des Fys ; rochers du Platet, au-dessus de la Charbonnière ; Mont-Lachat ; mont Tricot ; près de Curut aux environs de Courmayeur ; dans la vallée de Barbe-

rine; au-dessus de la Flégère; à la Croix de Fer près du col de Balme; au Tréquend, rive droite de l'Eau-Noire et au mont Catogne sur Champé. 800-2500 m. Juin-juillet.

22. **Camelina Crantz.** (Cameline.)

143 (1) — *sativa Fries.* (C. cultivée) — Moissons et surtout dans les champs de lin : vallée de Chamonix; Martigny; Entremont. etc. Juin.

144 (2) — *microcarpa Andrz.*, — *C. sylvestris Wallr.* (C. sauvage.) — Moissons et vignes des Marques, au-dessus de la Bâtiaz et de la Dranse de Martigny, 450 m. Avril-juin.

145 (3) — *dentata Pers.* (C. dentée.) — Champs de lin, moissons de Barberine, près de Valorsine (Murith); près Bonneville. sur la route de Chamonix (Reuter). Juillet-septembre.

23. **Neslia Desv.** (Neslie.)

146 (1) — *paniculata Desv.* (N. paniculée.) — Moissons de la région moyenne; commune dans la vallée de Chamonix, de 850 à 1200 m.; terrain siliceux. Juin-juillet.

24. **Bunias L.** (Bunias.)

147 (1) — *Erucago L.* (B. fausse-Roquette.) — Moissons; plante méridionale remontant jusqu'à Orsières; Sembrancher; Vollège et aux environs de Courmayeur. Juin-juillet.

25. **Biscutella L.** (Lunetière.)

148 (1) — *lævigata L.* (L. lisse.) — Pâturages rocailleux : Mont-Lachat; Contamines, sous le Bois-Rond; derrière le pavillon de Bellevue; Pozettes près du col de Balme; cascade des Pèlerins sur le chemin de Pierre-Pointue; La Bâtiaz près de Martigny; Gorges du Trient; généralement assez fréquente sur les terrains calcaires et siliceux autour de Chamonix; c'est une plante dont l'aire est des plus étendues, de 450 à 2400 m. Avril-juillet.

b) — *superalpina.* Variété naine ayant à peine 7 à 10 centimètres de haut. Feuilles petites, non poilues, très-étroites, à peine dentées; une seule feuille caulinaire, sessile, capillaire. Corolle d'un jaune pâle; corymbe de 5 à 6 fleurs. Débris de rochers calcaires à 2200 m. entre les chalets inférieurs et les chalets supérieurs de l'Allée-Blanche. Juillet.

26. **Iberis L.** (Ibéride.)

149 (1) — *arvatica Jordan.* (J. des champs.) — Vallée inférieure et moyenne de l'Arve (Puget). Juin-juillet.

27. **Thlaspi Dill.** (Tabouret.)

150 (1) — *arvense L.* (T. des champs.) — Moissons. surtout

dans les champs de seigle; limite supérieure : Lavanchy; Argentière; environs de Courmayeur et de Saint-Rémy. 1050-1650 m. Mai-juin.

151 (2) — *montanum* L. (T. des montagnes.) — Prés et pâturages du revers oriental de la chaîne : autour du premier chalet sur le sommet de la Saxe et contre les pentes inclinées vers la vallée de Ferret. Indiqué avec doute au grand Saint-Bernard par Haller, Murith et Gaudin. Terrain siliceux, à 2234 m. d'altitude. Juin-juillet.

152 (3) — *perfoliatum* L. (T. perfolié.) — Champs de la région moyenne et supérieure de l'Arve; le Brezon; autour de Bonneville; Vougy; Sallanches; Passy; Chamonix; vallée d'Entremont; Bourg-Saint-Pierre; Sembrancher; Orsières. etc. 500-1500 m. Juin-juillet.

153 (4) — *virgatum* Gren. et *God.* — *brachypetalum Jordan.* — *alpestre Vill.* (T. effilé.) — Prairies et pâturages rocailleux de la région moyenne : base du flanc de Pormenaz; au-dessus des Argentières; près de la Sourde; prairies de Vaudagne en allant depuis la croix des montées aux carrières de jaspe, de quartzite et de cuivre; rochers herbeux près de Pissevache; Praz de Fort; vallée d'Essert à Branche; Entremont: près des Gorges du Durnand, sous le val Champé. Avril-mai.

154 (5) — *alpestre* L. (T. alpestre.) — Pâturages du col de Balme. Indiqué par Gaudin et d'autres auteurs, mais à ma connaissance il n'y a pas été retrouvé malgré de nombreuses et persévérantes recherches. Il est aussi indiqué près de Bourg-Saint-Pierre, sur un tertre à droite à l'entrée de cette localité, ainsi qu'entre Proz et Fourtz, au fond du pré de la Pierraz, à l'altitude de 2060 m.; Combes du grand Saint-Bernard, Combe de Sixt. Mai-juin.

155 (6) — *rotundifolium Gaud.* (T. à feuilles rondes.) — Endroits rocailleux et ravines de toute la région supérieure : base de l'Aiguille du Goûté; Mont-Lachat; Mont Tricot; sommet de Pierre-Ronde; sommet de l'arête de la Griaz; toute la chaîne des Fys et du Platet; Aiguille de Varens; col d'Anterne; Vieux-Emousson; le Buet; haut du vallon du Bourgeat; col du Bonhomme; Allée-Blanche. Terrain calcaire, très-accidentellement sur le cristallin ou le siliceux, de 2110-2600 m.: est une de celles qui s'élèvent jusqu'à la dernière limite de la végétation. Juin-juillet.

156 (7) — *Bursa-pastoris* L., — *Capsella Bursa-pastoris Mœnch.* (T. Bourse à pasteur.) — Commun dans les endroits

rocailleux, les cultures et le long des chemins. Avril-septembre.

b) — *rubella Reut.* Vallée inférieure de l'Arve.

28. **Hutchinsia R.Br.** (Hutchinsie.)

157 (1) — *alpina R. Br.,* — *Lepidium alpinum L.* (H. des Alpes. — Graviers rocailleux et ravinés : col de Balme; montagne de Taconnaz; de Griaz; Pierre-Ronde; sous l'Aiguille du Goûté; Mont-Lachat; base des Rognes; base de l'Aiguille de Tricot; vallon du Bourgeat; le Buet; vallée de Berard; Aiguilles-Rouges; moins fréquente sur le revers oriental de la chaîne: Allée-Blanche, entre les chalets inférieurs et les supérieurs; la Balme près le Bonhomme; recherche de préférence le terrain siliceux. 2000-2600 m. Juillet-août.

158 (2) — *affinis Gren. in Schultz Arch., a)* — *superalpina.* (H. affine.) — Forme encore plus alpine que la précédente. Endroits rocailleux et graveleux, principalement sur le revers oriental de la chaîne : col de la Seigne; Allée-Blanche; col de la Hyoulaz, au Cramont; près du sommet du Buet, etc., etc.; descente du Bonhomme sur le Chapiu Rogeat; les Mottets; aux Becs-Rouges, près du col de Balme; col de Fenêtre; col du Bonhomme et à son revers occidental; se trouve exclusivement sur le terrain calcaire. 2400-2600 m. Juillet-août.

159 (3) — *petræa R.Br.,* — *Lepidium petræum L.* (H. des rocailles.) — Graviers et rochers exposés au midi : château de la Bâtiaz; les Marques; Martigny; près de Gueuroz et de Bovernier. 450 m. Avril-mai.

29. **Lepidium L.** (Passerage.)

160 (1 — *campestre R.Br.* (P. des champs.) — Commun dans toute la région inférieure jusqu'à 1050 m. Il est rare dans la vallée de Chamonix. Juin-juillet.

161 (2) — *sativum L.* (P. cultivé.) — Cultivé dans les jardins d'où il s'échappe souvent pour se répandre aux environs. Juin-juillet.

30. **Rapistrum Bœrh.** (Rapistre.)

162 (1) — *rugosum All.* (R. ridé.) — Champs sablonneux de la région moyenne : vallée de l'Arve; Aranthon et Vougy près de Bonneville. 500 m. Juin-septembre.

31. **Isatis L.** (Pastel.)

163 (1) — *tinctoria L.* (P. des teinturiers.) — Endroits graveleux : sous l'Aromanet, près de Sembrancher dans le val d'Entremont, entre 650 et 700 m. Juin.

7ᵉ famille — CISTINÉES

1. Helianthemum Tournef. (Hélianthème.)

164 (1) — *Œlandicum DC.* — *italicum Pers.* (H. d'Œland.) — Pâturages rocailleux des revers oriental et occidental de la chaîne : entre les chalets de l'Allée-Blanche; rochers sous le Platet, à Flaine et au Catogne de Sembrancher. Juin-juillet.

165 (2) — *alpestre DC.* (H. alpestre.) — Rochers calcaires : Vergy; Méry; Brezon; Buet; montagnes de Sâles et le Platet. Spéciale aux terrains calcaires exposés au midi. Juin-juillet.

166 (3) — *salicifolium Pers.* (H. à feuilles de saule.) — Coteaux arides des Marques et de la Bâtiaz près Martigny, au nord-est de la chaîne et rentrant à peine dans les limites de ce *Guide.* 450 à 500 m. Avril-mai.

167 (4) — *vulgare Gœrtn.* (H. commun.) — Commun sur les coteaux arides. Juin-août.

a) obscurum Pers. Commun sur les coteaux; fleurs de moyenne grandeur, feuilles ovales lancéolées.

b) grandiflorum DC.

c) tomentosum Dun. Feuilles plus ou moins blanches et tomenteuses en dessous.

d) serpyllifolium DC. Feuilles courtes, arrondies.

Ces diverses variétés se rencontrent assez fréquemment sur les coteaux arides de la région moyenne, entre 500 et 1500 m.

168 (5) — *Fumana Mill.* — *Fumana procumbens Gren. et God.* (H. à feuilles menues.) — Au Biolay près de Sembrancher, vallée d'Entremont. Juin.

169 (6) — *canum Dun.* (H. blanchâtre). — Les rochers à l'ouest du Môle sur Bonneville (Reuter); à Marignier, base du Môle; au-dessus de Contamines. Mai-juin.

8ᵉ famille — VIOLARIÉES

1. Viola L. (Violette.)

170 (1) — *pinnata L.* (V. à feuilles pennées.) — Cette jolie plante a été découverte tout récemment par M. Wolf sur les flancs du Mont Catogne qui dominent le lac Champey, en descendant de cette sommité sur le lac par un sentier abrupt; 1500-2000 m. d'altitude. Juillet-août.

171 (2) — *palustris L.* (V. des marais.) — Marécages et lieux tourbeux dans toute la région supérieure : au Bouchet près de Chamonix; aux Gaillands, quelques minutes avant

d'arriver à Chamonix; autour des chalets de Charamillon; sous le Pavillon français du col de Balme; aux Pozettes; au Montanvert; au Chapeau; au Pavillon de Bellevue; les Montets et les Mélèzes de Valorsine; Barberine; Contamines; à Proz, sous les Zerbets; à la Pierraz, sous le grand Saint-Bernard; 1050 à 2200 m. Mai-juin.

172 (3) — *hirta L.* (V. hérissée). — Prairies gazonnées et buissonneuses des régions inférieure et moyenne : commune autour de Chamonix; aux Chauderons; Servoz; Montjoie; val d'Entremont, etc. Mars-mai.

b) permixta Jord.

173 (4) — *alba Bess.,* — *odorata-hirta Rchb.,*— *virescens Jord.* (V. blanche.) — Le long des haies et dans les vergers des régions moyenne et inférieure : vallée d'Entremont; Aranthon; environs de Bonneville. Avril-mai.

174 (5) — *scotophila Jord.,* — *abortiva Jord.* et — *scotophila Reut.* (V. des ombrages.) — Cette forme paraît être une variété de la précédente; elle en diffère par ses feuilles poilues, d'un vert sombre lavé de violet assez prononcé; odorante. Région inférieure : autour de La Roche (Puget.) Avril.

175 (6) — *multicaulis Jord.* (V. multicaule.) — Le long des haies ombragées, bois de la région inférieure du bassin de l'Arve. Avril.

b) Thomasiana Perr. et Song. — Au Bouchet de Chamonix.

176 (7) — *collina Bess.,* — *hirta b. alpina Gaud.* (V. des collines.) — Lieux pierreux des forêts exposées au nord. Au sud de la chaîne : la Rogeat (Perrier et Vallée); s'élève au maximum jusqu'à la région des *Rhododendron ;* diffère de la *V. hirta* par ses tiges latérales plus allongées, par ses feuilles plus larges à la base, rétrécies près du sommet, comme dans la *V. scotophila Jord.* Cette forme tiendrait à peu près le milieu entre la *V. Thomasiana Perr. et Song.* et la *V. permixta Jord.* Dans cette section, les variétés sont si voisines les unes des autres qu'on a souvent de la peine à distinguer les intermédiaires entre la *V. hirta* et les formes ci-après : *V. Foudrasi Jord.; Thomasiana Perr. et Song.; collina Besser; ambigua Waldst; propera Jord.; permixta Jord.; abortiva Jord.; sciaphila Koch; delphinensis Jord.; sepincola Jord.; multicaulis Jord.; virescens Jord.,* qui fleurissent toutes à la même époque et dans les mêmes stations, mais sur des terres alluviales différentes. Avril-mai.

177 (8) — *odorata L.* (V. odorante.) — Vergers et haies, dans les régions moyenne et inférieure : Bois ombragés dans toute la vallée de Chamonix. Avril-mai.

La variété à fleur blanche se rencontre assez fréquemment le long des chemins, comme aux Gaillands; aux Moussons; aux Chauderons; à la Griaz; au Châtelard près Servoz; près de Tête-Noire; vallée d'Entremont; au Roc-percé, près Sembrancher.

b) dumetorum Jord. Sur les deux versants de la vallée de l'Arve, entre Sallanches, Passy et Servoz, entre 600 et 800 m. Mars-avril.

c) suavissima Jord. Région inférieure : Aranthon (Puget).
d) floribonda Jord.
e) propinqua Jord.
f) consimilis Jord.
g) jucunda Jord. Vallées inférieures : Thonon (Puget).
h) subcarnea Jord.   »   »   »
Je n'ai pas pu vérifier l'existence de ces variétés dans notre région.

178 (9) — *sylvatica Fries.,* — *sylvestris Koch.* (V. des bois.) — Assez fréquente dans les bois des régions moyenne et inférieure du versant occidental de la chaîne : bois du Trient, sous Salvan; à Servoz dans les bois de hêtre; les Bones, sur La Roche. Avril-mai.

b) Reichenbachiana Jord. Les bois de la région moyenne : au Bouchet de Chamonix; Argentière; Servoz, etc.

c) Riviniana Rchb. Mêmes stations : Regnier; près d'Aranthon et de Bonneville; Servoz; Hortaz, dans la vallée de Chamonix; bois près du Trient et de Salvan; Bourg-Saint-Pierre.

d) nemoralis Jord. Dans les bois : base du Salève.

179 (10) *arenaria DC.* (V. des sables.) — Endroits graveleux, rocailleux et arides : au Bouchet de Servoz; Chamonix; aux Bois-Prints; aux Chauderons, vers la maison; aux Pâquis; à Argentière et aux Montets. Avril-mai.

180 (11) — *canina L.* (V. des chiens.) — Pâturages boisés; assez fréquente dans la région moyenne du bassin de l'Arve : Servoz; Chamonix; Argentière; au Tour. Mai-juin.

a) canina ericetorum Rchb. Chamonix; Servoz.
b) pumila ericetorum Gaud. helv., — *canina minor Reut.* Les Voirons; au Brezon; Bourg-Saint-Pierre.
c) Ruppii All., — *pumila cordifolia Gaud. helv.,* — *canina lucorum Rchb.* Vallée de la Tête-Noire.

d) lancifolia Thore. Au Trouleroz; sur les murs entre Sainte-Marie et Chamonix; sous la Tête-Noire. Mai-juin.

181 (12) — *mirabilis L.* (V. singulière.) — Lieux boisés, ombragés, de la région inférieure du bassin de l'Arve; pied du Salève; à Veyrier; à Regnier. Avril.

Obs. Les *V. stagnina Kit.; stricta Hornem.; pumila Vill.; elatior Fries*, manquent ou n'ont pas encore été observées dans les limites de ce *Guide*.

182 (13) — *biflora L.* (V. à deux fleurs.) — Commune dans les lieux ombragés, frais, humides de la région supérieure : aux Gaillands; à Servoz; au Bouchet de Chamonix et de Servoz et dans toutes les vallées hautes; partout le long des murs aux alentours de Chamonix. Mai-août.

183 (14) — *calcarata L.* (V. à long éperon.) — Pâturages des montagnes : très-abondante au Pavillon de Bellevue; à Plampraz, sous le Brevent; col de Balme; Charamillon; Aiguille à Bochard. Fleurit tôt après la fonte des neiges, à une altitude de 1500 à 2000 m. Juin.

b) grandiflora L., — *Zoysii Wulf.* Se trouve mêlée à la précédente à Charamillon; Pavillon de Bellevue; Plampraz; grand Saint-Bernard.

c) alba. Fleur d'un blanc pur : Pavillon de Bellevue. J'en ai cueilli en octobre 1866 de fort beaux exemplaires, à tige plus courte, à feuilles plus largement lancéolées et provenant d'une seconde floraison.

d) lilacina. — Fleur d'un rose lilas. Le botaniste excursionniste qui voudra se transporter vers le milieu de juin au Pavillon de Bellevue, sera émerveillé de se trouver au milieu d'une immense prairie émaillée de violettes à long éperon ayant toutes les nuances depuis le beau violet, en passant par toutes les variétés de couleur.

184 (15) — *cenisia L.* (V. du Cenis.) — Lieux ravinés, éboulis de la région supérieure; escarpements du Buet qui regardent la Combe de Sixt; La Neuve près du Chapiu; val de Susanfe; près du Buet et de la Dent du Midi. Terrain calcaire jurassique. 2300 m. Juin-juillet.

185 (16) — *tricolor L.,* — *arvensis Murray.* (V. tricolore.) — Espèce polymorphe qui a été bien controversée et a donné lieu à une série de formes que les uns élèvent au rang d'espèces et d'autres à celui de simples variété. Juin-août.

186 (17) — *V. segetalis Jord.* (V. des champs.) — Champs des régions inférieure et moyenne : Chamonix; Valorsine; Entremont, etc. Juin-juillet.

b) agrestis Jord. Champs cultivés : Bonneville; Sallanches; Chamonix.

c) gracilescens Jord. Champs sablonneux : Sallanches; Passy, etc.

d) alpestris Jord. — tricolor alpestris Gaud. Très-abondante après la moisson et jusqu'en automne, dans toute la région moyenne.

e) variegata Jord. Champs et endroits graveleux : au pied du Bois-Rond ; vers les dernières cultures des Mayens de Bionnassay; en montant au Cramont, sur le revers oriental de cette sommité.

f) pallescens Jord. Champs de la région supérieure : à Valorsine.

g) dercheta Jord. in Billot. Les champs de Saint-Gervais.

h) sepida Jord. Vallée inférieure de l'Arve (Puget).

9e famille — RÉSÉDACÉES

1. Reseda L. (Réséda.)

187 (1) — *Phyteuma L.* (R. Raiponce.) — Endroits sablonneux : Vallée inférieure et moyenne du bassin de l'Arve : Aïse. Juin-août.

188 (2) — *lutea L.* (R. jaune.) — Endroits pierreux des régions inférieure et moyenne du bassin de l'Arve : Salève; Bonneville; Plaine de Passy; au sud-est de la chaîne, à Saint-Rémy, au bord du chemin, à 1650 m. Juillet-août.

10e famille — DROSÉRACÉES

1. Drosera L. (Rossolis.)

189 (1) — *rotundifolia L.* (R. à feuilles rondes.) — Marais tourbeux et spongieux à la limite supérieure de la région moyenne : très-abondante au Bouchet, à cinq minutes de Chamonix; à l'extrémité de l'avenue du Montanvert. Vit parasite sur les *Sphagnum cymbifolium* aux Mélèzes de Valorsine; à Salvan; à Notre-Dame de la Gorge, dans le val Montjoie, de 850 à 1050 m. Juillet-août.

Les *Drosera* passent pour être carnivores. Les poils glanduleux qui entourent les feuilles sont considérés par M. Darwin comme autant de tentacules qui s'emparent des petits insectes qui viennent s'y poser. La théorie de la digestion végétale, observée et soutenue par M. Darwin, est niée par beaucoup de naturalistes. Les espèces des genres *Pinguicula* et *Utricularia* seraient dans le même cas que les *Drosera*.

190 (2) — *longifolia L.* (R. à longues feuilles.) — Marais tourbeux et spongieux de la région inférieure du bassin de l'Arve : Aranthon. Juillet-août.

2. Parnassia L. (Parnassie.)

191 (1) — *palustris L.* (P. des marais.) — Les prés humides et les marais, depuis la plaine jusqu'à l'altitude de 2450 m. Juin-octobre.

11e famille — POLYGALÉES

1. Polygala L. (Polygale.)

192 (1) — *vulgaris L.* (P. commun.) — Lieux secs herbeux ou pierreux de toute la région moyenne, de 800 à 2000 m. : aux Pâquis des Chauderons ; les Nants ; autour de Chamonix. Mai-juillet.

b) oxyptera Rchb. Tige grêle ; capsule obcordée, dépassant les ailes du calice : autour de Chamonix ; aux Praz.

193 (2) — *alpestris Rchb.,* — *amara b. alpestris Koch.,* — *amara b. alpina DC.* (P. alpestre.) Lieux secs et herbeux de la région supérieure : col de Balme ; Pavillon de Bellevue ; col de Voza ; aux Ayers sur Servoz ; au Platet. Juin-juillet.

194 (3) — *comosa Schk.* (P. couronné.) — Commun dans les prairies des régions inférieure et moyenne ; moins fréquent toutefois dans cette dernière : Servoz ; Saint-Gervais ; val Montjoie ; Bionnay ; à l'est de la chaîne, dans le val d'Entremont ; aux Combes ; aux Contours ; aux Plançades. Juin-juillet.

195 (4) — *depressa Wend.* (P. déprimé.) — Les bruyères et les pelouses tourbeuses de la région moyenne : sommet du Mont-Lachat ; base des Rognes ; près du Pavillon de Bellevue, etc. ; altitude 1050 à 2000 m. Juin-juillet.

196 (5) — *amara L.* (P. amer.) — Prairies humides et marécages de la région moyenne, s'étendant même jusqu'à la région supérieure : au Bouchet de Chamonix ; aux Gaillands ; Pavillon de Bellevue ; sous les Chavants ; les Nants près de Chamonix ; Mont-Lachat. Terrain jurassique et siliceux. Juin-juillet.

b) austriaca Crantz. (P. d'Autriche.) — Prés humides, dans toute la région moyenne : à Bonneville ; abondant surtout dans la vallée de Chamonix ; à Hortaz ; aux Praz ; aux Chables ; dans la vallée de Ferret ; près des chalets de Lavachets ; plaine de Proz ; au Saint-Bernard ; au-dessus des chalets de Barasson ; forêt de Plantaluc.

c) rosea. Fleurs d'un beau rose. Les pâturages d'Hortaz et des Couverets.

d) alba. Fleurs blanches. Les prés marécageux des Gaillands,

e) alpina Perr. et Song. Les pâturages sur la Giettaz; près de Beaufort; au Nant-Bourant; au col du Bonhomme; au Plan du Mont Jovet; col de Balme; la Tapiaz; Pavillon de Bellevue; à Plampraz; au sommet de la montagne de la Saxe, sur Courmayeur; au-dessus des chalets de l'Allée-Blanche. Terrain calcaire jurassique ou siliceux; alt. 2000 à 2600 m. Juillet-août.

197 (6) — *Chamæbuxus L.* (P. à feuilles de buis.) — Très-commun dans les régions inférieure et moyenne. Endroits rocailleux, sablonneux et arides : à Servoz; au bois de Joux; aux Pâquis des Chauderons; au Bouchet de Chamonix et à celui de Servoz. 600 à 1500 m. Mai-juin.

12e famille — SILÉNÉES

1. Cucubalus Gærtn. (Cucubale.)

198 (1) — *bacciferus L.* (C. baccifère.) — Commun dans toute la région inférieure, le long des haies, dans les buissons : Vallée de l'Arve jusqu'à Saint-Gervais-les-Bains. Juillet-septembre.

2. Silene L. (Silène.)

199 (1) — *inflata Sm.* (S. enflé.) — Les prés secs des régions inférieure et moyenne : Chamonix; bassin de l'Arve; val Montjoie; environs de Courmayeur. Au-dessus de 1500 m., elle prend une forme plus petite, naine, mais plus robuste. Juin-juillet.

b) alpina Koch, — alpina Thomas, — glareosa Jord. Les pâturages secs au Keyzet, chemin du Brevent; aux rochers de la Croix de Fer, près du col de Balme; chalets de Flaine, du Platet; au grand Saint-Bernard; au col de Fenêtre et au Buet; terrain calcaire et siliceux. Août-septembre.

c) brachyata Jord.

d) puberula Jord. Signalé au Mont des Granges.

200 (2) — *noctiflora L.* (S. noctiflore). — Région inférieure du nord-est de la chaîne; moissons à la Bâtiaz et au hameau de la Croix, près Martigny. Juin-septembre.

201 (3) — *Vallesia L.* (S. du Valais.) — Rochers siliceux, secs : au-dessus des bains de la Saxe; à Courmayeur et en montant au Cramont; entre l'Ardifagoz et le col de Serénaz; à

Saint-Rémy et derrière Bossaz; terrain siliceux, cristallin; s'écartant rarement d'une altitude de 1200 à 1500 m. Juin-août.

202 (4) — *Armeria L.* (S. Arméria.) — Les rochers de la cascade de Pissevache; à Salvan et près des Trappistes de Sembrancher. 400 m. Juin-juillet.

203 (5) — *quadrifida L.* (S. quadrifide.) — Rochers humides et ombragés de la région supérieure du bassin moyen de l'Arve : au Brezon; Salaison; près de la Glacière; au col des Aravis; à gauche du Bonhomme. Terrain calcaire. Alt. 1500 m. Juillet.

204 (6) — *rupestris L.* (S. des rochers.) — Endroits rocailleux des régions moyenne et supérieure, surtout sur le terrain siliceux cristallin, de 1000 à 2500 m. Extrêmement commun dans la vallée et autour de Chamonix; le Bouchet; le Montanvert; le Brevent; les Chauderons; les Plans; la Flégère; Argentière; le val Montjoie et le grand Saint-Bernard. Juin-juillet.

b) alpina. Plante naine, acaule, à 2500 m. Jardin de la Mer de Glace, aux dernières limites de la végétation.

205 (7) — *acaulis L.* (S. acaule.) — Pentes gazonnées de la région supérieure; très-fréquente sur toutes les montagnes du revers occidental de la chaîne : la Tapiaz; le Jardin; la Mer de Glace; le Brevent; toute la chaîne des Aiguilles-Rouges; col de Balme; Bionnassay, etc. Juillet-août.

b) bryoides Jord. Sur les plus hauts sommets du col de Balme et de la Floriaz, etc.

206 (8) — *exscapa All.* (S. sessile.) — Endroits sablonneux, graveleux de la région supérieure au revers occidental de la chaîne, sur les moraines de nos glaciers : à L'Angle, chemin du Jardin; glacier du Tour, jusqu'à sa base; sous l'Aiguille du Tour; arête de la Griaz; Plampraz; col de Balme; la Tapiaz; sous l'Aiguille du Greppon; Lognan; arête de Fonfrête sur Trient; Carlaveyron et Arlevé, revers nord du Brevent; sommet de Taconnaz; près du sommet du Buet; au grand Saint-Bernard; croupes de la Chenalettaz; pic de Menouve. Croît de préférence sur le terrain cristallin siliceux, de 2000 à 3000 m. Juillet-août.

207 (9) — *nutans L.* (S. penché.) — Collines, prés secs rocailleux ou sablonneux des régions inférieure et moyenne : Source de l'Arveyron; Hortaz; Argentière, etc. Mai-juillet.

208 (10) — *otites Sm.* (S. à petites fleurs.) — Commun sur les coteaux secs et graveleux des régions inférieure et moyenne, et jusqu'à 1200-1500 m. Fréquent autour de Chamonix; Pâquis des Chauderons; Source de l'Arveyron; Servoz; val Montjoie, etc. Juillet-août.

209 (11) — *pseudo-otites Bess.* (S. faux-otite.) — Endroits sablonneux et graveleux : à la base de Ravoire; sur la Bâtiaz de Martigny; la Croix. Juin-juillet.

3. **Lychnis L.** (Lychnide.)

210 (1) — *Viscaria L., — Viscaria purpurea Wimm.* (L. visqueuse.) — Lieux incultes de la région inférieure, au nord-est de la chaîne : au Brocard; à Salvan; à Gueuroz; combe d'Arbaz; bassin inférieur du Trient; Larzettaz de Sembrancher; jusqu'à 1600 m. Mai-juin.

211 (2) — *alpina L., — Viscaria alpina Fries.* (L. des Alpes.) — Pâturages graveleux et rocailleux de la région supérieure, au sud-ouest de la chaîne : entre les cols d'Enclave et des Fours; au col de la Seigne; au col de Balme, 22 septembre 1875 (Dumont); sommet du col de la Hyoulaz, au Cramont. Juillet-août.

212 (3) — *Flos-cuculli L.* (L. Fleur-de-coucou.) — Les prairies humides des régions inférieure et moyenne : au Bouchet; à Hortaz; aux Couverets. 1050 m. Mai-juillet.

213 (4) — *Githago Lam., — Agrostemma Githago L.* (L. Nielle.) — Moissons. Très-commun; monte jusqu'à 1200 à 1500 m. Juin-juillet.

214 (5) — *Coronaria Lam.* (L. des jardins.) — Endroits graveleux, rochers du bassin moyen de l'Arve : à Aïse; rochers du château de la Motte et à ceux au-dessus du hameau de Dollone, près Courmayeur; abondant sur les pentes rocailleuses du Mont Chétif qui descendent sur le village. Juin-juillet.

215 (6) — *Flos-Jovis Lam.* (L. Fleur-de-Jupiter.) — Dans la région supérieure : les rochers herbeux de la vallée du Reposoir; je l'ai aussi découvert le 4 août 1876 aux flancs de l'Aiguille à Bochard tournés vers la Mer de Glace, au-dessus du Chapeau et du Sentier du Pas de l'Ours, vers le milieu de l'Aiguille, entre 1500 à 1800 m.; pentes du Buet, sur Sixt; sur le terrain siliceux. Juillet-août.

216 (7) — *vespertina Sibth.* (L. du soir.) — Au bord des chemins et des haies dans les régions inférieure et moyenne : bassin de l'Arve; sous Saint-Rémy, au sud-est de la chaîne. Juin-juillet.

217 (8) — *diurna Sibth.* (L. diurne.) — Les prairies hu-

mides à la limite des régions moyenne et supérieure : montagne de la Corne; de la Paraz; chemin du Mont-Blanc; au Bidet, en face de Chamonix; au col de Voza; au grand Saint-Bernard; à la Baux; à la Pierraz, de 1050 à 2200 m.; terrain cristallin siliceux. Juin-juillet.

4. **Saponaria L.**   (Saponaire.)

218 (1) — *officinalis L.* (S. officinale.) — Endroits sablonneux, au bord des champs; seulement dans la région inférieure du bassin de l'Arve. Juin-juillet.

219 (2) — *ocymoides L.* (S. rose.) — Endroits sablonneux, exposés au soleil dans les régions moyenne et inférieure; très-fréquente dans tout le bassin de l'Arve : aux Gaillands; aux Chauderons; à Servoz et en général dans toutes les vallées comprises dans les limites de ce *Guide.* Son aire verticale s'étend de 400 à 2400 m. Mai-juillet.

220 (3) — *Vaccaria L.,* — *Vaccaria vulgaris Host.* (S. Vaccaire.) — Dans les champs d'avoine des régions inférieure et moyenne : entre Sembrancher et Orsières; bassin inférieur de l'Arve. Juillet-septembre.

5. **Gypsophila L.**   (Gypsophile.)

221 (1) — *muralis L.* (G. des murs.) — Champs sablonneux après la moisson, dans toute la région inférieure et sur les deux versants de la chaîne. Août-septembre.

222 (2) — *repens L.* (G. rampante.) — Endroits graveleux, ravinés, des éboulis des régions moyenne et supérieure : au Brezon; au Vergy; au Méry; au Pavillon de Bellevue; au col de Balme; à Bionnassay; au sommet du col de la Hyoulaz, sur Courmayeur; pentes du Velan qui descendent sur L'Ardifagoz; au grand Saint-Bernard; bassin inférieur de l'Arve; la plaine de Passy: spécialement sur le schiste lustré jurassique, de 400 à 2400 m. Mai-septembre.

6. **Dianthus L.**   (Œillet.)

223 (1) — *prolifer L.* (Œ. prolifère.) — Endroits sablonneux et incultes, au bord des champs de la région inférieure : bassin de l'Arve, au Fayet près Saint-Gervais; sous Passy; le long de l'Arve à Chède; se trouve aussi à Martigny. Alt. max. 600 m. Juillet-août.

224 (2) — *Armeria L.* (Œ. velu.) — Lisière des bois dans toute la région inférieure : bassin de l'Arve, de la Dranse d'Entremont et de la Doire-Baltée. Juillet-août.

225 (3) *carthusianorum L.,* — *vaginatus Vill.* (Œ. des

Chartreux.) — Commun dans les lieux secs, bien exposés de toutes nos vallées, entre 400 et 500 m. Juin-août.

b) congestus Boreau : Au nord-est de la chaîne : Mont Ravoire; Sembrancher.

226 (4) — *atrorubens All.* (Œ. brun-rouge.) — Lieux secs des régions moyenne et supérieure, entre 600 et 1500 m. : à Salvan; à Finhaut, selon Murith. Juillet-août.

227 (5) — *sylvestris Wulf.* (Œ. sauvage.) — Rochers et coteaux arides de la région moyenne : autour de Chamonix; au Lavoussay; sous le Chapeau; sous le Platet; au pied du Grand Bois; près de la cascade du Dard; ravins sous le Brevent; aux Plançades, au bas du Crèt; entre la Cantine et Saint-Rémy, versant sud du grand Saint-Bernard. Terrain siliceux, alt. 1000 à 1500 m. Juin-septembre.

b) saxicola Jord. Aux Pèlerins; entre la cascade du Dard et celle des Pèlerins; base du Môle à Marignier.

c) orophilus Jord. Aiguille à Bochard; arète de la Griaz; Rœssaches; entre Pierre-Pointue et Pierre à l'Echelle.

228 (6) — *cæsius Sm.* (Œ. bleuàtre.) — Je mentionne cette espèce quoique avec doute, puisqu'elle ne figure dans aucun catalogue. Je la tiens de M. Puget avec l'indication du Salève, où il l'a trouvée dans une de ses explorations. Juillet.

229 (7) — *superbus L.* (Œ. superbe.) — Dans les bois de la région inférieure; entre à peine dans les limites de notre flore : Salève et Voirons. Juillet-octobre.

13e famille — ALSINÉES

1. Sagina L. (Sagine.)

230 (1) — *procumbens L.* (S. couchée.) — Endroits sablonneux, humides, dans les trois régions de notre circonscription, depuis 400 m. jusqu'à 2400 m. Au Bouchet; dans les champs de toute la vallée de Chamonix, etc. Terrain siliceux. Juillet-août.

231 (2) — *apetala L.* (S. apétale.) — Champs sablonneux et lieux incultes des trois régions. On la trouve aussi au Bouchet, avec la précédente. Juin-septembre.

232 (3) — *patula Jord.* (S. étalée.) — Lieux incultes, sablonneux, humides. A l'entrée du Bouchet, à droite et à gauche de l'avenue du Montanvert. Juin-septembre.

233 (4) — *Linnœi Presl.,* — *saxatilis Wimm.* (S. de Linné.) — Endroits sablonneux et graveleux jusqu'aux dernières limites de la végétation, notamment sur les terrains siliceux des deux versants de la chaîne des Aiguilles-Rouges; base du Brevent; la Flégère sur Chamonix; Plampraz; sommet de la Griaz; Taconnaz; Montanvert; toute la vallée de la Mer de Glace; col de Balme; aux Authannes sur le Catogne; au Buet; à Tré la Tête et à Tré le Chosal sur Contamines. Juin-juillet.

234 (5) — *glabra Willd.* (S. glabre.) — Rochers et pelouses de toute la région supérieure et jusqu'aux plus hauts sommets : pentes du Buet, sur Sixt; le Bonhomme; le haut de Véron; Flaine et le Platet; au Saint-Bernard, entre l'Hospice et Saint-Rémy, près de la Cantine; à L'Ardifagoz; à la Pierraz. Se trouve de préférence sur le calcaire et accidentellement sur le terrain siliceux. De 1000 à 2000 m. Juillet.

235 (6) — *nodosa Fenzl.* (S. noueuse.) — Indiquée au grand Saint-Bernard par Gaudin, mais cette localité ne paraît pas confirmée par les recherches ultérieures. Juillet.

236 (7) — *nivalis Fries*, d'après Lagger. (S. des neiges.) — A la Pierraz, près du chalet (E.-M. Métroz.) Juillet.

2. Buffonia Sauv. (Buffonie.)

237 (1) — *macrosperma Gay*, — *tenuifolia Vill.* (B. à grosses graines.) — Seulement à la limite de notre circonscription : Lieux graveleux près de Martigny. Juin-juillet.

3. Alsine Wahl. (Alsine.)

238 (1) — *tenuifolia Crantz.* (A. à feuilles menues.) — Lieux sablonneux des régions inférieure et moyenne; bassin de l'Arve; Passy; Saint-Martin. Mai-juin.

Les variétés suivantes, qui ont été démembrées du type, n'ont encore été rencontrées que dans la région inférieure, et rentrent à peine dans notre flore.

b) laxa Jord.

c) viscosa Jord.

d) hybrida Jord.

239 (2) — *Jacquini Koch*, — *fasciculata Jacq.* (A. de Jacquin.) — Lieux pierreux, graveleux, de la région inférieure : à Martigny; la Croix, près de la Dranse; les champs à Orsières, etc. Terrain d'alluvion siliceux, alt. 450 m. Avril-mai.

240 (3) — *mucronata L.* (A. mucronée.) — Rocailles de la région supérieure sur le versant oriental de la chaîne : en montant au Cramont depuis Saint-Didier; à la montagne de la Saxe, sur le village de ce nom; à Bellevaux, aux confins des limites nord de ce *Guide.* Terrain siliceux, entre 1000 et 2200 m. Juillet.

241 (4) — *setacea M.* et *K.* (A. sétacée.) — Coteaux secs et rochers de la région moyenne, sur le versant oriental de la chaîne : montagne de la Saxe; sur le vallon du Chapi; à Courmayeur et sur le revers occidental au Mont Hermance. Juillet.

242 (5) — *verna Bartl.*; — *Arenaria verna L.* (A. printanière.) — Pelouses sablonneuses, graveleuses, de la région supérieure; assez répandue sur toutes nos montagnes : au Bouchet de Chamonix; au col de Balme; sur les anciennes moraines du glacier de Bionnassay; montagnes du bassin du Giffre, sur Samoëns, sur Sixt; les pentes du Buet; Aiguille de Varens; le haut de Véron; le Platet; la chaîne d'Anterne, de Pormenaz et de Berard; moraines du glacier de Taconnaz; chaîne du Brevent; arête de la Griaz; cascade des Pèlerins; col du Bonhomme; toute la vallée de l'Allée-Blanche, aux abords du lac. Terrain siliceux ou calcaire entre 1050 et 2500 m. Juin–juillet.

243 (6) — *recurva Wahlb.* (A. à feuilles recourbées.) — Lieux graveleux, sablonneux, secs, de la région supérieure des deux versants de la chaîne : Flancs de Pormenaz sur Servoz; vallon d'Entre les Eaux sur Valorsine, au grand Saint-Bernard; au Plan de Jupiter; abondante entre les chalets de l'Allée-Blanche jusqu'au bord du lac Combal; arête du mont de la Saxe sur Courmayeur; entre le Chapiu et les Mottets. Terrain calcaire; rarement sur le siliceux. Alt. max. 2200 m. Juillet-août.

244 (7) — *Villarsii M.* et *K.* (A. de Villars. — Pelouses et rochers : versant ouest de l'Aiguille de Varens; autour du Chapiu, sous le Bonhomme; la Vœuzalle sur Sixt; le haut de Véron. Terrain calcaire, entre 1000 et 1500 m. Juillet.

245 (8) — *striata Gren.*, — *laricifolia Wahl.* (A. striée.) —Pâturages rocailleux de la région moyenne, au sud-ouest de la chaîne : autour du Chapiu, en allant aux Baronnettes; entre le Chapiu et les Mottets; Allée-Blanche; Courmayeur; mont de la Saxe, au-dessus des bains de ce nom; Ival d'Entrèves. Terrain calcaire et silicieux entre 1000 et 1500 m. Juillet.

246 (9) — *Bauhinorum Gay.* — *Arenaria liniflora Gaud.* (A. de Bauhin.) — Lieux rocailleux, sablonneux, entre la région moyenne et la supérieure : abonde surtout aux ravins sous le Brevent; autour de Chamonix; au Liapet; aux Barats; aux Sœrnioux; aux Gaillands; aux Chauderons; en montant à Pormenaz; à Barberine, sur le chemin de Tête-Noire; au Chatelard. Plus rare sur le revers oriental et au nord-est de la

chaîne : Salvan; Champey. Terrain cristallin siliceux, entre
1000 et 1500 m. Juillet-août.

247 (10) — *Cherleri Fenzl.,* — *Cherleria sedoides L.* (A.
de Cherler.) — Gazons graveleux ou sablonneux de toute la
région supérieure ; montagne de Taconnaz; la Tapiaz; la Floriaz; les deux versants de la chaîne des Aiguilles-Rouges; au
Brevent; Plampraz; la Griaz; moraines latérales du glacier
du Tour et de la Mer de Glace, jusqu'au Jardin; col de Balme;
val Montjoie; Tré la Tête; col d'Enclave; grand Saint-Bernard; le Buet; col du Bonhomme. Terrain cristallin, entre 2000
et 3000 m. Juillet-août.

248 (11) — *lanceolata M. et K.* — *Arenaria lanceolata
All.* (A. à feuilles lancéolées.) — Indiquée dans le *Guide* de
Tissière près du grand Saint-Bernard, dans les montagnes de
la vallée d'Aoste. Je ne l'y ai pas rencontrée. Août.

4. **Mœhringia L.** (Mœhringie.)

249 (1) — *muscoides L.* (M. mousse.) — Très-commune
sur les rochers ombragés dans les régions inférieure et
moyenne : Servoz; au bois de Joux; au bord de la Dioza; au
Bouchet de Servoz; au Bouchet de Chamonix; aux Gaillands;
à Martigny, etc., etc. Terrain siliceux, entre 600 et 1200 m.
Mai-août..

250 (2) — *polygonoides M. et K.* (M. fausse-renouée.) —
Lieux sablonneux, graveleux, ravinés, de la région supérieure : montagnes de Samoëns et de Sixt; les pentes du
Buet, du col de Salenton, de Berard; montagnes de Sâles, du
Platet; au Traversant Blanc; Vieux-Emousson; col du Genevrier; col du Bonhomme; dans l'Allée-Blanche; au grand
Saint-Bernard; aux Roches-polies; près de la Chenalettaz; col
de Fenêtre; à la Baux et à l'Ardifagoz; sur le terrain calcaire
seulement, à une altitude moyenne de 2000 à 2400 m. Août.

251 (3) — *trinervia Clairv.* (M. trinervée.) — Lieux ombragés et frais des régions inférieure et moyenne : à Servoz,
à Chamonix; vallon du Chatelard, près de Servoz; près de la
Tête-Noire, de 800 à 1050 m. Mai-juin.

5. **Arenaria L.** (Sabline.)

252 (1) — *biflora L.* (S. à deux fleurs.) — Lieux pierreux,
sablonneux, dans toute la région supérieure : montagnes de
Taconnaz et de la Griaz; moraines de la Mer de Glace; au
Montanvert; toute la chaîne des Aiguilles-Rouges; à Plampraz;
les Vioeux; l'Aiguille-Pourrie; au col de Balme, entre le lac et
le mont Catogne; glacier de Grand près celui de Petoude; au-

tour du lac du Saint-Bernard; col du Bonhomme. Plus abondante sur le terrain siliceux cristallin que sur les autres formations; de 1500 à 2400 m. Juillet-août.

252 (2) — *ciliata L.* (S. ciliée.) — Lieux graveleux, sablonneux de la région supérieure : autour des Pavillons du col de Balme (1847); entre les chalets inférieurs et les chalets supérieurs de l'Allée-Blanche; val Ferret, entre les chalets de Proz de Bard, le col de Ferret et le col de Fenêtre près le Saint-Bernard; col de la Seigne, en descendant le Trocet Blanc sur le val du Chapi. Terrain calcaire, entre 2200 et 2400 m. Juillet-août.

b) fugax Gay. Col de Balme et Allée-Blanche.

c) frigida Koch. Sous le glacier du Velan, près du lac.

254 (3) — *serpyllifolia L.* (S. à feuilles de serpolet.) — Lieux sablonneux, graveleux, depuis la région inférieure jusqu'aux dernières limites de la végétation : Bouchet de Servoz; Bouchet de Chamonix; aux Bois-Prints; champs autour de Chamonix. Terrain siliceux. Juin-août.

b) Marschlinsii Koch., — *nivalis Gren.* Jardin de la Mer de Glace.

c) sphærocarpa Ten. Champs sablonneux de Servoz et de tout le bassin inférieur de l'Arve; cultures à Saint-Rémy.

255 (4) — *grandiflora All.* (S. à grandes fleurs.) — Endroits sablonneux et rochers de la région supérieure : moraine droite de la Mer de Glace, sous le Chapeau et sur les rochers du voisinage; au bord de la cascade des Pèlerins; sur le chemin du Mont-Blanc; Aiguille à Bochard, etc., etc. Croît de préférence sur le terrain siliceux, entre 1200 et 1500 m. Juin-août.

6. **Stellaria L.** (Stellaire.)

256 (1) — *nemorum L.* (St. des forêts.) — Bois ombragés et frais de la région moyenne : au Bouchet près Chamonix; vallon des Faux; en allant au Pavillon de Bellevue; de Chamonix au Montanvert; aux Pâquis, près des Chauderons. Terrain siliceux, entre 1000 et 1500 m. Juillet.

257 (2) — *media Vill.* (St. Morgeline.) — Lieux cultivés, champs des régions inférieure et moyenne : Chamonix; tout le bassin de l'Arve, jusqu'à l'altitude de 2000 m. Avril-octobre.

b) Boræana Jord. Chamonix.

258 (3) — *graminea L.* (St. graminée.) — Endroits graveleux, dans les régions inférieure et moyenne : Bouchet de Chamonix; Bouchet de Servoz; à Bocher; au bord de la Dioza,

vis-à-vis des chalets d'Arlevé; au hameau des Nants, de 800 à 1200 m. et même jusqu'à 1500 m. Juin-juillet.

259 (4) — *uliginosa Murr.* (St. des marécages.) — Le long des petits cours d'eau et dans les marécages : au Bouchet de Chamonix; aux Bithy, vis-à-vis des Barats. Juin-août.

260 (5) — *cerastoides L.,* — *Cerastium trigynum Vill.* (St. faux-céraiste.). — Gazons sablonneux de la région supérieure, jusqu'aux dernières limites de la végétation : sur les deux revers de la chaîne des Aiguilles-Rouges; entre les Vioeux et Plampraz; sur les moraines latérales de la Mer de Glace, en face du Montanvert; glacier de Bionnassay et dans toute la partie supérieure de cette vallée; col de Balme; Buet; Tré la Tête et Tré la Grand; le Vergy; le Méry; le haut de Véron, le Saint-Bernard, autour de l'Hospice. Terrain calcaire et siliceux, entre 2000 et 2500 m. Juillet-août.

7. **Holosteum L.** (Holostée.)

261 (1) — *umbellatum L.* (H. ombellée.) — Champs et lieux sablonneux de la région inférieure, au nord-est de la chaîne : Martigny; le Brocard; Bovernier; dans le val d'Entremont jusqu'à Bourg-Saint-Pierre; à Saint-Rémy, etc., de 1000 à 1200 m. Juin-août.

8. **Cerastium L.** (Céraiste.)

262 (1) — *viscosum L.,* — *glomeratum Thuill.* (C. visqueux.) — Champs et cultures : bassin inférieur de l'Arve; à Martigny; vallées d'Entremont et de la Doire supérieure; à Courmayeur. Terrain d'alluvion. Mai-septembre.

263 (2) — *brachypetalum Desp.* (C. à courts pétales.) — Lieux graveleux, sablonneux, dans les mêmes localités que le précédent. Avril-juin.

264 (3) — *semidecandrum L.* (B. à 5 étamines.) Lieux rocailleux, arides, des mêmes régions : au Bouchet de Servoz et de Chamonix. Mai-juin.

265 (4) — *glutinosum Fries.* (C. glutineux.) — Lieux arides et sablonneux du bassin inférieur de l'Arve : aux Chauderons; à Servoz; à Martigny. Avril-juin.

266 (5) — *vulgatum L.,* — *triviale Link.* (C. commun.)— Les champs et les moissons avec les précédents : Chamonix; Servoz; bassin inférieur de l'Arve et de la Dranse; val Ferret, jusqu'à 1800 m. Mai-juillet.

267 (6) — *alpinum L.* (C. des Alpes.) — Lieux rocailleux de toute la région supérieure : Chaîne des Fys; au Platet; Ai-

guille de Varens; vallon d'Entre les Eaux, vers le premier plateau; col de Voza, etc.; exclusivement sur le calcaire, entre 1500 et 2000 m. Juin-juillet.

268 (7) — *arvense* L. (C. des champs.) — Le long des chemins et des champs dans les régions inférieure et moyenne. Terrain calcaire et siliceux, de 1000 à 2400 m. Juin-juillet.

b) strictum. Commun dans les pâturages rocailleux de la région moyenne et même de la région supérieure : Bouchet de Chamonix; source de l'Arveyron; Argentière; bassin de la Dranse d'Entremont; Saint-Bernard; à la Pierraz; base de la Saxe, sur Courmayeur; col de Balme.

269 (8) — *latifolium* L. (C. à larges feuilles.) — Les débris et les rocailles sablonneuses de la région supérieure, jusqu'aux dernières limites de la végétation : Samoëns; les sommités du Buet sur Sixt; au Traversant Blanc; sur l'Aiguille de Varens; vallon d'Entre les Eaux; col du Bonhomme et surtout abondant dans l'Allée-Blanche, au bord du lac Combal. Juillet-août.

Cette espèce est spéciale aux terrains calcaires, tandis que les variétés suivantes appartiennent exclusivement au terrain cristallin siliceux.

b) glacialis Gaud. Col de Balme; entre Pierre-Pointue et Pierre à l'Echelle; moraines du glacier des Pèlerins, de Blaitière, de la Tapiaz, des Charmoz, de Lognan, de la Mer de Glace jusqu'au sommet du Couvercle, de Béranger, du Jardin et sur toute la longueur des moraines latérales de la Mer de Glace, jusque sous le Chapeau; les deux versants des Aiguilles-Rouges; au lac Blanc; à la Floriaz et au Brevent.

c) pedunculatum Gaud. Lieux graveleux des moraines du glacier de Talèfre; au sommet du Couvercle; sur les deux versants des Aiguilles-Rouges; au bord du lac Cornu; sur la Floriaz, le Brevent, l'Aiguille-Pourrie, au lac Blanc, etc.

9. **Malachium Fries.** (Malachie.)

270 (1) — *aquaticum Fries.* (M. aquatique.) — Lieux humides, le long des ruisseaux et des sources dans les régions inférieure et moyenne, au nord-est de la chaîne et dans le bassin inférieur de l'Arve. Juillet-septembre.

10. **Spergula L.** (Spargoute.)

271 (1) — *arvensis* L. (S. des champs.) — Champs sablonneux des régions inférieure et moyenne; surtout abondante aux environs de Chamonix; au Biolet, sur les débordements des torrents du Greppon et du Folly, 1050 m. Juillet-août.

11. **Spergularia Pers.** (Spergulaire.)

272 (1) — *rubra Pers.* (S. rouge.) — Lieux sablonneux de la région moyenne; très-fréquente autour de Chamonix, au Bouchet, aux Chauderons, aux cascades du Dard et des Pèlerins; à Argentière; sous le Mont Chétif; à Courmayeur, etc., etc. Spécialement sur le terrain cristallin siliceux ou alluvion glaciaire. Juin-juillet.

14e famille — LINÉES

1. **Linum L.** (Lin.)

273 (1) — *tenuifolium L.* (L. à feuilles menues.) — Lieux sablonneux, arides, dans la région moyenne sur le versant oriental et au nord-est de la chaîne : Pentes rocailleuses de la base du Mont Chétif; mont de la Saxe, au-dessus du village; en montant au Cramont; au-dessus de Pallevieux; aux environs de Martigny, la Bâtiaz, les Marques, et entre Bovernier, Sembrancher et Orsières. Juin.

274 (2) — *usitatissimum L.* (L. cultivé.) — On le cultive avec succès dans la vallée de Chamonix; il réussit principalement sur les terrains siliceux. Eté.

275 (3) — *alpinum L.* (L. des Alpes.) — Pâturages rocailleux et fissures de rochers dans la région moyenne : Montagnes de Sâles; aux Ayers sur Servoz; Passy; au bord de l'ancien lac de Chède, etc., etc.; entre 800 et 1500 m. Terrain calcaire. Juin-juillet.

a) alpicola Gr. Gd., — montanum Schleich. Tiges dressées, graines distinctement marginées. Les pentes gazonnées sous la Pendant.

b) collinum Gr. Gd. Tiges couchées à la maturation des fruits.

276 (4) — *catharticum L.* (L. purgatif.) — Pâturages un peu humides des régions inférieure et moyenne et même plus haut : autour de Chamonix; aux Pàquis des Chauderons; à Hortaz; au Liapet; aux Nants et sur le versant oriental, autour de Courmayeur; base de la Saxe; au col de la Hyoulaz; au Saint-Bernard. Depuis la plaine jusqu'à 2200 m. Juin-juillet.

15e famille — TILIACÉES

1. **Tilia L.** (Tilleul.)

277 (1) — *platyphylla Scop., — grandifolia Ehrh.* (T. à grandes feuilles.) — Cultivé dans les promenades de la région inférieure du bassin de l'Arve; il ne réussit pas au-dessus de 1000 m. Juin-juillet.

278 (2) — *intermedia DC*. (T. intermédiaire.) Même région que la précédente. Juin-juillet.

279 (3) — *parvifolia Ehrh.*, — *sylvestris Desf*. (T. à petites feuilles.) — Même région que les deux autres espèces : Gorges du Durnand. J'en ai trouvé un seul pied dans notre région moyenne, au torrent du Folly en face de Chamonix. Sa limite supérieure est à 1000 m. Juillet.

16e famille — MALVACÉES
1. Malva L. (Mauve.)

280 (1) — *Alcea L.* (M. Alcée.) — Pâturages rocailleux de la région inférieure et ne s'élevant qu'accidentellement jusqu'à la région moyenne : en montant la Combe de la Forclaz ; à Bovernier ; à Saint-Laurent près de Bonneville. Juillet-septembre.

b) fastigiata Koch. Feuilles caulinaires divisées jusqu'au milieu en 5 lobes lancéolés dentés : Saint-Laurent ; Rumilly près Bonneville.

281 (2) — *moschata L.* (M. musquée.) — Pâturages graveleux, entrant à peine dans les limites de ce *Guide :* au pied du Mont Forchat près de Habère-Poche et sur le versant oriental vers le premier chalet au-delà du Buttier, au-dessus de Saint-Rémy. Trouvée aussi dans la vallée de Chamonix, entre le hameau du Crêt et le pont de Taconnaz, à gauche de la grande route de Chamonix (juin 1877). Entre 600 et 1700 m. Juin-août.

282 (3) — *sylvestris L.* (M. sauvage.) — Lieux cultivés, près des habitations de la région inférieure : bassin inférieur et moyen de l'Arve, entre 450 et 1400 m. d'altitude. Juillet-septembre.

283 (4) — *rotundifolia L.*, — *vulgaris Fries*. (M. à feuilles rondes.) Cultures près des habitations, décombres le long des chemins : Saint-Rémy, sur le revers oriental de la chaîne, ainsi qu'au nord dans le bassin inférieur de l'Arve, entre 450 et 1500 m. Juillet-septembre.

2. Althæa L. (Guimauve.)

284 (1) — *officinalis L.* (G. officinale.) — Cultivée dans les jardins. Cette plante est fréquemment employée comme plante pharmaceutique. Juillet-août.

285 (2) — *hirsuta L.* (G. hérissée.) — Coteaux secs du bassin inférieur de l'Arve : Monthoux près de Bonneville (Dumont). Juin-août.

17ᵉ famille — GÉRANIACÉES

1. Geranium L. (Géranium.)

286 (1) — *sylvaticum* L. (G. des bois.) — Très-commun dans les prairies de presque toute la vallée de Chamonix, notamment aux Tines; à Argentière; très-abondante dans la région moyenne et jusqu'à la région supérieure. C'est une des plantes dont l'aire est la plus étendue, car on la trouve de 600 à 2600 m. Juin-juillet. A cette altitude extrême, elle se présente sous une forme très-réduite, acaule, dont je fais la variété suivante :

b) superalpinum. Mont-Lachat et Pavillon de Bellevue; Aiguilles-Rouges, etc.

287 (2) — *aconitifolium L'Hérit.* (G. à feuilles d'aconit.) — Prairies montagneuses de la région supérieure : aux Ayers sur Servoz; au Mont Catogne sur Champey; au grand Saint-Bernard; à la montée de Plantaluc, contre les rochers. Terrain calcaire, entre 1500 et 2000 m. Juin-juillet.

288 (3) — *nodosum* L. (G. noueux.) — Lieux sablonneux, graveleux : Les Reuses d'Orsières (E. Favre) et au-dessus du hameau de Marignier à la base du Môle (Dumont). Seule localité connue jusqu'ici dans la Haute-Savoie. Juin-juillet.

289 (4) — *phœum* L. (G. brun.) — Prairies de toute la région moyenne. abondante dans les prés de la vallée du Trient; près Tête-Noire; Argentière; vallée de Chamonix; Bionnay au-dessus de Saint-Gervais. Fleurs assez grandes, d'un noir violet. Juin-juillet.

b) lividum L'Hérit. Fleurs d'un lilas livide : entre Bourg-Saint-Pierre et la Cantine de Proz; Saint-Bernard; Valorsine; Tête-Noire.

290 (5) — *palustre* L. (G. des marais.) — Marais et fossés de la région inférieure : bassin de l'Arve, entre Cluses et Scionzier; Maglan; Sallanches. Juin-juillet.

291 (6) — *sanguineum* L. (G. sanguin.) — Collines rocailleuses des régions inférieure et moyenne : Servoz; Bocher; Passy; à Joux; vallon du Chatelard près de la Tête-Noire, les Marques; sur la Bâtiaz; val d'Entremont; Bovernier; Sembrancher; Orsières. Juin-juillet.

b) erectum. Tige dressée, peu velue; feuilles plus divisées : vallon du Chapi; base de la Saxe; à Courmayeur. Mai-juill et

292 (7) — *columbinum* L. (G. Colombin.) — Champs; au

bord des chemins des régions inférieure et moyenne : à Servoz; à Bocher et à Sainte-Marie, ainsi que dans tout le bassin inférieur de l'Arve, entre 450 et 800 m. Mai-septembre.

293 (8) *dissectum* L. (G. disséqué.) — Commun dans les champs et au bord des chemins dans les mêmes localités que le précédent. Juin.

294 (9) — *lucidum* L. (G. luisant.) — Lieux frais et ombragés de la région inférieure au nord-est de la chaîne : près de Martigny; au pied du mont Othan; à la base de Ravoire; sur les rochers de la Barme, entre les Gorges du Trient et la Bâtiaz. Mai-juin.

295 (10) — *pyrenaicum* L. (G. des Pyrénées.) — Lieux rocailleux autour de Chamonix et dans les régions inférieure et moyenne où il est commun. Mai-octobre.

296 (11) — *pusillum* L. (G. fluet.) — Dans les mêmes stations que les précédents. Mai-septembre.

297 (12) — *molle* L. (G. mollet.) — Murs et chemins de la région inférieure : bassin de l'Arve et toutes les vallées de la région moyenne, jusqu'à 1000 m. au maximum. Avril-septembre.

298 (13) — *rotundifolium* L. (G. à feuilles rondes.) — Pas rare dans les cultures des régions inférieure et moyenne. Avril-septembre.

299 (14) — *robertianum* L. (G. Herbe-à-Robert.) — Très-commun dans tous les endroits rocailleux des régions inférieure et moyenne. Mai-octobre.

2. **Erodium** L'Hérit. (Erodium.)

300 (1) — *cicutarium* *L'Hérit.* (E. Cicutin.) — Très-commun partout le long des murs et des routes et dans les cultures de la région des céréales : Servoz; Passy et tout le bassin de l'Arve. Mai-juin.

— *moschatum* *L'Hérit.* (E. musqué.) — J'indique cette espèce avec doute, bien que j'en possède un échantillon exactement déterminé et provenant de Bonneville (Coppier). Mai-août.

18e famille — HYPÉRICINÉES
1. **Hypericum** L. (Millepertuis.)

301 (1) *perforatum* L. (M. perforé.) — Commun dans les endroits rocailleux des régions inférieure et moyenne. Juillet-août.

b) microphyllum Jord. Exposition plus méridionale.

302 (2) — *quadrangulum L.* (M. quadrangulaire.) — Pâturages rocailleux ou sablonneux des régions moyenne et supérieure : Montagne de Taconnaz, des Fœux ; au Biolet ; à Hortaz ; à la Joux ; au Bois-Rond sur Bionnassay ; en allant au col de Balme, en passant par Chénavie et les Pozettes ; entre Sembrancher et Orsières. Terrain siliceux, entre 1000 et 2000 m. Juillet-août.

303 (3) — *tetrapterum Fries.* (M. tétraptère.) — Lieux humides et marécageux dans les régions inférieure et moyenne. Fréquent aux alentours de Chamonix ; au Bouchet ; à Valorsine ; au Brocard, sur la route de Bovernier, etc., entre 450 et 1050 m. Juillet-août.

304 (4) — *humifusum L.* (M. couché.) — Lieux rocheux, rocailleux ou sablonneux de la région moyenne : en allant de Coupeau à Sainte-Marie ; assez abondant aux mines de cuivre qui sont sur la droite de l'Arve ; en montant au Brevent par les ravins (M. Reuter). Entre 800 et 1200 m. Sur le terrain siliceux cristallin. Août-septembre.

305 (5) *montanum L.* (M. de montagne.) — Les bois rocailleux des régions inférieure et moyenne : Nant du Fouilly ; Pormenaz ; Côte du Piget ; au village des Bois ; vallon du Châtelard près de Servoz ; au Chatelard près de Tête-Noire ; à Bocher ; au bord de la Dioza sous Arlevé ; au Bouchet et aux Pèlerins ; à Vernayaz ; aux gorges de la Dioza, du Trient et du Durnand ; entre 800 et 1500 m. Juillet.

306 (6) *Richeri Vill., — fimbriatum Lam.* (M. de Richer.) — Les pâturages rocailleux et les rochers herbeux de la région supérieure : au Keyzet sous le Brevent ; dans la vallée de Berard ; sous le col de Salenton ; abondant sur les flancs de l'Aiguille à Bochard ; sur les Chys. Terrain cristallin siliceux, entre 2000 et 2400 m. Juillet-août.

b) androsœmifolium DC. Tiges couchées à la base, puis redressées. Pâturages graveleux, sablonneux des endroits ravinés du flanc de l'Aiguille à Bochard ; sur le Chapeau au-dessus du Pas de l'Ours ; sous le Brevent ; les pentes du Mont-Lachat ; sur Bionnassay ; entre les chalets du Plâno et de Pormenaz. Terrain jurassique et cristallin.

19e famille — ACÉRINÉES

1. Acer L. (Erable.)

307 (1) — *pseudoplatanus L.* (E. Sycomore.) — Bois des montagnes de la région moyenne au nord et au nord-est de la

chaîne : pas rare à Entre les Champs et à Argentière; en suivant la route à travers les vallées de Valorsine, du Chatelard et à la Combe de Martigny, entre 600 et 1200 m. d'altitude. Mai-août.

308 (2) — *opulifolium Vill.* (E. à feuilles d'Obier.) — Lisière des bois au-dessus du Mont, près du glacier des Bossons. Mai-juin.

309 (3) *platanoides L.* (E. Plane.) — Endroits buissonneux et rocailleux, depuis la région inférieure jusqu'à la supérieure : flancs de Pormenaz qui regardent la Dioza ; sous Arlevé et le Plâno; à Ponchy, près de Bonneville (Dumont). Terrain siliceux. Mai–juin.

20e famille — AMPÉLIDÉES
1. Vitis L. (Vigne.)

310 (1) — *vinifera L.* (V. cultivée.) — Originaire d'Asie et cultivée jusqu'à l'altitude de 800 m., comme à Chède près de Servoz. Juin.

21e famille — BALSAMINÉES
1. Impatiens L. (Impatiente.)

311 (1) — *noli-tangere L.* (I. n'y touchez pas.) — Lieux ombragés, frais et rocailleux de la région moyenne : derrière les bains de Saint-Gervais; au bord de la Dioza, à l'extrémité des gorges près des ponts suspendus; abondante à la Combe de la Forclaz ou des Rappes sur Martigny; Vernayaz; Salvan; a été indiquée derrière chez Désailloud aux Houches et aux Plagnes, mais n'a pas été retrouvée malgré de nombreuses recherches. Entre 500 et 700 m. Juillet-août.

22e famille — OXALIDÉES
1. Oxalis L. (Oxalide.)

312 (1) — *stricta L.,* — *europæa Jord.* (O. droite.) — Lieux cultivés de la région inférieure : au bord des champs au Fayet; à l'entrée des bains de Saint-Gervais où il est assez fréquent et en allant aux Cheminées des Fées. Juillet-septembre.

313 (2) — *Acetosella L.* (O. Acétoselle.) — Très-commune dans toute la région moyenne : le long des murs de pierres sèches, les rocailles ombragées de la zone des sapins. Mai-juin.

DEUXIÈME CLASSE : CALICIFLORES

23e famille — CÉLASTRINÉES
1. Evonymus L. (Fusain.)

314 (1) — *europæus* L. (F. d'Europe.) — Les haies de toute la région inférieure, jusqu'à la région moyenne qui est sa limite supérieure : Servoz; le bassin inférieur de l'Arve jusqu'à Bonneville; Martigny; la Bâtiaz; aux Gorges du Trient. Mai-juin.

24e famille — ILICINÉES
1. Ilex L. (Houx.)

315 (1) — *Aquifolium* L. (H. commun.) — Pâturages rocheux de la région moyenne : à Bocher sur Servoz; au torrent du Fouilly; à Ravoire sur Martigny et au Mont Vautier. Mai-juin.

25e famille — RHAMNÉES
1. Rhamnus L. (Nerprun.)

316 (1) — *catharticus* L. (N. purgatif.) — Les haies et les bois des régions inférieure et moyenne : Servoz; aux Ayers; au Bouchet. Mai.

317 (2) — *alpinus* L. (N. des Alpes.) — Lieux rocailleux, les rochers de la région supérieure : au Chapeau et en allant au col de Balme par les éboulis des sources de l'Arve. Terrain calcaire et siliceux, altitude 1500 à 1600 m. Mai-juin.

318 (3) — *pumilus* L. (N. nain.) — Fissures des rochers, exclusivement sur le calcaire de la région supérieure : aux Ayers sur Servoz en montant l'éboulement des Fys ; toute la base de la chaîne des Aiguilles-Rouges, des Montets à Valorsine; base de la Saxe sur Courmayeur. Mai-juin.

319 (4) — *Frangula* L. (N. Bourdaine.) — Les buissons des régions inférieure et moyenne : très-fréquent au Bouchet de Servoz; aux gorges de la Dioza; à Chamonix; à Coupeau; à la Joux; à Argentière; aux Pozettes près du Tour; au Bouchet de Chamonix; à Valorsine; à la Tête-Noire. Altitude supérieure 2000 m. Mai-juillet.

26e famille — TÉRÉBINTHACÉES
1. Rhus L. (Sumac.)

320 (1) — *Cotinus* L. (S. Fustet.) — Dans la région inférieure, au nord-est de la chaîne : lieux arides des Marques près de Martigny. Juillet.

27ᵉ famille — PAPILIONACÉES

1. Genista L. (Genêt.)

321 (1) — *sagittalis L.*, — *Cytisus sagittalis Koch.* (G. ailé.) — Commun sur les collines sèches des régions inférieure et moyenne : Servoz; Chamonix; Ravoire sur Martigny; Salvan, jusqu'à 1100 m. Juin-juillet.

322 (2) — *tinctoria L.* (G. des teinturiers.) — Prairies humides de la région inférieure : environs de Bonneville jusqu'à Aïse; commun dans les prés incultes à Gueuroz; sous les Salvans et au-dessus de la forêt de Salvan, jusqu'à 600 m. Juin-juillet.
b) lasiocarpa Gr. et *Godr.* Environs de Bonneville.

323 (3) — *ovata W.* et *K.* (G. à feuilles ovales.) — Effleurant à peine les limites de ce *Guide*, dans la région inférieure, au nord-est de la chaîne : à la Crottaz, en face de la cascade de Pissevache. Juin-juillet.

324 (4) — *germanica L.* (G. d'Allemagne.) — Région inférieure du bassin de l'Arve; base du Salève. Juin-juillet.

325 (5) — *pilosa L.* (G. poilu). — Base du Salève, seule localité connue dans les limites de ce *Guide* (Puget, Reuter). Mai-juillet.

2. Cytisus L. (Cytise.)

326 (1) — *Laburnum L.* (C. Aubours.) — Lieux rocailleux de la région moyenne : à Servoz, où il est abondant; Passy; le Fayet, etc. Ne dépasse pas 800 m. Mai-juin.

327 (2) — *alpinus Mill.* (C. des Alpes.) — Lieux rocailleux de la région moyenne : de la vallée de la Tête-Noire, de Barberine au sommet de la Forclaz et en suivant la gauche de l'Eau-Noire jusqu'à Sous-Salvan. Altitude supérieure 1200 m. Juin-juillet.

3. Ononis L. (Bugrane.)

328 (1) *rotundifolia L.* (B. à feuilles rondes.) — Rocailles des régions inférieure et moyenne, sur les pentes exposées au midi du revers septentrional de la chaîne : commune aux environs de Bonneville; à Peyret; à Aïse au pied du Môle (Dumont). Je l'ai aussi recueillie en montant au Cramont; dans les bois au-dessus de Saint-Didier sur le versant oriental de la chaîne; mont Chemin sur Martigny; à Sembrancher. Elle est très-abondante sur toute la base des rochers de la chaîne des Fys; aux Ayers sur Servoz; à Passy; à la Charbonnière et sur les rocailles de la forêt d'Assy, dans la commune de Passy (Personnaz). Mai-juin.

329 (2) — *Natrix L.* (B. gluante.) — Lieux rocailleux des régions inférieure et moyenne : bassin de l'Arve à Passy; bassin de la Dranse d'Entremont depuis Martigny jusqu'à Liddes, etc. Juin-juillet.

330 (3) — *campestris Koch* et *Ziz.*, — *spinosa Wallr.* (B. épineuse). — Les pâturages de la région inférieure : le long des routes aux environs de Bonneville sous le Môle; à Aïse, à Passy et sur Chéde. Juin-septembre.

331 (4) — *procurrens Wallr.*, — *spinosa L.* (B. rampante.) — Les pâturages incultes des régions inférieure et moyenne : aux Pâquis des Chauderons sur Chamonix; forêt de la Pendant; côte du Piget près du glacier des Bois; en allant au bois de Joux sous le Platet; entre 600 et 1500 m. Juin-août.

332 (5) — *Columnæ All.* (B. parviflore.) — Coteaux secs de la région inférieure au nord-est de la chaîne : aux Marques entre le hameau de la Croix et la Bâtiaz, sous les vignobles; aux Contours sous Saint-Rémy. Ne dépasse pas 1500 m. Juin-septembre.

333 (6) — *altissima Lam.* (B. géante.) — Lieux graveleux dans les prairies autour de Martigny, avec la précédente. Alt. 500 m. Juin.

4. Anthyllis L. (Anthyllide.)

334 (1) — *montana L.* (A. de montagne.) — Pâturages rocheux de la région supérieure : bassin inférieur et moyen de l'Arve; au Salève; au Brezon; au Reposoir; au Vergy; chaîne des Fys. Elle est spéciale aux terrains calcaires de diverses formations, entre 1000 et 2000 m. Mai-juin.

335 (2) — *vulneraria L* (A. vulnéraire.) — Les pâturages incultes des régions inférieure et moyenne : aux Ayers; à Servoz; aux Pâquis; à Chamonix; à Argentière, entre 500 et 2500 m. Juin-juillet.

b) rubiflora DC., — *Dillenii Schultz.* Cette forme, à fleurs rouges, est due à son altitude. On la rencontre sur presque toutes les sommités des deux versants de la chaîne; c'est une des plantes dont l'aire horizontale et verticale est la plus étendue. Terrain indifférent, comme pour la forme typique. Juillet-août.

5. Medicago L. (Luzerne.)

336 (1) — *Lupulina L.* (L. Lupuline.) — Très-commune dans les prairies artificielles de la région inférieure : bassins de

l'Arve, de la Dranse, de la Doire; à Saint-Rémy; au chalet de la Pierraz, etc., etc. Juin-septembre.

337 (2) — *falcata L*. (L. falciforme.) — Lieux graveleux et arides de la région inférieure : bassin inférieur de l'Arve; bassin de la Dranse, de Martigny jusqu'à Orsières ; s'élève exceptionnellement jusque sur les montagnes, par exemple au-dessous de Saint-Rémy, entre 500 et 600 m. Juin-juillet.

338 (3) — *falcato-sativa Rchb*. (L. intermédiaire.) — N'est qu'une forme hybride issue de l'espèce précédente et de la suivante : Sembrancher; Orsières. Juin.

339 (4) — *sativa L*. (L. cultivée.) — Plante étrangère à notre domaine, mais cultivée en prairies artificielles pour l'usage des bestiaux. Juin-septembre.

340 (5) — *minima Lam*. (L. naine.) — Lieux sablonneux, secs et rocailleux des régions inférieure et moyenne : à Servoz; en montant au Cramont sur Pallevieux; les Marques et la Bâtiaz sur Martigny; sous Ravoire; à Bovernier et à Sembrancher. Juin.

6. **Melilotus Tournef.** (Mélilot.)

341 (1) — *officinalis Lam*. (M. officinal.) — Champs et prairies des régions inférieure et moyenne; Servoz et bassin inférieur de l'Arve; revers oriental de la chaîne sous Saint-Rémy; la Combe de Martigny, etc. Juin-août.

342 (2) — *alba Desr*. (M. blanc.) — Les alluvions de la région inférieure du bassin de l'Arve : Cluses; Maglan; Saint-Martin et plaine de Passy jusqu'à Chêde. Juin.

7. **Trifolium L.** (Trèfle.)

343 (1) — *rubens L*. (T. purpurin.) — Fréquent sur les rochers herbeux et bien exposés des régions inférieure et moyenne : autour de Chamonix; à la côte du Piget; à Bocher; à Pormenaz sur Servoz; toute la vallée de la Tête-Noire; à Finhaut; à Salvan. Terrain siliceux ou calcaire, entre 850 et 1050 m. Juin-juillet.

344 (2) — *incarnatum L*. (T. incarnat.) — Plante étrangère, cultivée en grand comme plante fourragère, entre 450 et 1050 m. Eté.

345 (3) — *alpestre L*. (T. alpestre.) — Pâturages rocailleux bien exposés des régions moyenne et supérieure : à la base du Môle sur Bonneville; au Mont Catogne sur Champey et dans le val Champey; indiqué dans la flore française de De Candolle comme ayant été trouvé au col de Balme où il n'a pas été

revu; en sortant de Bourg-Saint-Pierre; vallée d'Essert; à Pradaz, près la cascade; près du pont de Brachères, sous le château, etc., entre 550 et 1500 m. d'altitude. Juin-juillet.

346 (4) — *medium L.* (T. intermédiaire.) — Les bois des régions inférieure et moyenne : coteaux secs parmi les arbustes, en montant à Pormenaz; à Bocher; les bois du Brevent. Terrain siliceux ou anthracifère, entre 850 et 1050 m. Juillet-août.

347 (5) — *pratense L.* (T. des prés.) — Commun dans les prairies : autour de Chamonix, entre 1050 et 1500 m. d'altitude, où il est cultivé comme plante fourragère. Juin-juillet.

b) sativum Rchb. Plante de 1 à 3 décimètres variant beaucoup; tige presque glabre ou très-velue, très-développée par la culture : dans les prairies artificielles autour de Chamonix.

c) microphyllum Desv. Plante grêle dans toutes ses parties : terrains arides en montant au Cramont et au val Veni. Fleurs blanches.

d) nivale Sieb. Les pâturages des plus hautes régions : col de Balme; sommet de l'Aiguille de la Tour à la montagne de la Côte; Bayer sous l'Aiguille du Dru ou des Grands-Montets.

348 (6) — *arvense L.* (T. des champs.) — Les champs des deux régions inférieures : commun dans la vallée de Chamonix; Servoz; bassins de l'Arve et de la Dranse, entre le Brocard et Bovernier, etc. Altitude 600 à 1200 m. Juillet-octobre.

349 (7) — *agrestinum Jord* (T. agreste.) — Chalets de Tré le Chosal, à 1800 m. d'alt.; pelouses des Egrats, sous le vallon du Chatelard. Juillet.

350 (8) — *saxatile All.,* — *thymiflorum Vill.* (T. des rochers.) — Lieux sablonneux : sur les anciennes moraines du glacier de Taconnaz, où il est abondant, ainsi que sur les sables d'alluvion glaciaire du glacier des Bois, en allant à la source d'Arveyron (1050 à 1100 m.); s'élève jusqu'à l'alt. de 2100 m., comme au grand Saint-Bernard et au col de Menouve sous le mont Velan. Terrain glaciaire siliceux. Juillet-août.

Les *T. striatum L.,* — *scabrum L.,* et — *ochroleucum L.,* n'ont été signalés que dans le bassin inférieur de l'Arve près du Salève.

351 (9) — *fragiferum L.* (T. fraisier.) — Pâturages humides et gazons, le long des chemins de la région inférieure du bassin de l'Arve : à Servoz; à Passy; et dans la vallée d'Entremont; Martigny; Orsières. Juin.

352 (10) — *montanum L.* (T. de montagne.) — Pâturages incultes des collines dans la région moyenne : commune dans tous les pâturages autour de Chamonix: aux Nants; aux Chauderons; aux Pâquis, etc.; entre 1000 et 1200 m. Indifférente quant au terrain. Juin,

b) Gayanum Gr. et *God.*, — *Endressi Gay.* Feuilles inférieures à folioles presque orbiculaires. Aux Nants; à la Joux et au Tour.

353 (11) — *alpinum L.* (T. des Alpes.) — Pâturages sablonneux et secs des régions moyenne et supérieure : commun dans la vallée de Chamonix; au Liapet; aux Invarssins. Il est surtout très-abondant à Entre les Champs sur Argentière; à Hortaz sur Chamonix; dans tous les pâturages; le col de Balme; les Mélèzes de Valorsine; derrière les villages du Chozalet et du Lavancher, etc.; de 1200 à 2400 m. Indifférente quant au terrain et à l'exposition. Juin-juillet.

b) albiflorum Gaud. (Vulg. Réglisse des montagnes.) Cette forme se distingue par sa petite taille, ses fleurs blanches et grandes, ses feuilles linéaires ou étroitement lancéolées. On la rencontre à la Croix de Fer au col de Balme; aux Becs-Rouges et à l'Aiguille du Pscheux.

354 (12) — *Thalii Vill.*, — *cæspitosum Reyn.* (T. de Thalius.) — Très-commun dans tous les pâturages de la région moyenne et jusqu'au milieu de la région supérieure. sur les sables des terrains calcaire et glaciaire : autour de Chamonix en allant à la source de l'Arveyron; aux cascades du Dard et des Pèlerins; en allant au col de Balme. Terrain jurassique entre 1050 et 2000 m. Juin-juillet.

355 (13) — *pallescens Schreb.* (T. pâle.) — Endroits graveleux et sablonneux de la région inférieure sur les anciennes moraines de tous nos glaciers : sous le Chapeau, moraine droite de la Mer de Glace; moraines du glacier des Bossons, de Taconnaz, du val Montjoie, de Miage, de Tré la Tête, etc.; au Chapiu; dans l'Allée-Blanche et au val Ferret; au grand Saint-Bernard à Proz, à la Pierraz et au Plan de Jupiter, de 1050 à 2400 m. Terrain cristallin glaciaire. Juin-juillet.

356 (14) — *repens L.* (T. rampant.) — Les prés et gazons des trois régions; plus abondant toutefois dans la moyenne que dans les autres, bien qu'il s'élève aussi sur les plus hauts sommets. Son aire verticale s'étend de 450 à 2400 m. Mai-août.

357 (15) — *procumbens L.*, — *minus Sm.*, — *filiforme DC.* (T. couché.) — Les prairies cultivées et le bord des che-

mins des régions inférieure et moyenne au nord-est et au sud-est de la chaîne : Martigny et sous Saint-Rémy, versant sud du Saint-Bernard, entre 450 et 1600 m. Juin-août.

358 (16) — *agrarium L.*, — *procumbens Sm.* (T. agraire.) — Commun dans les pâturages et les prairies sèches des régions inférieure et moyenne, mais surtout dans cette dernière, entre 450 et 1500 m. au maximum. Juin-septembre.

359 (17) — *aureum Poll.* (T. doré.) — Les champs des régions inférieure et moyenne : bassin inférieur de l'Arve; à Arthaz; en allant au Brezon, et au nord-est de la chaîne, au bord de la route du château de Bourg-Saint-Pierre; entre 450 à 1000 m. Juin-septembre.

360 (18) — *badium Schreb.* (T. brun-clair.) — Pâturages et prairies des régions moyenne et supérieure : assez fréquent autour de Chamonix, par exemple au Bouchet, à Hortaz, aux Couverets, aux Praz, derrière les moulins avec le suivant; au Pavillon de Bellevue; au col de Balme; entre Argentière et le Tour; à Entre les Champs; à Valorsine; dans la vallée d'Entremont; à la Pierraz, la Baux et Pradaz sur le grand Saint-Bernard; au col du Bonhomme; dans le val de Montjoie, à Contamines et au Nant-Bourant; au Mont-Lachat; aux Ayers sur Servoz; au Chapeau; à la Corne et sur un grand nombre d'autres points, entre 1050 m. et 2400 m.; indifférente quant au terrain. Juin-juillet.

361 (19) — *spadiceum L.* (T. brun.) — Prairies humides des mêmes régions que la précédente. Il est très-abondant dans les prairies entre les Couverets et Hortaz, aux Moulins des Praz; à Entre les Champs; entre Argentière et le Tour. On le rencontre toutefois moins fréquemment que le précédent dans les limites de ce *Guide*. Entre 1050 et 1500 m. Juin-juillet.

8. **Tetragonolobus Scop.** (Tetragonolobe.)

362 (1) — *siliquosus Roth*, — *Lotus siliquosus L.* (T. siliqueux.) — Prairies humides argileuses; manque sur le cristallin siliceux. Très-fréquent dans les régions inférieure et moyenne : aux Houches; la Combe; Servoz, etc. Alt. supérieure 1050 m. Mai-juin.

9. **Lotus L.** (Lotier.)

363 (1) — *corniculatus L.* (L. corniculé.) — Très-commun dans les régions inférieure et moyenne : autour de Chamonix; au Bouchet; à Hortaz; les Houches; Servoz; Martigny; Entremont et tout le versant oriental de la chaîne, entre 450 et 2000 m. d'altitude. Mai-juin.

b) villosus Thuill. Sur les plus hautes montagnes.

c) tenuis Kit. Prairies humides des terrains siliceux et argileux de la région inférieure.

d) uliginosus Schkuhr. Lieux marécageux de la même région, s'élève rarement jusqu'à la moyenne.

e) alpinus Gaud. Monte jusqu'à l'altitude de 2450 m. et prend alors une taille très-rabougrie. On rencontre cette variété sur toutes nos sommités jusqu'à l'alt. de 2500 m.

f) arvensis Gaud. Les lieux arides très-secs : aux Marques (Gaudin).

10. **Astragalus L.**   (Astragale.)

364 (1) — *glycyphyllos L.* (A. à feuilles de Réglisse.) — Les clairières et à la lisière des bois des régions inférieure et moyenne : aux Plans; aux Nants autour de Chamonix; au Bouchet; à Hortaz; à la Joux; aux Pâquis; aux Gaillands; au Lavancher, entre 450 et 1500 m. Juin-juillet.

365 (2) — *Cicer L.* (A. Pois-chiche.) — Les chemins et les champs de la région inférieure, au nord-est de la chaîne : la Combe de Martigny; Entremont; environs de Courmayeur; plaine de Passy et Servoz, entre 450 et 700 m. Juin-juillet.

366 (3) — *leontinus Jacq.* (A. léontin.) — Pâturages rocailleux et gazons de la région supérieure du versant méridional de la chaîne : grand Saint-Bernard; la Seigne. Il est rare dans notre circonscription, si toutefois il s'y trouve, car je ne l'ai point encore rencontré. Juillet-août.

367 (4) — *Onobrychis L.* (A. fausse-Esparcette.) — Lieux arides, secs et graveleux des régions inférieure et moyenne au nord-est et au sud-est de la chaîne : aux Marques, entre la Croix et la Bâtiaz; à Sembrancher dans la vallée d'Entremont et surtout abondante aux alentours de Courmayeur; vallon du Chapi, la Saxe, le Cramont, le Chapiu sous le Bonhomme. Indifférent quant au terrain, mais il affectionne l'exposition au midi. Entre 500 et 1500 m. Juin-juillet.

368 (5) — *monspessulanus L.* (A. de Montpellier.) — Lieux sablonneux ou graveleux de la région inférieure du bassin de l'Arve et dans la région moyenne du bassin de la Doire : près de l'église d'Aïse à la base du Môle (M. Coppier); entre Vince et Sembrancher dans le val d'Entremont. Il est très-abondant aux environs de Courmayeur; sous les chalets de Curut; vallon du Chapi; rochers de la Saxe au-dessus des bains de ce nom; en montant au Cramont. Mai-juillet.

369 (6) — *depressus L.* (A. nain.) — Rochers gazonnés de la région supérieure, au sud-ouest de la chaîne : au Brezon;

au-dessus des Granges de Salaison et du petit Bornard ; dans la vallée du Reposoir (Timothée et Bourgeau) et au petit Saint-Bernard (Dumont). Altitude 1500 à 2000 m. Mai-juin.

370 (7) — *aristatus L'Hérit.* (A. épineux.) — Rocailles et rochers exclusivement calcaires des régions moyenne et supérieure, au sud-ouest et au nord-est de notre champ d'exploration : vallée du Reposoir entre les chalets et la forêt de Sommier et en descendant du Méry sur Sallanches; au pied des rochers du Platet; aux Ayers sur Passy; au pied du Bois-Magnin sous le col de Balme (Michaud)? Juillet-août.

11. **Oxytropis DC.** (Oxytropis.)

371 (1) — *campestris DC.* (O. champêtre.) — Gazons et pâturages graveleux de toute la région supérieure et sur les quatre revers de la chaîne : Chamonix; col de Balme; mont Catogne et la Croix de Fer; entre Pierre-Pointue et Pierre à l'Echelle, chemin du Mont-Blanc; sommet du Mont-Joly; le Bonhomme; l'Allée-Blanche et la Seigne: val de Ferret et col Ferret; à l'Ardifagoz, près du glacier de Proz au grand Saint-Bernard; les Rognes sous l'Aiguille du Goûté; vallon d'Entre les Eaux sous le Buet; Mont Catogne sur Champey. Cette plante se trouve plus rarement sur le terrain siliceux cristallin que sur le calcaire jurassique. Entre 1000 et 2000 m. Juin-juillet.

— *fœtida DC.* (O. fétide.) Espèce rare signalée sur les confins nord-est de notre champ d'exploration. Juin-juillet.

— *Halleri Bunge*, — *uralensis DC.* (O. de Haller.) — Cette jolie plante se trouve, comme la précédente, à une faible distance des limites de cette florule : les Folaterres; à Charat; Saxon; Riddes et Bramois dans la plaine de la vallée du Rhône. Avril-juin.

372 (2) — *Gaudini Reuter*, — *cyanea M. Bieb.* (O. de Gaudin.) — Pâturages et gazons de la région supérieure des deux revers de la chaîne : le Buet; vers les chalets de Barberine; col de la Portette entre Sâles et le Platet; montagnes de Samoëns et de Sixt; au Criou; col de la Seigne; entre le col et les chalets supérieurs de l'Allée-Blanche; entre le chalet du Grand-Ferret et les lacs sous le col de Fenêtre près du grand Saint-Bernard (avec le *Carex bicolor*); en descendant le Trocet Blanc près de la Berarde, au-dessus des chalets de Curut sur le vallon du Chapi; autour des chalets de **Proz de Bard** dans le val Ferret sur Courmayeur; à l'Ardifagoz près du grand Saint-Bernard; Bella-Comba; Ferret. Très-exceptionnellement sur d'autres terrains que le calcaire jurassique; entre 2000 et 2400 m. d'altitude. Juillet.

373 (3) — *montana DC.* (O. de montagne.) — Gazons graveleux de la région supérieure et jusqu'aux dernières limites de la végétation, sur les deux versants de la chaîne : au col de Balme; à la Floriaz; sur la chaîne des Aiguilles-Rouges; vallon d'Entre les Eaux; le Buet; Golèse et montagnes de Samoëns et de Sixt; val de Montjoie; Mont-Lachat; les Rognes; le Bonhomme; l'Allée-Blanche; à la Baux et à l'Ardifagoz près du grand Saint-Bernard; elle est aussi plus abondante sur le calcaire jurassique que sur le siliceux cristallin. Juin-juillet.

374 (4) — *lapponica Gaud.*, — *Phaca lapponica Wahl.* (O. de Laponie.) — Gazons des dernières limites de la végétation, sur les deux versants de la chaîne : val de Montjoie; au col du Joly entre le Mont-Joly et le Nant-Bourant; Allée-Blanche; sommet du col de la Hyoulaz à gauche du Cramont; Bella-Comba, derrière l'Ardifagoz, au grand Saint-Bernard. Terrain jurassique. Juin-juillet.

375 (5) — *pilosa DC.* (O. poilue.) — Collines arides de la région inférieure, au nord-est de la chaîne : entre la Croix, sous les Marques et la Bâtiaz, à une altitude de 450 m. au maximum. Mai-juin.

12. **Phaca L.** (Phaque.)

376 (1) — *alpina Wulf.* (Ph. des Alpes.) — Gazons rocailleux de la région supérieure du versant nord de la chaîne : vallée du Trient; sous le Bois-Magnin et le col de Balme, localité classique; moraine droite du glacier de Bionnassay; au Plan de l'Arce les Rognes; flancs du Mont-Lachat tournés vers le glacier de Bionnassay; sous le Bois-Rond; derrière le Pavillon de Bellevue; en descendant du glacier de Miage à Champel dans le val Montjoie; en allant aux Ayers depuis Servoz et en suivant la base des flancs de Pormenaz au-dessus de la Sourde; sous le glacier de Proz, sur les pentes du Pain de Sucre et à l'Ardifagoz près du grand Saint-Bernard. Se rencontre surtout sur le calcaire jurassique, entre 1200 et 2400 m. Juillet.

377 (2) — *frigida Jacq.* (Ph. des frimas.) — Rocailles gazonnées de la région supérieure, sur les deux versants de la chaîne. Elle est surtout abondante en traversant la base de l'Aiguille du Goûté dans le vallon de la Griaz, ainsi qu'aux pentes du Mont-Lachat sur Bionnassay; aux pentes du Mont-Joly sur Contamines; nulle part aussi abondante que dans l'Allée-Blanche sur les pentes rocailleuses qui descendent vers le lac Combal; pentes herbeuses entre le chalet du Grand-Ferret et les lacs sous le col de Fenêtre; à l'Ardifagoz près le

Saint-Bernard; dans le vallon du Vieux-Emousson sur Valorsine. Elle est aussi plus fréquente sur le calcaire qu'ailleurs et monte plus haut que la précédente. Juillet-août.

378 (3) — *astragalina DC.,* — *Astragalus alpinus L.* (Ph. astragaline.) — Gazons et rocailles de la région supérieure, sur les quatre versants de la chaîne : au Trient sous le col de Balme; entre Pierre-Pointue et Pierre à l'Echelle sur le chemin du Mont-Blanc; Aiguille à Bochard; aux Rognes sous l'Aiguille du Goûté; val Montjoie jusqu'au Bonhomme; col de la Seigne; Allée-Blanche; val de Ferret; grand Saint-Bernard, à la Baux et près de la Cantine de Proz; montagnes sur Samoëns et Sixt; la Golèse; le Buet et le Haut de Véron; le Platet et Flaine sur les Fys. Croît de préférence sur le calcaire et accidentellement sur le siliceux, entre 2000 et 2500 m. Juin-juillet.

379 (4) — *australis L.* (Ph. australe.) — Gazons rocailleux ou rocheux de la région supérieure, sur les quatre versants de la chaîne, mais surtout sur le versant méridional : vallon de Barberine; vallon du Vieux-Emousson sous le col du Genevrier au pied du Buet; col de Golèse; sous le col d'Anterne; aux Tours Saillères dans le vallon de Susanfe; entre le Mont Jovet et la Seigne en traversant sous le Bonhomme et surtout en descendant le Trocet Blanc avant le chalet de Curut sur Courmayeur; vallée de Ferret près des chalets de Lavachet et de Proz de Bard. Sur le même terrain et aux mêmes altitudes que la précédente. Juin-juillet.

13. **Colutea L.** (Baguenaudier.)

380 (1) — *arborescens L.* (B. arborescent.) — Collines rocailleuses de la région inférieure du bassin de l'Arve : à la base du Môle entre Bonneville et Marignier. (Dumont et Coppier.) Juin-juillet.

14. **Robinia L.** (Robinier.)

381 (1) — *pseudo-Acacia L.* (R. faux-Acacia.) — Cet arbre, originaire de l'Amérique, est cultivé en grand dans les pépinières de l'Etat pour les bordures de route. Juin.

15. **Vicia L.** (Vesce.)

382 (1) — *sativa L.* (V. cultivée.) — Cultivée et souvent subspontanée dans les champs des régions inférieure et moyenne. Juin-juillet.

a) vulgaris Gr. et God. Folioles petites et étroites.

b) macrocarpa Moris. Folioles plus grandes.

383 (2) — *angustifolia Roth.* (V. à feuilles étroites.) —

Commune dans les champs sablonneux du bassin inférieur de l'Arve; entre le Brocard et Bovernier. Mai-juin.

b) Forsteri Jord. Prairies près des bois; le long des haies sur le village de Saint-Rémy, versant sud du grand Saint-Bernard.

384 (3) — *sepium L.* (V. des haies.) — Commune dans les haies et les buissons, et jusqu'à 1600 m. d'altitude, comme à Saint-Rémy, sur le versant oriental de la chaîne. Mai-août.

385 (4) — *onobrychioides L.* (V. fausse-Esparcette.) — Coteaux secs et arides de la région inférieure, au nord-est et au sud-est de la chaîne : Martigny; vallée d'Entremont; Saint-Rémy et environs de Courmayeur; à la base de la Saxe et sur les Bains de la Saxe. Altitude supérieure 1500 m. Mai-juin.

386 (5) — *lathyroides DC.* (V. fausse-Gesse.) — Lieux sablonneux et graveleux de la région inférieure et s'élevant jusqu'à la région moyenne. Plaine de Passy et coteaux environnants. Avril-mai.

387 (6) — *lutea L.* (V. jaune.) — Moissons à Courmayeur. Juin-août.

388 (7) — *dumetorum L.* (V. des buissons.) — Les pâturages boisés de la région moyenne du bassin de l'Arve et de la Dranse : Servoz; Chamonix; les bois du Biolet; la Combe des Rappes sur Martigny. Juin-juillet.

389 (8) — *sylvatica L.* (V. des bois.) — Les lieux buissonneux de la région moyenne du bassin de l'Arve : Saint-Gervais; Servoz; le Saxonnet; bourg de Saint-Maurice sous le Bonhomme, etc. Juillet-août.

390 (9) — *Cracca L.,* — *Cracca major Frank.* (V. Cracca.) — Lieux buissonneux rocailleux ou arides des régions inférieure et moyenne, au nord et au nord-est de la chaîne : aux Marques; sur la Bâtiaz de Martigny; vallée d'Entremont jusqu'à Bourg-Saint-Pierre; Saint-Rémy; autour de Courmayeur et bassin de l'Arve à Passy, etc., etc. Juin-août.

b) Kitaibeliana Rchb. Stipules semi-sagittées; tiges grimpantes, de 5 à 15 décimètres. Vallée de Bionnay sur Saint-Gervais.

391 (10) — *tenuifolia Roth.* (V. à feuilles menues.) — A Villars sur le Chapiu, sous le Bonhomme (Grand). Juin.

392 (11) — *hirsuta Koch.,* — *Ervum hirsutum L.* (V. hérissée.) — Commune dans les moissons des terrains sablonneux : de Saint-Rémy à Courmayeur, etc. Mai-juillet.

On cultive généralement pour le bétail ou pour les besoins alimentaires : *Medicago sativa L.* (Luzerne cultivée); *Onobrychis sativa DC.* (Esparcette commune); *Vicia Faba L.* (la Fève); *Vicia sativa L.* (Vesce cultivée, vulg. Poisettes); *Pisum sativum L.* (Pois cultivé); *Ervum Lens L.* (Lentille cultivée); *Phaseolus vulgaris L.* (Haricot commun et ses variétés.)

16. **Lathyrus L.** (Gesse.)

393 (1) — *Aphaca L.* (G. sans feuilles.) — Région des moissons, dans le bassin inférieur de l'Arve : entre Bonneville et Cluses. Juin-juillet.

394 (2) — *hirsutus L.* (G. hérissée.) — Les moissons du bassin moyen de l'Arve : Saint-Martin (Puget); environs de Martigny; les Marques; val d'Entremont, etc. Juin-juillet.

395 (3) — *Cicera L.* (G. Chiche.) — Moissons du bassin inférieur de l'Arve : Annemasse; base des Voirons. Mai-juin.

396 (4) — *sativus L.* (G. cultivée.) — Plante étrangère, cultivée comme plante fourragère. On la rencontre d'une manière subspontanée dans la région inférieure du bassin de l'Arve. Mai-juin.

397 (5) — *sylvestris L.* (G. sauvage.) — Lisière des bois et lieux buissonneux de la vallée inférieure et moyenne de l'Arve : autour de Bonneville; près de Chamonix; aux Chauderons et aux Gaillands. Juin-août.

398 (6) *heterophyllus L.* (G. hétérophylle.) — Les pâturages buissonneux de la région moyenne : au pied du Méry, vallée du Reposoir; au Saxonnet; dans le val de Montjoie, à Bionnay sur Saint-Gervais et à Notre-Dame de la Gorge; sous Finhaut au bord de l'Eau-Noire et du Trient; au Brocard, près Martigny; en sortant de Bourg-Saint-Pierre dans le val d'Entremont; près de Saint-Rémy. Juillet-août.

399 (7) — *tuberosus L.* (G. tubéreuse.) — Les moissons et les champs du bassin inférieur de l'Arve : fréquent aux environs de Genève; à Arthaz; la Menoge; Sallanches; entre Servoz et Chamonix; forêt de Plantaluc sous le Saint-Bernard. Juin-juillet.

400 (8) — *pratensis L.* (G. des prés.) — Commune dans les prés, les haies et les buissons de toute la circonscription. Juin-août.

b) Lusseri Heer. Prairies et pâturages : à Pradaz; aux Combes; à Bourg-Saint-Pierre, non loin de Lorette. Juillet.

17. **Orobus L.** (Orobe.)

401 (1) — *vernus L.*, — *Lathyrus vernus* Wimm. — Lieux rocailleux et buissonneux des régions inférieure et moyenne; elle s'élève même jusqu'à la région supérieure : en montant de Maglan aux grottes de Balme; parmi les broussailles sous le Platet; vers le milieu des Rappes dans le vallon de la Combe sur Martigny; base du Mont-Chemin. Cette plante appartient exclusivement au terrain calcaire; entre 600 et 1600 m. Mai.

b) *flore alba* : fleurs blanches; folioles arrondies, échancrées et non acuminées; tige couchée, puis redressée : la Forclaz sur Trient.

402 (2) — *luteus L.*, — *Lathyrus montanus* Gr. et God. — Les pâturages buissonneux de la région moyenne, au nord et au nord-est de la chaîne : au Brezon; dans la vallée du Reposoir; vers les chalets de Colonne sous l'Aiguille de Varens; val d'Essert; val de Ferret; près de Sembrancher; aux Ivoués d'Orsières; au pied des rochers du Platet. Terrain calcaire : alt. 1000 à 1500 m. Mai.

403 (3) — *tuberosus L.*, — *Lathyrus macrorhizus* Wimm. (O. tubéreux.) — Dans la région des noyers : vallon de la Combe des Rappes; Chède et tout le bassin de l'Arve. Alluvion glaciaire. Mai.

404 (4) — *niger L.*, — *Lathyrus niger* Wimm. (O. noir.) — Les bois de la région des noyers : à Maglan; coteaux de Passy; Chède; en montant au Lavouet; au Brocard près Martigny; à Gueuroz. Calcaire urgonien. Mai-juin.

18. **Coronilla L.** (Coronille.)

405 (1) — *Emerus L.* (C. faux-Baguenaudier.) — Commune sur les coteaux buissonneux et rocailleux des régions inférieure et moyenne : Passy; des Plagnes au Chatelard; à Servoz; toute la vallée du Chatelard et à la Combe des Rappes sur Martigny. Terrain calcaire et siliceux, mais plus rare sur le dernier. Mai-juin.

406 (2) — *vaginalis Lam.* (C. engaînante.) — Les rocailles et les pelouses de la région moyenne, exclusivement sur le terrain calcaire : depuis le pied de la chaîne des Fys aux Ayers sur Servoz; au Platet; au mont Catogne; environs de Courmayeur; au Brezon vers les lacs de Colombier; les Aravis près du Bonhomme; à Saint-Etienne près de Bonneville, à la base du Môle; entre 500 et 2000 m. d'alt. Mai-juin.

407 (3) — *minima L.* (C. minime.) — Coteaux secs de tou-

tes les vallées moyennes et supérieures des deux versants de la chaîne : sous le Platet; autour de Courmayeur, etc. Juin-juillet.

408 (4) — *varia L.* (C. bigarrée.) — Lieux rocailleux de la région moyenne, au nord-est de la chaîne : à la Bâtiaz sur Martigny; en montant au val Champey depuis Orsières. Terrain calcaire. Jnin-juillet.

19. **Hippocrepis L.** (Hippocrépide.)

409 (1) — *comosa L.* (H. en ombelle.) — Coteaux des régions inférieure et moyenne, sur tous les terrains : Saint-Gervais; Mont-Lachat; Servoz; aux Ayers; vallée de Chamonix; la Combe; les Rappes; aux Contours sous le Saint-Bernard et entre la Cantine, et Saint-Rémy; entre 800 et 1500 m. Mai-juillet.

20. **Hedysarum L.** (Sainfoin)

410 (1) — *obscurum L.* (S. obscur.) — Rochers gazonnés de la région supérieure, sur tous les terrains siliceux et calcaires : entre Pierre-Pointue et Pierre à l'Echelle, Chemin du Mont-Blanc; au col de Balme entre les chalets et le Pavillon français; aux Rognes sous Pierre-Ronde; sous l'Aiguille du Goûté; sous l'Aiguille du Tricot; Aiguille de la Portette entre Sâles et le Platet; col de Golèse; le Brezon; le Méry et à l'est de la chaîne au col de Fenêtre, sous les lacs, du côté de Ferret; entre 1800 et 2550 m. Juin-juillet.

21. **Onobrychis Tournef.** (Esparcette.)

411 (1) — *sativa Lam.* (E. cultivée.) — Commune dans l es prairies des régions inférieure et moyenne. Cultivée comm plante fourragère dans tout le bassin de l'Arve. Mai-juillet.

b) montana Gaud. Tiges couchées ou ascendantes, très-courtes; folioles généralement plus courtes, mais plus larges et plus velues : les pelouses rocailleuses du Méry, au-dessus de la Chartreuse du Reposoir; au Bonhomme; au Mont-Joly; au col du Joly; aux chalets de Proz de Bard dans la vallée de Ferret; sur Courmayeur, et au nord-est de la chaîne, à Bovenaz sur Champey. Terrain calcaire, entre 1500 et 2400 m. Juillet.

412 (2) — *arenaria DC.* Rochers de l'Aromanet et à la Rappaz, entre le couvent des Trappistes et Sembrancher. Juillet.

28ᶜ famille — AMYGDALÉES

1. **Amygdalus L.** (Amandier.)

413 (1) — *communis L.* (A. commun.) — Arbre origi-

naire du midi de l'Europe, mais cultivé çà et là dans les jardins bien exposés. Avril.

2. **Persica Tournef.** (Pêcher.)

414 (1) — *vulgaris Mill.* (P. commun.) — Cultivé dans les jardins et les vergers du bassin inférieur de l'Arve. Avril.

3. **Armeniaca Tournef.** (Abricotier.)

415 (1) — *vulgaris L.*, — *Prunus Armeniaca L.* (A. commun.) — Etranger à nos régions, mais cultivé dans les jardins du bassin inférieur de l'Arve. Mars.

4. **Prunus L.** (Prunier.)

416 (1) — *spinosa L.* (P. épineux, vulg. Epine-noire.) — Commun dans les lieux arides et rocailleux de la région inférieure : Servoz et tout le bassin de l'Arve. Avril.

417 (2) — *fruticans Weihe.* (P. arborescent.) — Arbuste tenant le milieu entre le *P. spinosa* et les formes à petits fruits noirs du *P. insititia*. Haies et buissons des coteaux de Passy. Avril.

418 (3) — *insititia L.* (P. commun.) — Cette espèce comprend toutes les variétés du prunier cultivé, à fruits globuleux ou oblongs, ou bien à petits fruits noirs, répandues dans les vergers de la région moyenne de la vallée de Chamonix. Avril.

419 (4) — *domestica L.* (P. domestique.) — Fruit ellipsoïde, violet, rarement jaune, connu plutôt sous le nom de Pruneau de Passy. Cultivé dans tout le bassin de l'Arve. Avril.

5. **Cerasus Juss.** (Cerisier.)

420 (1) — *avium DC.* (C. des bois.) — Les bois de la plaine et du pied des montagnes, notamment dans le bassin de l'Arve, entre Bonneville et Servoz. Avril-mai.

421 (2) — *caproniana DC.*, — *Prunus Cerasus L.* (C. Griottier.) — Cultivé et croissant aussi spontanément dans le bassin moyen et inférieur de l'Arve. Avril.

422 (3) — *Mahaleb Mill.*, — *Prunus Mahaleb L.* (C. Mahaleb.) — Coteaux buissonneux du bassin moyen et inférieur de l'Arve : entre Saint-Martin, Passy, Servoz et Chamonix ; au-dessous de Saint-Rémy, versant sud du Saint-Bernard. Avril-mai.

423 (4) — *padus DC.*, — *Prunus padus L.* (C. à grappes, vulg. la Poutta.) — Coteaux boisés rocailleux de la région moyenne ; extrèmement abondant dans toute la vallée de Chamonix, ainsi qu'à Sembrancher. Il répand au moment de la floraison une odeur fort agréable. Mai.

29ᵉ famille — ROSACÉES

1. **Spiræa L.** (Spirée.)

424 (1) — *Filipendula L.* (S. Filipendule.) — Prairies et clairières des bois de la région inférieure et jusqu'à la région moyenne du bassin de l'Arve : le Lac à Servoz; le Chatelard; les Gras; les Plagnes; Passy; aux Planches et à Long-Dranse de Sembrancher. Juin-juillet.

425 (2) — *Ulmaria L.* (S. Ulmaire, vulg. Reine des prés.) — Prairies graveleuses humides des régions inférieure et moyenne de l'Arve : la Plaine du Lac à Servoz; au vallon du Chatelard; commune autour de Servoz et près de Saint-Rémy; entre 500 et 1600 m. Juin-juillet.

426 (3) *Aruncus L.* (S. Barbe de chèvre.) — Lieux ombragés herbeux et buissonneux sur la lisière de tous les bois de la région moyenne : fréquente autour de Chamonix, au Fouilly, au Liapet, à la Corne, à la Paraz; combe de Martigny ou des Rappes; Salvan; le Brocard; entre 500 et 1500 m. Juin-Juillet.

— *salicifolia L.* (S. à feuilles de saule.) — Originaire de l'Europe centrale, cultivée dans le jardin de la cure à Bovernier dans l'Entremont. Juin-août.

2. **Dryas L.** (Dryade.)

427 (1) — *o. topetala L.* (D. à 8 pétales.) — Les prairies rocailleuses de la région supérieure : sous les Pozettes; audessus du hameau du Tour; au Pavillon de Bellevue; au pied du Platet; aux Ayers sur Servoz; col du Bonhomme; Allée-Blanche; Mont-Cubii; Tzermaneire; Ardifagoz. Plante exclusive aux terrains calcaires; entre 1200 et 2200 m. Juin-Juillet.

3. **Geum L.** (Benoite.)

428 (1) — *urbanum L.* (B. commune, vulg. Herbe de Saint-Benoît.) — Commune au bord des bois et le long des chemins des régions inférieure et moyenne : Chamonix; les Nants; au Bouchet; en allant à la Mollard; à Tête-Noire; à Salvan; vallon de la Combe; aux Rappes; sous Saint-Rémy. Terrains d'alluvion, entre 500 et 1500 m. Juin.

429 (2) — *rivale L.* (B. des ruisseaux.) — Les prairies humides : le long de la grande route entre les Houches et les Chavans; très-commune en montant au col de Voza; à Bionnassay; Pormenaz; Contamines, etc., et au revers oriental de la chaîne à Saint-Rémy et Courmayeur. Terrain calcaire, entre 900 et 1600 m. Juin-juillet.

430 (3) — *inclinatum Schleich.* (B. inclinée.) — Les pâtu-

rages secs : sur les mamelons à l'extrémité du lac du grand Saint-Bernard (Muret) et à Pormenaz ; entre 2000 et 2400 m. Terrain siliceux, anthracifère. Juillet-août.

434 (4) — *montanum L.* (B. de montagne.) — Pelouses et pâturages de la région supérieure; abondante sur les deux versants de la chaine du Mont-Blanc : col de Balme; col de Voza; Mont-Lachat; toute la chaine des Aiguilles-Rouges. Terrain cristallin ou calcaire, entre 1500 et 2500 m. Juin-juillet.

432 (5) — *reptans L.* (B. stolonifère.) — Les débris graveleux et sablonneux de la région supérieure, sur les sommités rocheuses de nature exclusivement calcaire : au Buet (1848); sur le col du Genevrier (1857); entre le vallon d'Entre les Eaux et celui du Vieux Emousson; chaine des Fys; col d'Anterne; Tré la Tête (Personnat), à 3000 m., et sur le versant méridional de la chaine à la combe de la Hyoulaz au Cramont et dans l'Allée-Blanche où elle est abondante; entre 2000 et 3000 m. d'alt. Juillet-août.

4. **Sibbaldia L.** (Sibbaldie.)

433 (1) — *procumbens L.* (S. couchée.) — Lieux sablonneux des deux régions supérieures : abondante sur les deux versants de la chaine des Aiguilles-Rouges, du Mont-Blanc et en général sur toutes les montagnes des terrains glaciaire, siliceux ou calcaire; les deux moraines latérales de la Mer de Glace; moraines du glacier du Tour; au col de Balme et surtout au sommet du Brevent et du Mont-Lachat où elle est extrêmement abondante; val de Montjoie; Tré la Tête; col du Bonhomme; col d'Enclave; la Seigne; col de Ferret; col de Fenêtre; au grand Saint-Bernard, près de la fontaine Potina, autour du lac et vis-à-vis du Bras. Terrains glaciaire siliceux et calcaire jurassique, entre 1500 et 2500 m. Juin-juillet.

5. **Potentilla L.** (Potentille.)

434 (1) — *Fragariastrum Ehrh.* (P. faux-fraisier.) — Forêts rocailleuses des régions inférieure et moyenne : bassin de l'Arve à Servoz; vallon du Chatelard sur Passy; Chamonix; vallon du Chatelard près de la Tête-Noire; Hauteville; Sallanches, etc., entre 500 et 1150 m. Avril-mai.

435 (2) — *micrantha Ram.* (P. à petites fleurs.) — Lieux secs et arides de la région inférieure, au nord-est et au sud-ouest de la chaine : aux Marques, entre la Croix et la Bâtiaz; aux Foyères. Mai.

436 (3) — *alba L.* (P. blanche.) — Bois sablonneux de la

région inférieure du bassin de l'Arve : sous les châtaigniers du Petit-Salève, en allant à Mornex. Avril-mai.

437 (4) — *caulescens* L. (P. caulescente.) — Fissures de rochers calcaires dans les trois régions de notre champ d'étude : bassin inférieur de l'Arve; au Brezon avant d'arriver à la grotte; base d'Andey; base du Môle sur Bonneville; en montant à la Grotte de Balme; les rochers bien exposés des Gras du Platet; sur le revers oriental de la base des Fys; aux Ayers de Servoz; passage d'Entre le Mont-Blanc-Rageat, sous la Croix du Bonhomme. Aire verticale des plus étendues, entre 500 et 2400 m. Juillet.

438 (5) — *petiolulata Gaud.* (P. pétiolulée.) — Se distingue de la précédente par sa tige couverte de poils glanduleux-visqueux et par ses feuilles dont les folioles sont argentées, plus larges, les trois centrales brièvement pétiolulées : bassin inférieur de l'Arve, près du Pas de l'Echelle au Salève. Juillet.

439 (6) — *nivea* L. (P. blanc-de-neige.) — Pâturages de la région supérieure à l'est de la chaîne. Je l'ai cueillie sous le Pain de Sucre au grand Saint-Bernard, dans une excursion que je fis avec M. Reuter en 1856. Elle doit se trouver aussi dans le groupe de montagnes entre le Saint-Bernard et le col de Bella-Comba. Terrain siliceux; altitude 2400 m. Août.

440 (7) — *minima Hall. fil.* (P. naine.) — Pâturages des régions moyenne et supérieure : au col de Balme; au Brevent; vallée de la Dioza; Pavillon de Bellevue; val Montjoie; le Bonhomme; l'Allée-Blanche; le Saint-Bernard; près du lac au col de Fenêtre. Terrains calcaire et siliceux, entre 1500 et 2400 m. Juillet.

441 (8) — *frigida Vill.* (P. des frimas.) — Pâturages sablonneux de la région supérieure et jusqu'aux dernières limites de la végétation : base de l'Aiguille du Tour; aux Becs-Rouges; les hautes Authannes; sommet de la moraine de droite du glacier du Tour; base de l'Aiguille des Charmoz; sommet du col de Berard et du col du Genevrier; entre le vallon d'Entre les Eaux et celui du Vieux Emousson; sommet de la moraine droite du glacier de Talèfre ou du Couvercle, près du Jardin; Tré la Grand; col de Fenêtre près le grand Saint-Bernard. Indiquée aussi à la Chenalettaz, à Tzermanaire et sur l'arête de Barasson; entre 2400 et 2600 m. Juillet-août.

442 (9) — *grandiflora* L. (P. à grandes fleurs.) — Gazons rocailleux de toute la région supérieure : sur les deux versants de la chaîne des Aiguilles-Rouges, depuis la base au sommet; col de Balme; les Pozettes; la Paraz; montagne de la

Côte (juillet 1857); Aiguille à Bochard; entre le Montanvert et les Ponts; le Couvercle; Tré la Tête; entre le Nant-Bourant et le Bonhomme; le Chapiu; environs de Courmayeur; à la Baux et sous Mont-Cubit au grand Saint-Bernard; entre 2000 et 2400 m. Juillet.

443 (10) — *cinerea Chaix*. (P. cendrée.) — Lieux arides de la région inférieure. au nord-est de la chaîne : entre la Croix et la Bâtiaz près Martigny; alt. 450 m. Mars-mai.

444 (11) — *opaca L*. (P. opaque.) — Lieux sablonneux de la région inférieure, au nord-est de la chaîne : Martigny ; val de Champey et sur le versant méridional dans le bassin moyen de la Doire. Mai-juin.

445 (12) — *verna L*. (P. printanière.) — En les considérant attentivement, les deux espèces qui précèdent ne sont que des dégénérescenses de la P. printanière. En effet, les caractères spécifiques de la P. cendrée et de la P. opaque sont peu saillants et peu nombreux. Le type revêt différentes formes selon la station qu'il habite. Très-commune partout dans les pâturages sablonneux des régions inférieure et moyenne. Avril-mai.

446 (13) — *alpestris Hall. fil.*, — *salisburgensis Hœnk.*, — *jurana Reut.* (P. alpestre) — Assez fréquente dans les prairies et les pâturages secs et sablonneux, depuis la région moyenne jusqu'à la supérieure de toutes les vallées comprises dans notre circonscription : en allant du col de Balme au Tour; Entre les Champs; aux Chauderons; au Pavillon de Bellevue où elle est extrêmement abondante; au Platet ; vallée de Chamonix; à la Joux; à Liœutruz; au Montanvert; à Plampraz; au Brevent; au Keyzet; sur les bords de la Dioza; vallon du Vieux Emousson; val de Montjoie entre le Nant-Bourant et le Bonhomme et sur le versant oriental de la chaîne : au mont de la Saxe; val de Ferret et le Saint-Bernard; surtout sur le calcaire jurassique, entre 1200 et 2400 m. Juin-juillet.

447 (14) — *aurea L*. (P. dorée.) — Les pâturages secs de la région supérieure où elle est assez commune : Môle sur Bonneville; Mont-Lachat; Pavillon de Bellevue ; col de Balme; vallée de Montjoie; Mont Jovet ; col du Bonhomme ; la Seigne; la combe de la Hyoulaz au Cramont; au grand Saint-Bernard. Je l'ai aussi cueillie, en compagnie de M. Reuter, au-dessus de la Cantine de Saint-Rémy (1867). Juillet-août.

448 (15) — *intermedia L*. (P. intermédiaire). — Les clairières des bois de sapins, depuis la région inférieure jusqu'à la moyenne, au nord-est de la chaîne : derrière la Combe de

Martigny; aux Rappes; val Champey; sur Sembrancher et Orsières dans l'Entremont. Mai-juin.

449 (16) — *Tormentilla Nestl.,* — *Tormentilla erecta L.*
(P. Tormentille.) — Pâturages rocailleux des régions inférieure
et moyenne : assez commune autour de Servoz; au Bouchet de
Chamonix où elle est très-commune et dans toutes les vallées
un peu humides et boisées; à Hortaz; à Argentière; à Entre
les Champs, etc. Juin-juillet.

450 (17) — *procumbens Sibth.,* — *Tormentilla reptans*
L. (P. couchée.) — Les pâturages ombragés près des neiges :
à la base des deux versants du col de Bellafrasse et au col de
Balme; au-dessus du Tour et sur plusieurs autres points de la
vallée de Chamonix; entre 1200 et 1500 m. Juillet-août.

451 (18) — *reptans L.* (P. rampante.) — Très-commune
dans toute la région inférieure et jusqu'à la région moyenne,
le long des chemins et des champs des vallées comprises dans
nos limites : en montant depuis le Fayet à Saint-Gervais, des
deux côtés de la route; Chamonix; Argentière; tout le bassin
de l'Arve; entre 450 et 1500 m. Juin-août.

452 (19) — *Anserina L.* (P. Ansérine.) — Commune dans
toute la région inférieure : tout le bassin de l'Arve; Servoz;
Chamonix; Argentière; Entre les Champs; Martigny; les Rappes; la Combe; vallée d'Entremont et tout le versant italien de
la chaine, jusqu'à 1600 m. au maximum. Juillet août.

453 (20) — *rupestris L.* (P. des rochers.) — Les pâturages
de la région moyenne de toute notre circonscription : très-
répandue autour de Chamonix; aux Chauderons près la Maison; au-dessus des hameaux des Nants, des Plans, des Praz
et de la Joux; Argentière; Valorsine; Salvan; la Combe de
Martigny; l'Entremont; Saint-Rémy et Courmayeur; entre
1050 et 1600 m. Elle préfère les terrains siliceux. Juin-Juillet.

454 (21) — *argentea L.* (P. argentée.) — Commune dans
les endroits sablonneux et secs des régions inférieure et
moyenne du bassin de l'Arve : Bouchet de Servoz; Bouchet
de Chamonix; Argentière. On la trouve aussi à la Combe de
Martigny; dans l'Entremont; sous le Saint-Bernard jusque près
de l'Ayettaz; Saint-Rémy; autour de Courmayeur; base de la
Saxe; entre 450 et 1200 m. Juin-juillet.

b) demissa Jord. — Se trouve assez fréquemment dans les
mêmes limites que la précédente et notamment à Sainte-Marie, aux Montées. Juin-août.

c) alpicola Delasoie. — A la Fory et près de la Galerie de
Sembrancher.

455 (22) — *inclinata Vill.*, — *canescens Bess.* (P. inclinée.) — Rocailles, endroits sablonneux et secs de la région inférieure, au nord-est de la chaîne : aux Marques sur Martigny (J. Muret); aux Grands Molards sur Bovernier; vignes de Bovernier; Liddes; à Conflans à l'extrémité de la chaîne. Juin-Juillet.

456 (23) — *recta L.* (P. dressée.) — Lieux secs, rocailleux, de la région inférieure, au nord-est de la chaîne : au-dessus de la Bâtiaz; les Marques et la Croix; la Combe de Martigny; rive droite de la Dranse, dans les vignes en face de Bovernier. Alt. 450 m. au maximum. Juin-juillet.

6. **Comarum L.**   (Comaret.)

457 (1) — *palustre L.* (C. des marais.) — Endroits marécageux des régions inférieure et moyenne : bassin inférieur de l'Arve; au Brezon; Lac de la Girottaz au sud-ouest de la chaîne (Perrier); entre 400 et 1500 m. Juin-juillet.

7. **Fragaria L.**   (Fraisier.)

458 (1) — *vesca L.* (F. commun.) — Endroits rocailleux des trois régions. Commun autour de Chamonix et dans toutes les vallées, entre 500 et 2400 m. d'altitude. Mai-juillet.

459 (2) — *collina Ehrh.* (F. des collines.) — Commun dans la région inférieure : bassin inférieur de l'Arve; environs de Bonneville et de Sallanches (Personnat), etc. Mai-juin.

b) Hagenbachiana Lang. — Servoz.

460 (3) — *magna Thuill.*, — *elatior Ehrh.* (F. élevé.) — Lieux rocailleux de la région moyenne : à Servoz, en montant à Pormenaz; Passy (Personnat). Juin.

8. **Rubus L.**   (Ronce.)

461 (1) — *saxatilis L.* (R. des rochers.) — Pentes rocailleuses de la région moyenne : base de la montagne de Taconnaz; forêt du Chozalet et des Pèlerins; sous le Platet; à la Charbonnière; aux Ayers sur Servoz; vallée du Chatelard de Valorsine; sur le chemin de Tête-Noire, et surtout abondant depuis l'église de Valorsine à l'hôtel de la Tête-Noire à Barberine; dans le val de Montjoie à Notre-Dame de la Gorge; dans l'Allée-Blanche et au val Veni, en face du glacier de la Brenva; rochers de Crey; Baudin sur le Chapiu. Terrains siliceux et calcaire. Juin-juillet.

462 (2) — *cœsius L.* (R. bleuâtre.) — Commune dans les lieux buissonneux et rocailleux de toutes les vallées comprises dans les régions inférieure et moyenne : à Servoz; au Bouchet;

aux gorges de la Dioza; à Chamonix; à Sainte-Marie, etc. Juin-octobre.

a) umbrosus Wallr. — A Bocher, en montant du Bouchet de Servoz à Sainte-Marie par la rive droite de l'Arve.

b) grandiflorus Rapin. — Plante plus robuste; folioles amples; corolle grande; fruit peu pruineux : Gorges de la Dioza.

463 (3) — *idæus L.* (R. Framboisier.) — Lieux rocailleux des trois régions, mais plus abondante dans la région moyenne que dans les deux autres : entre le sommet de Coupeau ou la montagne de Fer et la rive gauche de la Dioza où elle s'étale comme une vaste forêt vierge et impénétrable (on est réellement frappé de cette luxuriante végétation de framboisiers); Servoz; Sainte-Marie, les Montées; toute la base des Aiguilles-Rouges; sur les deux versants de la chaîne du Mont-Blanc; la Combe de Martigny; Saint-Rémy, et aux environs de Courmayeur. Son aire verticale s'étend de 500 à 2400 m. Juin-août.

464 (4) — *glandulosus Bellard.* (R. glanduleux.) — Bois rocailleux de la région moyenne : vallon du Chatelard près de Servoz; au Chatelard près de la Tête-Noire. Juin-juillet.

b) Guntheri Weihe et Nees. — Pétales obovales; drupelles en petit nombre : au Chatelard près de Servoz; au Bouchet de Servoz; à Chamonix; au Biolet; à Bocher; sous Sainte-Marie, etc.

465 (5) — *vestitus Weihe et Nees.* (R. vêtue.) — Lieux secs buissonneux de la région inférieure, au nord-est de la chaîne : à Ravoire sur les Marques et à la Bâtiaz de Martigny. Juillet.

466 (6) — *dumetorum Weihe et Ness.,* — *corylifolius Rap.,* — *patens Mercier.* (R. des buissons.) — Commune dans les bois et les haies du bassin moyen de l'Arve : Passy; Saint-Gervais; Sallanches; Servoz; Martigny; la Croix. 800 m. Juillet.

467 (7) — *fruticosus L.,* — *rusticanus Mercier.* (R. commune.) — Rocailles, haies et bois des régions inférieure et moyenne : au Bouchet de Servoz; à Sainte-Marie; à Chamonix; à Hortaz; au Trouleroz sous Tête-Noire. Juillet-août.

9. Agrimonia Tournef. (Aigremoine.)

468 (1) — *Eupatoria L.* (A. Eupatoire.) — Commune dans les bois et au bord des chemins de la région inférieure et moyenne de toute notre circonscription : bois de Joux; Ser-

voz ; les Houches ; Chamonix, etc., de 1050 à 1200 m. Juin-août.

469 (2) — *odorata Mill.* (A. odorante.) — Les rochers buissonneux de la région moyenne du bassin de l'Arve : autour de Bonneville ; de Cluses jusqu'à Maglan et aux Gaillands près de Chamonix. Juillet-août.

10. **Poterium L.** (Pimprenelle.)

470 (1) — *Sanguisorba L.* (P. Sanguisorbe.) — Les prés et les pâturages secs des régions inférieure et moyenne de toute notre circonscription : très-commune autour de Chamonix, les Chauderons, les Plans, les Nants ; le Trient ; Voza ; Belle-vue ; val Montjoie, etc., entre 500 et 2400 m. Juin-juillet.

a) dictyocarpum Spach. Commune dans les prés.

b) muricatum Spach. Pâturages des montagnes : Pavillon de Bellevue ; Voza et Allée-Blanche.

c) Magnolii Spach. Région du bassin inférieur de l'Arve, dans les prairies artificielles.

11. **Sanguisorba L.** (Sanguisorbe.)

471 (1) — *officinalis L.* (S. officinale.) — Commune dans les prés humides des régions inférieure et moyenne de toute notre circonscription. Juin-juillet.

12. **Alchemilla Tournef.** (Alchemille.)

472 (1) — *alpina L.* (A. des Alpes.) — Pâturages rocailleux et sablonneux des régions moyenne et supérieure : très-fréquente autour de Chamonix ; les Pâquis des Chauderons ; au Bouchet ; à Hortaz ; source d'Arveyron ; Argentière ; col de Balme ; la base des deux versants de toute la chaîne des Aiguilles-Rouges et du Mont-Blanc ; val Montjoie ; glacier de Bionnassay et de Miage ; Tré la Tête ; col du Bonhomme ; Allée-Blanche et grand Saint-Bernard. Terrains siliceux et calcaire, entre 1050 et 2500 m. Juin-août.

473 (2) — *subsericea Reut.* (A. veloutée.) — Assez fréquente dans la région supérieure et particulièrement sur le cristallin siliceux : vallée de la Mer de Glace entre Béranger et Leschaux ; à l'Angle et Entre la Porte ; combe du Bourgeat ; sous l'Aiguille du Goûté ; au col du Bonhomme ; à la Combaz et au Plan des Dames sur le grand Saint-Bernard ; entre 1500 et 2500 m. Juillet-août.

474 (3) — *vulgaris L.* (A. commune.) — Plante extrèmement commune dans les prés des trois régions de notre circonscription ; elle s'élève même jusqu'à la limite supérieure de la vé-

gétation. Elle constitue un mauvais fourrage que les agriculteurs de la vallée de Chamonix cherchent à détruire autant qu'ils le peuvent. Le type est plus ou moins poilu : les bois des pâturages autour de Chamonix. Mai-septembre.

b) Plante glabrescente, poilue seulement sur les dentelures des feuilles qui ont jusqu'à 10 centimètres de diamètre et la tige jusqu'à 40 centimètres : col d'Anterne et col de Berard. Terrain calcaire jurassique, à une altitude de 2400 m. Juillet-août.

475 (4) — *pubescens Koch,, — hybrida Willd., — vulgaris b. subcericea Gaud.* (A. pubescente.) — Les pâturages secs des régions moyenne et supérieure : Pavillon de Bellevue; base du Mont-Lachat; montagne de la Côte sous les Grands-Mulets; au col de Balme vers la Croix de Fer; Charamillon; les Chauderons et les Nants, à quelques minutes de Chamonix; Ayers sur Servoz. Terrain calcaire ou siliceux, entre 1050 et 2400 m. Juin-juillet.

476 (5) — *pyrenaica L. Dufour., — fissa Schumm.* (A. incisée.) Les pâturages rocheux de la région supérieure : sommet de Pierre-Ronde; aux Rognes sous l'Aiguille du Goûté; Aiguille de la Tour à la montagne de la Côte; à Leschaux près le Jardin de la Mer de Glace; au Couvercle; sommet de Bahyr sous le col des Grands-Montets; vallon d'Entre les Eaux; col de Balme; aux Chauderons; à Tré la Tête, etc. Terrains cristallin siliceux et calcaire, entre 1050 et 2400 m. Juin-juillet.

477 (6) — *pentaphyllea DC.* (A. pentaphylle.) — Gazons graveleux et sablonneux de la région supérieure de tout notre champ d'exploration : assez fréquente sur toutes les montagnes des deux versants de la chaîne des Aiguilles-Rouges; sur les deux moraines de la Mer de Glace; au col de Balme. Terrain siliceux, entre 2000 et 2500 m. Juillet-août.

478 (7) — *arvensis Scop.* (A. des champs.) — Moissons de la région inférieure des bassins de l'Arve et de la Dranse. Mai-juillet.

13. **Rosa L.** (Rosier.)

SECTION I. CINNAMOMEAE.

479 (1) — *fœcundissima Münchh.* (Rose fécond.) — C'est la variété à fleurs doubles de *R. cinnamomea L.* Jardins de Ripaille. Eté.

SECTION II. PIMPINELLEAE.

a) Alpinæ (Crépin).

480 (2) — *alpina L.* (R. des Alpes.) — Commun dans les

pâturages buissonneux de la région moyenne de tout notre champ d'exploration : bassin inférieur de l'Arve, Salève, Voirons, Reposoir; fréquent aux environs de Chamonix, à Hortaz, entre le torrent du Dard et celui des Pèlerins; sous les chalets de la Corne; à Argentière, à la Joux, au Liapet; entre 1050 et 2000 m. Mai-juin.

481 (3) — *intercalaris Dsgl.*, — *alpestris Dsgl.* (R. intermédiaire.) — C'est une variété du précédent. — Région inférieure du bassin de l'Arve : les Voirons, Habère (Puget). Juin-juillet.

482 (4) — *lagenaria Vill.*, — *R. alpina b. lagenaria Ser.* (R. en bouteille.) — Ses fruits allongés et défléchis rappellent ceux du *R. alpina.* Dans les bois au nord-ouest de nos limites : Bellevaux; entre Habère-Lullin et Miribelle; Habère-Poche (Puget). Juin.

483 (5) — *intricata Dsgl.* (non Gren.) — *R. alpina c. aculeata Ser.* (R. embrouillé.) — Lieux ravinés des régions inférieure et moyenne des limites du nord–ouest de notre périmètre : Habère-Lullin; au–dessus de Samoëns; Brenthonne; mont de Coux sur Servens; Burdignin (Puget); au Clou; près les Moulins de Bovernier (Delasoie). Juin.

484 (6) — *pyrenaica Gouan.* (R. des Pyrénées.) — Assez fréquent dans les mêmes limites et localités que le *R. alpina* dont il n'est qu'une variété glanduleuse : autour de Chamonix, sur les Nants, la Frasse, Hortaz, etc. Juin.

b) Pimpinellifoliæ (Crépin).

485 (7) — *pimpinellifolia L.* (R. pimprenelle.) — Lieux secs, arides, rocailleux et bien exposés des régions inférieure et moyenne : aux environs de Bonneville, sous le Môle et au pic d'Anday; Finhaut; Leytroz; Salvan, mais surtout au versant méridional de la chaîne, en montant au Cramont sur Palevieux; à la base de la Saxe sur Courmayeur, etc., entre 500 et 1200 m. Juin–juillet.

486 (8) — *spinosissima L.* (R. très-épineux.) — C'est une variété à pédoncules hispides de l'espèce précédente. Lieux secs et rocailleux des régions inférieure et moyenne : environs de Veyrier, de Bonneville (Puget), de Finhaut, de Salvan et du Bouveret (Delasoie). Juin–juillet.

487 (9) — *spreta Dsgl.* (R. négligé.) — Cette forme se distingue à peine du *R. pimpinellifolia.* Les broussailles buissonneuses de la région inférieure : partie sud-ouest du bassin de l'Arve; Annecy-le-Vieux (Puget). Juin.

SECTION III. — SABINIAE.

488 (10) — *coronata Crépin*. (R. couronné.) — Variété velue de *R. Sabini Woods*. Broussailles aux limites nord-ouest de cette flore : Habère-Lullin; aux Marchurets (Puget). Juin-juillet.

489 (11) — *Sabauda Rapin in bull. Soc. Hallér.* (R. de Savoie.) — Peut-être une variété glabre de *R. Sabini Woods*. Pâturages au sommet du Grand-Salève (Rapin). Juin-juillet.

SECTION IV. — CANINEAE.

Sous-Section I. — VESTITÆ.

a) *Villosæ (Crépin).*

490 (12) — *mollis Smith.*, — *mollissima Fries*, — *ciliato petala Koch.*, — *villosa Reuter*. (R. mollet.) — Lieux buissonneux des régions inférieure et moyenne du périmètre de ce *Guide :* le Salève; les Voirons; assez fréquent aux alentours de Chamonix, par exemple aux Plans, aux Pâquis des Chauderons, aux Gaillands. Juin-juillet.

491 (13) — *omissa Dsgl.* (R. oublié.) — Voisin du *R. mollis Sm.* par son port et son facies; il en constitue une très petite variété. Région inférieure du bassin de l'Arve : Pringy, Bois de Barioz, environs de Thonon, Lully, Saint-Martin (Puget); Salève. Juin.

492 (14) — *pomifera Herrm.* (R. pomifère.) — Les pâturages rocailleux et ravinés de toute la région moyenne et surtout aux environs de Chamonix, au Biolet, au Liapet, à Hortaz, aux Praz, sur le chemin de la Flégère, au Reposoir, au Grand Bornand (Reuter). Juillet.

493 (15) — *recondita Puget*, — *Clusiana Bouvier*. (R. caché.) — Variété de *R. pomifera*. Région moyenne : autour de Chamonix, au Mont Charvin, à Reyvroz, à Vailly et à Morzine (Puget); les Valettes près Bovernier (Delasoie). Juillet.

494 (16) — *Grenieri Dsgl.* (R. de Grenier). — Variété de *R. pomifera*. Région moyenne : au Mont-Chemin près Martigny ; au Clou près Bovernier; Salvan; Finhaut (Delasoie); Reyvroz ; La Glappaz et Habère-Lullin (Puget). Juin-juillet.

495 (17) — *resinosa Sternb.* (R. résineux.) — Région moyenne : Habère-Poche, Habère-Lullin et Reyvroz au-dessus de Thonon (Puget). Juin-juillet.

496 (18) — *spinulifolia Dem.* (R. à feuilles spinuleuses.) —

Région moyenne : Alpes de Savoie (Puget); le Salève et les Voirons (Rapin). Juin.

497 (19) — *denudata Gren.* (R. dénudé.) — Région moyenne : sur Mont-Chemin et à Bovernier (Delasoie). Juin-juillet.

b) Tomentosæ (Crépin).

498 (20) — *tomentosa Sm.* (R. tomenteux.) — Régions inférieure et moyenne : autour de Chamonix, les Nants, les Praz. Hortaz, Servoz, Bocher, Vaudagne; bassin inférieur de l'Arve. le Salève. les Voirons (Reuter); Ripaille; environs de Thonon (Puget); entre Vouvry et Port-Valais. Juin.

499 (21) — *subglobosa Sm.,* — *R. tomentosa b. subglobosa Godet.* (R. subglobuleux). — Région inférieure, aux limites nord-ouest de ce *Guide :* Morzine, environs de Thonon. Abondance et Châtel, les Mouilles, Habère-Lullin, Habère-Poche (Puget); le Salève; les Voirons; environs de Bonneville (Puget). Juin.

500 (22) — *Tunoniensis Dsgl.* (R. de Thonon.) — Très-voisin des *R. subglobosa* et *R. tomentosa* dont il n'est qu'une variété. Région inférieure : Reyvroz, Vailly, Thonon, grèves du Léman derrière Ripaille, etc. (Puget). Mai-juin.

501 (23) — *vestita Godet;* — *alpina* × *tomentosa.* (R. velouté.) — Pâturages de la région du bassin inférieur de l'Arve : au Salève, aux Voirons, à Reyvroz, à Vailly (Puget). Juin-juillet.

502 (24) — *cuspidata Boreau.* (R. cuspidé.) C'est une variété de *R. tomentosa Sm.* — Pâturages et coteaux ravinés de la région moyenne : bassin inférieur de l'Arve, La Roche. les Bornes; vallée d'Abondance, Châtel. Habère, Vailly, les Mouilles, les Voirons (Puget) et autour de Chamonix, les Nants, Hortaz, col de la Forclaz; vallée de la Tête-Noire, entre 700 et 1200 m. Juin-juillet.

503 (25) — *dumosa Puget.* (R. en buisson.) C'est une variété de *R. tomentosa Sm.,* à dents presque simples. — Bellevaux ; Morzine (Puget). (Juin-juillet.

Sous-Section II. — RUBIGINEÆ.

a) Rubiginosæ (Christ.)

504 (26) — *rubiginosa L.* (R. rubigineux.) — Finhaut; Bovernier dans l'Entremont. Juin-juillet.

505 (27) — *cŏmosa Rip.* (R. feuillu.) — Variété montagneuse de *R. rubiginosa L.* les Iles; Ravoire sur Martigny; Bovernier; Lourtier; Mont-Chemin; environs de Thonon; Lully (Puget). Juin-juillet.

506 (28) — *echinocarpa Rip.* (R. à fruits hérissés.) — Lieux sɩ cs autour de Bovernier (Delasoie). Juin-juillet.

507 (29) — *rotundifolia Rchb.* (R. à feuilles rondes.) — Les Iles; à Ravoire (Delasoie). Juin-juillet.

508 (30) — *Bourdini Puget.* (R. de Bourdin.) — Aux Iles, sur le chemin du Clou près de Bovernier. Juin.

509 (31) — *leptopoda Puget.* (R. à pédoncules lisses.) — Aux Iles, près Bovernier. Juin-juillet.

510 (32) — *pervaga Puget.* (R. vagabond.) — Sur le dernier plateau de Ravoire près Martigny (Delasoie). Juin-juillet.

511 (33) — *umbellata Leers.* (R. ombellé.) — Régions inférieure et moyenne : Bovernier près de la Croix (Delasoie); parc de Ripaille; environs de Thonon (Puget) et surtout fréquent aux alentours de Chamonix, aux Nants, aux Praz et à Argentière. Juin-juillet.

Obs. Les six formes qui précèdent se rattachent au *R. rubiginosa L.*, dont elles sont des variétés. Les six formes suivantes sont, au contraire, des variétés de *R. micrantha Sm.*

512 (34) — *permixta Dsgl.* (R. mélangé.) — Région inférieure : Les Iles sous Bovernier, la Bâtiaz et Salvan (Delasoie); aux environs de Thonon (Puget), la Roche et les Bornes; les Voirons. Juin-juillet.

513 (35) — *valesiaca Lagg* et *Puget.* (R. du Valais.) — Bois de Vollège et à Bovernier dans l'Entremont (Delasoie). Juin-juillet.

514 (36) — *Salvanensis Delasoie.* (R. de Salvan.) — Salvan, Bovernier et Mont-Chemin près Martigny (Delasoie). Juin-juillet.

515 (37) — *Lusseri Lagg.* et *Puget.* (R. de Lusser.) — Au Ban de Bovernier (Delasoie). Rare. Juin-juillet.

516 (38) — *Lemanii Boreau.* (R. de Léman.) — Au Ban de Bovernier (Delasoie) et à Lully (Puget). Juin-juillet.

517 (39) — *serrata Christ.* (R. à feuilles dentées.) — Se trouve, d'après Delasoie, sur le Mont-Clou aux environs de Bovernier dans l'Entremont. Juin-juillet.

518 (40) — *septicola Dsgl.* (R. des taillis. — Les Iles, sous Bovernier; sur les Grangettes et à Ravoire (Delasoie). Juin-juillet.

519 (41) — *Malaberti Puget.* — Au sommet de Ravoire sur Martigny (Delasoie). Juin-juillet.

b) Sepiaceæ (Crépin).

520 (42) —*sepium Thuill. —rubiginosa v. sepium Gaud.* (R. des haies.) — Les haies et les lieux rocailleux des régions inférieure et moyenne : Servoz et tout le bassin de l'Arve; Chamonix, aux Gaillands, vallon du Chatelard près Servoz et du Chatelard près de la Tête-Noire; fréquent aux alentours de Courmayeur, base de la Saxe, etc.; Bovernier et Sembrancher dans l'Entremont (Delasoie). Juin-juillet.

521 (43) — *pseudo sepium Callay.* (R. faux sepium). — Lieux rocailleux aux Iles sous Bovernier, au Clou et à Ravoire sur les Marques de Martigny (Delasoie). Juin-juillet.

522 (44) — *agrestis Savi.* (R. agreste.)— Région moyenne : aux Iles sous Bovernier; Les Valettes; à Ravoire sur Martigny (Delasoie). Juin-juillet.

523 (45) — *arvatica Puget.* (R. champêtre.) — Régions inférieure et moyenne : environs de Thonon et de Lully; à la Margeriaz (Puget); les Iles près Bovernier et à Ravoire sur Martigny. Juin-juillet.

524 (46) — *mentita Dsgl.* (R. dissimulé.) — Voisin des *R. sepium* et *Lugdunensis,* ayant le facies du *R. virgultorum* par ses tiges et du *R. Lemanii* par ses rameaux inermes, à pétioles velus-glanduleux. — Les haies de la région inférieure : Ripaille; environs de Thonon (Puget). Juin.

525 (47) — *virgultorum Rip.* (R. des broussailles.) — Région inférieure : Parc de Ripaille et environs de Thonon (Puget); aux Iles sous Bovernier; à Ravoire sur Martigny et à la Bâtiaz (Delasoie). Juin-juillet.

526 (48) — *Cheriensis Dsgl.* (R. du Cher.) — Région inférieure : au Ban de Bovernier (Delasoie). Juin.

527 (49) — *Vaillantiana Puget,* non *Boreau.* (R. de Vaillant.) — Aux Iles sous Bovernier; sur le Clou (Delasoie). Juin.

528 (50) — *Lugdunensis Dsgl.* (R. de Lyon). — Bovernier et Sembrancher dans l'Entremont (Delasoie). Juin.

529 (51) — *Jordani Dsgl.* (R. de Jordan.) — Les Voirons; Aranthon, sur les bords de l'Arve (Puget). Juin.

530 (52) — *macrocarpa Mérat*, (R. à gros fruits.) — Région inférieure : Reyvroz et vallée d'Abondance (Puget). Delasoie l'indique aussi à Bovernier. Juin-juillet.

531 (53) — *Kluckii Besser.*, — *sepium b. Kluckii.* (R. de Kluck.) — Région inférieure des confins du bassin inférieur de l'Arve : à Pringy (Puget). Juin-juillet.

Obs. Les dix formes qui précèdent sont des variétés du type *sepium Thuill.*

Sous-Section III. — TOMENTELLÆ.

532 (54) — *tomentella Lem.* (R. pubescent.) — Lieux rocailleux ravinés de la région moyenne : environs de Chamonix où il est assez fréquent, les Nants, Hortaz, les Praz, sous la Flégère; environs de Thonon, la Roche et les Bornes (Puget); les Voirons; Sembrancher (Delasoie). Juin-juillet.

533 (55) — *similata Puget.* (R. similaire.) — Voisin de *R. tomentella* par quelques caractères spécifiques décrits dans les annotations de Billot. — Région inférieure du bassin de l'Arve : au-dessus d'Aranthon, au bord de cette rivière à Conflans; chemin de l'Arpettaz au-dessus d'Héry, près Chevron, sur les confins de nos limites du sud de la chaîne (Perrier et Puget). Delasoie l'indique aussi aux Iles près de la Dranse sous Bovernier. Juin-juillet.

534 (56) — *scabrata Crépin.* (R. scabre.) — Région moyenne. Cité à Finhaut par Delasoie. Juin-juillet.

535 (57) — *semiglandulosa Rip.* (R. semi-glanduleux.) — Région moyenne : aux Iles sous le chemin du Clou, près Bovernier (Delasoie). Juin-juillet.

536 (58) — *pinguicula sec. Puget.* (R. onctueux.) — Iles de Bovernier (Delasoie). Juin-juillet.

Sous-Section IV. — TRACHYPHYLLÆ.

537 (59) — *Pugeti Bor.* (R. de Puget.) — Dans la région inférieure : autour d'Annecy-le-Vieux et au bois de Barioz (Puget). Juin.

538 (60) — *trachyphylla Rau,* — *canina v. trichophylla Rapin!* (R. à feuilles rudes.) — Dans la région moyenne : assez fréquent autour de Chamonix, les Nants, les Praz, etc. Juin-juillet.

539 (61) — *Blondæana Rip.* (R. de Blondeau.) — Dans la région moyenne : Habère-Poche (Puget); à Ravoire sur Martigny (Delasoie.). Juin.

Sous-Section V. — CANINÆ.

a) Glanduliferæ (Christ).

540 (62) — *canina L.* (R. des chiens. Vulg. Eglantier.) — Très-commun dans toutes les vallées comprises dans le domaine de notre *Guide :* tout le bassin de l'Arve, Servoz, Chamonix ; Bonnant ; Saint-Gervais ; Contamines ; environs de Courmayeur, etc., etc., Juin-juillet.

a) nitens Desv. — Bois de Barioz (Puget), Bovernier (Delasoie).

b) glaucescens Desv. — Région moyenne à l'est de la chaîne du Mont-Blanc : Val Ferret, au Quercerlin près de Bovernier (Delasoie).

541 (63) — *contingens Dsgl.* (R. rapproché.) — Annecy-le-Vieux (Puget). Juin.

542 (64) — *senticosa Ach.* (R. épineux.) — Habère-Poche et Habère-Lullin ; Pringy près Annecy (Puget). Juin.

543 (65) — *fallens Dsgl.* (R. retombant.) — Dans la région inférieure : bassin de l'Arve; la Menoge. Lullin, Thonon, Lully, Habère-Lullin, la Roche, les Bornes (Puget); Sembrancher et Bovernier (Delasoie). Juin-juillet.

544 (66) — *aciphylla Crépin.* (R. à feuilles aiguës.) — Lieux ravinés et rocailleux de la région inférieure : les Voirons; au-dessus de Martigny-Bourg, entre 500 et 700 m. Juin-juillet.

545 (67) — *finitima Dsgl.* (R. ambigu.) — Les rocailles de la région inférieure : A Annecy-le-Vieux (Puget); à Bovernier et à Sembrancher (Delasoie). Juin-Juillet.

546 (68) — *sphærica Gren.,* — *canina globosa Desvaux.* (R. à fruits sphériques.) — Dans la région inférieure : vallée de la Menoge; à Habère-Lullin et à Sembrancher, entre 500 et 1050 m. Juillet.

547 (69) — *condensata Puget.* (R. condensé.) — Cette forme est voisine de la précédente; elle se trouve, mais rarement, dans les broussailles et les haies près de Habère-Poche (Puget). Juillet-août.

548 (70) — *Gandogeri Puget* (R. de Gandoger.) — Région moyenne : à Bovernier; au Mont-Chemin, etc. Juin.

549 (71) — *spuria Puget.* (R. bâtard.) — Région inférieure et moyenne : Annecy-le-Vieux; les Bornes; Pringy (Puget); à

la sortie du Roc-percé entre Bovernier et Sembrancher dans l'Entremont. Juin-juillet.

550 (72) — *montivaga Dsgl.* (R. des basses montagnes.) — Broussailles de la région inférieure : bassin de l'Arve, La Menoge ; Habère-Lullin et Habère-Poche ; rochers du Clou sur Bovernier (Delasoie); Morzine; Abondance sous Cernat (Puget). Juin-juillet.

551 (73) — *ololeia Ripart.* (R. tout lisse.) — Région moyenne : au Ban de Bovernier; à Chemin et dans l'Entremont (Delasoie). Alt. 550 m. Juin-juillet.

552 (74) — *biserrata Mérat.* (R. bidenté.) — Région moyenne : bassin inférieur de l'Arve et de la Dranse; en montant aux Treize-Arbres au-dessus de Monetier (Reuter); à Bovernier; à Martigny (Wolf); à Habère-Lullin (Puget) et dans la vallée de la Menoge. Alt. 550 m. Juin-juillet.

553 (75) — *rubescens Ripart.* (R. rougeâtre.) — Région inférieure : Habère-Lullin (Puget). L'Offiège sur Brenthonne. Juillet.

554 (76) — *cladoleia Ripart.* (R. à rameaux lisses.) — Région inférieure : près du Brocard, entre Martigny et Bovernier. Juin-juillet.

555 (77) — *medioxima Dsgl.* (R. médiocre.) — Région inférieure : près du pont sous les Valettes (Delasoie) et aux environs de Thonon et d'Annecy-le-Vieux (Puget). Juin.

556 (78) — *dumalis Bechst.* (R. des haies.) — Haies de la région inférieure : Ripaille; environs de Thonon et d'Abondance; Vailly; Reyvroz; la Roche; les Bornes (Puget). Assez répandu à Courmayeur; le long des Dranses de Martigny et d'Abondance; à Habère-Lullin; à Torcheboisé, derrière la maison Ducroz (Puget). Juin.

557 (79) — *malmundariensis Lejeune,* — *serrata Mérat.* (R. de Malmédy.) — Région inférieure : Ripaille; environs de Thonon; Châtel; Abondance; Reyvroz et dans le Bas-Valais, entre 550 et 700 m. Juin-juillet.

558 (80) — *villosiuscula Ripart.* (R. velu.) — Région moyenne. Cette forme m'a été communiquée par M. Puget qui l'a trouvée dans les vallées du Chablais et à Ravoire sur les Marques de Martigny. Juin.

559 (81) — *Andegavensis Bast.* (R. d'Angers.) — Dans les haies du bassin inférieur de l'Arve : Morzine, Ripaille, Abon-

dance, Vailly, etc.; se trouve aussi dans la région moyenne : au Coin et au Salève. Juin-juillet.

560 (82) — *viridicata Puget.* (R. verdâtre.) — Lieux rocailleux et ravinés autour d'Habère-Lullin et dans le vallon de la Menoge (Puget). Juin-juillet.

561 (83) — *Chaboissœi Grenier.* (R. de Chaboisseau.) — Bassin inférieur de l'Arve : les Usses et la Caille (Puget). Juin-juillet.

562 (84) — *Rousselii Rip.* (R. de Roussel). — Graviers de la région moyenne : au Bioley de Sembrancher (Delasoie). Juin-juillet.

563 (85) — *hirtella Rip.* (R. poilu.) — Même région : au Brocard, entre Martigny et Bovernier. Juin.

564 (86) — *vinealis Rip.* (R. des vignes.) — Voisin du *R. Andegavensis;* il en diffère seulement par ses pédoncules poilus-glanduleux : au Ban de Bovernier (Delasoie). Juin.

565 (87) — *Suberti Rip.* (R. de Subert.) — Au Ban de Bovernier (Delasoie). Juin.

566 (88) — *firma Puget.* (R. raide.) — Voisin du *R. Cosinsciana Bess.* et du *R. globularis Franchet.* — Dans les haies de la région moyenne. Rare : Bellevaux (Puget), entre 800 et 1050 m. Juin.

567 (89) — *verticillacantha Mérat.* (R. à aiguillons verticillés.) — Région inférieure : sous les Valettes (Delasoie); berges de la Dranse d'Entremont et de la Dranse d'Abondance; à Ripaille; environs de Thonon et de Pringy (Puget). Juin.

568 (90) — *limitanea Crépin.* (R. limitrophe.) — Région inférieure : au bas de la Bâtiaz à Martigny (Delasoie). Mai.

569 (91) — *Acharii Billb.* sect. *Puget in litt. 1868.* (R. d'Acharius.) — Région moyenne : à la Crettaz-Gabioud près de Sembrancher, dans l'Entremont; Reyvroz; Vailly. Juin-juillet.

570 (92) — *squarrosa Rau* (R. raboteux.) — Habère-Lullin et Pringy près Annecy (Puget). Juin.

571 (93) — *psilophylla Rau.* (R. à feuilles glabres.) — Haies des régions inférieure et moyenne : environs de Vailly, Lullin, Abondance, Bellevaux, autour de Terramont et des Mouilles (Puget). Juin.

572 (94) — *tenuicarpa Dsgl.* (R. à petits fruits.) — Habère-Lullin et environs de Thonon (Puget). Juin.

573 (95) — *globata Dsgl.* (R. globuleux.) Annecy-le-Vieux (Puget). Juin.

Obs. Les Nos 544 à 573 sont des variétés du type *canina*, dont quelques-unes, le *R. montivaga Dsgl.* surtout, se rapprochent de *R. glauca Vill.*

574 (96) — *glauca Vill..* — *Reuteri Godet,* — *rubrifolia pinnatifida Ser.* (R. glauque.) — Lieux rocailleux de la région moyenne, surtout aux alentours de Chamonix, aux Nants, à Hortaz, à la Joux, à Argentière, etc.; bassin moyen de l'Arve jusqu'à Bonneville; à Bovernier et jusqu'au haut du val Ferret; à Morzine et à Bellevaux (Puget); à Habère-Poche et Lullin; les Voirons, etc. Juillet-août.

575 (97) — *caballicensis Puget.* (R. du Chablais.) — Il diffère du précédent, dont il est une variété, par ses aiguillons, ses pétioles, le tube du calice hispide-ovoïde, ses sépales glanduleux et sa corolle d'un rose très-foncé. Pâturages buissonneux de la région moyenne : Reyvroz; Habère-Lullin; Habère-Poche; Vailly; Abondance; sous Cernat; Bellevaux; Sembrancher et Bovernier. Juillet-août.

576 (98) — *falcata Puget.* (R. en faux.) — Pâturages rocailleux de la région moyenne : Finhaut (Delasoie); Bovernier; Habère-Lullin; Bellevaux (Puget). Juillet-août.

577 (99) — *Delasoiei Lagg.* et *Puget.* (R. de Delasoie.) — Région, limites et confins de la précédente. Bovernier et Sembrancher (Delasoie). Juin.

578 (100) — *complicata Gren.* (R. compliqué.) — Entre la région supérieure et la région moyenne : entre Finhaut et Salvan; Bovernier; val Ferret (Delasoie). Juillet.

579 (101) — *Haberiana Puget.* (R. de Habère.) — Voisin du *R. Andegavensis.* Feuilles larges, doublement dentées; tube du calice obovoïde, glabre; styles plus hérissés; fleur d'un beau rose; fruit gros, obovoïde. Pâturages rocailleux de la région moyenne : Habère-Lullin, Habère-Poche (Puget) et au Closuit, Sembrancher (Delasoie). Juin.

580 (102) — *Rionii Delasoie.* (R. de Rion.) — Parmi les broussailles au fond des ravins : au Clou, vallée d'Entremont (Delasoie). Juillet.

581 (103) — *pennina Delasoie.* (R. pennin.) — Même localité que le précédent (Delasoie). Juillet.

Les Nos 576 à 584 appartiennent au type *glauca.*

582 (104) — *salevensis Rapin*. (R. du Salève.) — Il diffère sensiblement du *R. Laggeri Puget* par ses feuilles qui portent neuf folioles, et par ses fruits défléchis qui ont aussi une grande ressemblance avec ceux du *R. alpina L.* Juin-juillet.

583 (105) — *ferruginea Vill.*, — *rubrifolia Vill.* (R. ferrugineux.) — Les pâturages rocailleux et ravinés de la région moyenne : fréquent autour de Chamonix, Servoz, les Montées Vaudagne, les Houches ; tout le bassin de l'Arve ; de l'Eau-Noire ; Finhaut ; val Ferret et les vallées comprises dans nos limites. Mai-juin.

584 (106) — *montana Chaix*, — *glandulosa Bell*. (R. de montagne.) — Lieux rocailleux des environs de Chamonix, les Nants, La Joux, Liœutraz, Argentière, Valorsine, etc.; au Salève au-dessus d'Archamp et à la Grande-Gorge ; la montée du Brezon avant d'arriver à la Grotte (Reuter); les Voirons (Puget); Finhaut; le Clou, au-dessus de Bovernier. Juin-juillet.

585 (107) — *Sembrancheriana Delasoie*. (R. de Sembrancher.) — Au Clou près de Bovernier (Delasoie). Juillet.

586 (108) — *latibractea Christ*. — Ravins de Bovernier (Delasoie). Mai-juin.

587 (109) — *Chavini Rapin*. (R. de Chavin.) — Voisin des *R. canina* et *montana*. D'après Rapin, il paraît être un hybride de ces deux espèces. Les rochers de la région moyenne : au Salève (Rapin) et aux environs de Bovernier (Delasoie). Juin-juillet.

Obs. Les Nos 585 à 587 sont des variétés de *R. montana Chaix*.

588 (110) — *longepedunculata Delasoie*. (R. à longs pédoncules.) — Au Clou près de Bovernier (Delasoie). Juillet.

589 (111) — *R. sanguisorbella Christ.*, — *sanguisorbifolia Delasoie*. (R. à feuilles de sanguisorbe.) — Au Clou et à Bovernier (Delasoie). Juillet.

590 (112) — *Wolfii Delasoie*. — Vignes de Bovernier (Delasoie). Juin.

b) Pilosæ (Christ).

591 (113) — *dumetorum Thuill*. (R. des haies.) — Régions inférieure et moyenne : Reyvroz, Vailly, Habère, Abondance, les Mouilles, Bellevaux (Puget); au Salève (Reuter); les Voirons; La Roche; les Bornes; Bovernier et les Valettes (Delasoie). Juin-juillet.

592 (114) — *collina Jacq.*, — *canina v. collina Gr.* et *God.* (R. des collines.) — Lieux rocailleux et ravinés de la région moyenne : bassin de l'Arve autour de Chamonix, aux Nants, à Valorsine, à Courteraie; à Bellevaux (Puget). Juin-juillet.

593 (115) — *ramealis Puget* et *Dsgl.* (R. rameux.) — Région inférieure : environs de Thonon (Puget) et de Bovernier (Delasoie). Juin.

594 (116) — *obscura Puget.* (R. obscur.) — Bois de Barioz; aux Usses (Puget). Juin.

595 (117) — *uncinella Dsgl.* (R. crochu.) — Buissons dans les endroits rocailleux autour d'Habère-Lullin (Puget). Juin.

596 (118) — *platyphylla Rau.* (R. à feuilles planes.) — Lieux rocailleux et buissons de la région moyenne : autour d'Habère-Lullin; les berges de la Dranse d'Abondance et de la Dranse d'Entremont; environs de Ripaille et de Thonon, d'Abondance, de Châtel (Puget); près de Bovernier; val Ferret; Champey (Delasoie). Juin.

597 (119) — *urbica Lem.* (R. de Paris.) — Lieux graveleux et ravinés de la région inférieure : Sembrancher et Bovernier (Delasoie); les berges de la Dranse d'Abondance; environs de Ripaille et de Thonon; Habère-Lullin; La Roche et les Bornes (Puget). Juin.

598 (120) — *platyphylloides Dsgl.* et *Rip.* (R. platyphylloïde.) — Région inférieure : dans les haies aux environs de Thonon; à Ravoire et près de Bovernier (Delasoie), entre 450 et 550 m. Juillet.

599 (121) — *sphærocarpa Puget.* (R. à fruits ronds.) — Région moyenne : autour d'Habère-Lullin (Puget). Juin.

600 (122) — *trichoneura Rip.* et *Dsgl.* (R. à nervures velues.) — Environs de Bovernier et au Brocard près Martigny (Delasoie). Juin.

601 (123) — *pyriformis Dsgl.* — Haies de la région moyenne : Habère-Poche; Valorsine; Finhaut (Delasoie). Juin-juillet.

602 (124) — *Deseglisei Bor.* (R. de Déséglise.) — Environs de Thonon et sur les bords de la Dranse (Puget); Annecy-le-Vieux; Aranthon près Bonneville. Juin.

Obs. Les Nos 593 à 602 sont des variétés de *R. dumetorum Thuill.*, et le Nº 592 en est une forme très-rapprochée.

603 (125) — *coriifolia Fries*. (R. à feuilles coriaces.) — Lieux buissonneux, graveleux et ravinés de la region moyenne : autour de Chamonix, aux Nants, à Hortaz, aux Praz, sous les Lanchys, etc.; les Voirons; les Valettes; Bovernier; Champey et val Ferret, entre 1050 et 1500 m. Juin-juillet.

604 (126) — *Bellevallis Puget*. (R. de Bellevaux.) — Les prés rocailleux et buissonneux de la région moyenne : aux environs de Bellevaux (Puget) et au Quercelin près de Bovernier (Delasoie). Juin.

605 (127) — *Bovernieriana Crépin*. (R. de Bovernier.) — Région moyenne : dans l'Entremont, Bovernier, val Champey; val Ferret (Delasoie). Juillet.

606 (128) — *stylosa Desv*. (R. à longs styles.) — Dans la région inférieure : bois de Barioz, à Thonon, à Vailly (Puget). Juin

607 (129) — *systyla Bast*. (R. stylé.) — Dans la région inférieure : au bois de Barioz, à La Roche et sur les Bornes. Juin.

608 (130) — *leucochroa Desv*. (R. blanchâtre.) — Ripaille et aux environs de Thonon (Puget). Juin.

Obs. Les N⁰ˢ 604 et 605 sont des variétés de *R. coriifolia Fries*, dont les N⁰ˢ 606 et 608 sont très-rapprochés.

SECTION V. — ARVENSES.

609 (131) — *arvensis Huds*., — *repens Scop*. (R. des champs.) — Endroits rocailleux des régions inférieure et moyenne : autour de Chamonix, Servoz, le Bouchet, Bocher et Sainte-Marie aux-Mines, ainsi que dans le bassin inférieur de l'Arve, à La Roche jusque sur les Bornes; Habère-Poche et Habère-Lullin (Puget). Juin-juillet.

610 (132) — *fastigiata Bast*. (R. pyramidal.) Variété de *R. arvensis Huds*., mais plus grande que le type. — Sur les rocailles à la limite inférieure du bassin de l'Arve : la Caille (Puget). Juin.

Observation. Pour le genre *Rosa*, j'ai cru devoir m'éloigner du programme que je me suis imposé dans la rédaction de mon *Guide*. Ce genre est essentiellement polymorphe; beaucoup de spécialistes ont essayé de le décrire et n'ont pas réussi à le débrouiller complétement. Les uns ont considérablement réduit le nombre des espèces, à chacune desquelles ils ont rattaché une liste plus ou moins longue de variétés; les autres, partisans de la multiplication des espèces, en ont créé plusieurs centaines dont la plupart ne se trouvent guère que dans les herbiers. Bien que, d'une manière générale, les premiers aient mes sympathies, j'ai préféré, pour éviter une confusion inévitable, énumérer les *formes* les plus intéressantes de ce genre, mais avec la réserve que je n'admets pas toutes ces formes comme autant d'espèces ; je les tiens plutôt pour des variétés s'éloignant plus ou moins de types spécifiques acceptés par tous les rhodographes. J'ai eu soin de placer ces formes à la suite du type auquel elles ressortissent.

Les environs de Bovernier et de Sembrancher, dans la vallée d'Entremont, de même que les alentours d'Annecy et la rive savoisienne du Léman, sont très-riches en rosiers. J'ai étendu à toute la Haute-Savoie l'étude du genre *Rosa* et grâce aux communications de M. Puget, il m'a été possible d'indiquer toutes les formes connues qui croissent spontanément dans cette région.

Comme je n'ai pas eu sous les yeux les roses découvertes dans l'Entremont par le regretté chanoine Delasoie, j'ai emprunté au Bulletin de la Société murithienne du Valais, fasc. III et IV, l'indication des localités comprises dans les limites fixées en tête de ma publication.

30ᵉ famille — POMACÉES

1. Cratægus L. (Aubépine.)

611 (1) — *monogyra Jacq.* (A. à un style.) — Très-répandu dans les pâturages buissonneux et rocailleux des régions inférieure et moyenne de tout notre champ d'exploration : les Pàquis, les Chauderons ; fréquent aux alentours de Chamonix ; Valorsine ; Bonneville ; Servoz et tout le bassin de l'Arve ; environs de Courmayeur. Mai-juin.

612 (2) — *oxyacantha L.* (A. commune.) — Mêmes limites et régions que le précédent. Il est plus fréquent que le précédent autour de Chamonix ; couloir et ravines des Nants, les Chauderons, les Frasses et les Lanchys, sous la Flégère, et dans toutes nos vallées, entre 500 et 1500 m. d'altitude. Mai-juin.

2. Cotoneaster Medik. (Cotonnier.)

613 (1) — *vulgaris Lindl.,* — *Mespilus Cotoneaster L.* (C. commun.) — Commun dans les régions inférieure et moyenne : tout le bassin de l'Arve ; rochers de la base de l'Aiguille à Bochard ; au Chapeau ; aux Gaillands ; en allant au Pa-

villon de Bellevue; sous les chalets de Catogne près le col de Balme, surtout sur le terrain calcaire, entre 500 et 1500 m. Mai-juin.

614 (2) — *tomentosa Lindl.* (C. tomenteux.) — Les rochers herbeux des régions inférieure et moyenne : bassin inférieur de l'Arve; le Salève et la base du Môle sur Bonneville, de 550 à 600 m. Mai-juin.

3. Cydonia Tournef. (Coignassier.)

615 (1) — *vulgaris Pers.*, — *Pyrus Cydonia L.* (C. commun.) — Arbre originaire de l'Asie-Mineure et de l'île de Candie, mais souvent cultivé dans les régions inférieures : bassin inférieur de l'Arve. Mai.

4. Pyrus L. (Poirier.)

616 (1) — *communis L.* (P. commun.) — Bois des régions inférieure et moyenne. Il paraît être la souche des poiriers cultivés en innombrables variétés. Avril-mai.

617 (2) — *Malus L.* (P. Pommier.) — Dans la région inférieure du bassin de l'Arve; on commence à le trouver depuis Servoz et Passy, sur les deux flancs de la vallée. Mai.

618 (3) — *acerba DC.*, — *Malus acerba Mérat.* (P. acerbe.) — Bassin inférieur de l'Arve et de la Dranse de Martigny, etc. Il passe pour être la souche de toutes les variétés de pommiers, produites par la culture. Mai.

5. Sorbus L. (Sorbier.)

619 (1) — *aucuparia L.* (S. des oiseleurs.) — Assez fréquent dans la région moyenne : vallon du Chatelard de Servoz; les gorges de la Dioza; Chamonix; au Biolet; au Liapet; aux Pèlerins; à Hortaz; à Argentière; Entre-les-Champs; vallée de la Tête-Noire; vallée d'Entremont, entre Bourg-Saint-Pierre et Proz. Entre 580 et 1500 m. d'altitude. Mai-juin.

620 (2) — *hybrida L.* (S. hybride.) — Assez répandu dans la région moyenne : autour de Chamonix; aux Chauderons; à la Molard; au Biolet; aux Praz; à Argentière; Entre-les-Champs; Valorsine; Entremont; environs de Courmayeur et surtout dans le val Mont-Joie à Contamines et à Bionnay. Entre 600 et 1200 m. Juin.

621 (3) — *Aria Crantz.* (S. Alisier.) — Régions moyenne et supérieure : environs de Servoz, à côté de l'éboulement des Fys aux Ayers; au bord de la Dioza sous Pormenaz; sous Ar-

levé; vallée du Chatelard et de la Tète-Noire; Valorsine; Courmayeur. Ne dépassant qu'accidentellement 1500 m. Mai-juin.

622 (4) — *Chamœmespilus Crantz.* (S. faux-Néflier.) — Région supérieure de notre champ d'exploration : entre les chalets de Catogne en montant le long des limites de la frontière suisse au col de Balme et en descendant du lac de Catogne aux chalets, en se dirigeant sur Fonfrète ou sur la Tète-Noire par les Cez Blancs; à Entre-les-Champs; abondant sous les chalets d'Arlevé et au-dessus du Flyet au bord de la Dioza; flancs de Pormenaz qui regardent la Dioza; à Salvan. Juin-juillet.

b) tomentosa Reut., — sudetica Tausch. — Je ne crois pas que ce soit un hybride, mais bien une variété du *S. Chamœmespilus,* en compagnie duquel il végète, tandis que le *S. Aria* s'en trouve bien éloigné : entre les chalets d'Arlevé et ceux du Flyet au bord de la Dioza; derrière les Aiguilles-Rouges; au fond des Combes du Saint-Bernard. Juin-juillet.

c) arioides Godet, — Aria-Chamœmespilus Rchb.. Rapin. — Cette forme diffère de la précédente par des feuilles plus larges, moins cotonneuses et plus profondément dentées, son corimbe se rapproche davantage du *S. Aria.* Arbuste plus élevé : en montant au col de Balme; en suivant les pentes ravinées le long de l'Arve et sous le Platet au-dessus des chalets de la Charbonnière. Mai-juin.

623 (5) — *scandica Fries.* (S. de Scandinavie.) — Régions inférieure et moyenne : bassin de l'Arve; Passy; Servoz; Valorsine, vallée de la Tète-Noire; Plan de l'Eau de Bovernier. Mai-juin.

6. Amelanchier Medik. (Amélanchier.)

624 (1) — *vulgaris Mœnch.* — Commun sur les rochers et dans les graviers : à Servoz et dans tout le bassin de l'Arve; Chamonix; Entre-les-Champs; aux Mélèzes de Valorsine. Juin.

31e famille — ONAGRARIÉES

1. Epilobium L. (Epilobe.)

625 (1) — *spicatum Lam., — E. angustifolium L.* (E. en épi.) — Dans les endroits rocailleux de la région moyenne : fréquent autour de Chamonix, au bord des champs; bois herbeux au Montanvert; base du Brevent; près des glaciers des Bossons et de Taconnaz; Argentière; Valorsine; vallon du Chatelard; Tète-Noire; Forclaz; Entremont; entre Bourg-St-Pierre

et Proz; au grand Saint-Bernard sous Mont-Cubit; Saint-Rémy; Courmayeur; val Montjoie, etc., entre 1050 et 1500 m. Juillet-septembre.

626 (2) — *rosmarinifolium Hœnk.*, — *E. Dodonœi Vill.* E. à feuilles de romarin.) — Lieux rocailleux et graveleux des terrains de transport, graviers des torrents, sur le calcaire jurassique des régions inférieure et moyenne de toute notre circonscription : à la base de la chaîne des Fys sous le Platet; aux Ayers sur Servoz; alluvions de l'Arve, surtout dans la plaine de Passy; entre 550 et 1500 m. Juin-septembre.

627 (3) — *Fleischeri Hochst.*, — *E. Dodonœi prostratum Gaud.* (E. de Fleischer.) — Graviers des torrents de la région moyenne : extrèmement abondant sur les rives de l'Arve entre Saint-Martin, la plaine de Passy et Servoz; surtout entre Chamonix et Argentière jusqu'à la source de l'Arve; le long de tous les torrents qui descendent de la chaîne du Mont-Blanc et sur les deux versants ainsi que dans toutes les vallées comprises dans notre circonscription. Autant le précédent recherche le terrain calcaire, autant celui-ci préfère le cristallin siliceux, là où aucun végétal ne lui fait concurrence. Il faut le remarquer au mois de juin sur les alluvions glaciaires des Arveyrons, entre Chamonix et Argentière, pour reconnaître cet épilobe qu'on ne peut confondre avec le précédent. Juin-juillet.

628 (4) — *hirsutum L.* (E. velu.) — Lieux humides et fangeux au bord des ruisseaux et des chemins des régions inférieure et moyenne : environs de Chamonix, le Bouchet, Argentière; Montjoie; Trient; versant méridional aux environs de Courmayeur. Juin-août.

629 (5) — *parviflorum Schreb.* (E. à petites fleurs.) — Assez fréquent dans les mêmes régions et localités que le précédent. Juin-juillet.

630 (6) — *montanum L.* (E. de montagne.) — Clairières des bois des régions inférieure et moyenne : au Biolet; sur le chemin du Montanvert; au Bois-Magnin; au Brevent; aux Pèlerins; chemin de Pierre-Pointue; près des glaciers des Bossons et du Trient; fréquent dans tous les pâturages boisés, entre 800 et 1500 m. d'alt. Juin-juillet.

631 (7) — *collinum Gmel.* (E. des collines.) — Lieux graveleux et sablonneux des régions moyenne et inférieure, autour de la chaîne du Mont-Blanc, notamment le long de tous les torrents qui en descendent : au Fouilly; aux Pèlerins; au Dard; aux Proz d'Avaz; source d'Arveyron; aux Chauderons;

7

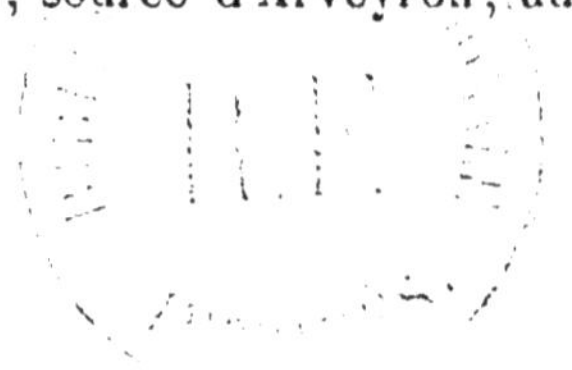

au Brevent et dans tous les environs de Chamonix. Il semble appartenir exclusivement aux terrains siliceux cristalllins. Juillet-août.

b) saxatile. — Par ses dimensions plus petites, cette forme s'éloigne autant de *E. collinum* que ce dernier est distant de *E. montanum*; ses tiges ont de 5 à 10 centimètres, sont peu rameuses, très-finement pubescentes; ses feuilles, quatre fois plus petites que celles du précédent, sont plus étroitement lancéolées. Rochers bien exposés du Mont de la Saxe; sur les Bains de ce nom à Courmayeur. Juillet.

632 (8) — *palustre L.* (E. des marais.) — Les marais des régions moyenne et inférieure : autour de Chamonix; au Bouchet où il est abondant; à Servoz, au Lac; val Montjoie; val Ferret. Juin-juillet.

633 (9) — *tetragonum L.* (E. tétragone.) — Commun dans les bois et les champs humides, les haies, les fossés et le long des champs des régions inférieure et moyenne : environs de Chamonix entre La Joux et Liœutraz. Juillet.

b) Lamyi Schultz. — Champs humides après la moisson : bassin de l'Arve, Saint-Gervais, Servoz et Passy.

634 (10) — *roseum Schreb.* (E. rosé.) — Lieux ombragés humides, haies et ruisseaux et le long des chemins, ne s'élevant qu'accidentellement au-dessus de 500 à 700 m. : bassin moyen et inférieur de l'Arve; plaine de Passy, entre Saint-Gervais, Chède, Saint-Martin, Sallanches; au bord des fossés à Vernayaz. Juin-août.

635 (11) — *trigonum Schrank.* (E. trigone.) — Pâturages boisés de la région moyenne : au bord de la Dioza, pâturages du Biolet; sous Blaitière, entre le Fouilly et le Greppon; au Larzet sous Plampraz; sous les chalets d'Arlevé et de Moède; versant du nord-est de la chaîne dans la vallée d'Essert; entre les chalets de la Folie et du Grand-Ferret, et dans celle de Ferret entre les chalets du Lavachet et ceux de Proz de Bard; Léchère d'Orsières. Juillet-août.

636 (12) — *alsinefolium Vill.* (E. à feuilles d'Alsine.) — Fréquent au bord des sources et des filets d'eau de toute la région moyenne : au dessus du Chapeau; entre La Joux et Liœutraz; en montant au col de Balme; au bord de la Dioza; vallée du Trient; sous le Bois-Magnin; val Montjoie; à L'Ardifagoz du Saint-Bernard. Juillet-août.

637 (13) — *alpinum L.* (E. des Alpes.) — Bords des ruisseaux et dans les tourbières de la région supérieure : abon-

dant aux marécages du Chapeau; vallon d'Entre les Eaux; à Pierre-Ronde sous l'Aiguille du Goûté; autour du chalet de Plampraz; au Brevent; au Montanvert, le long de la Mer de Glace; sur les chalets du Rocher en face de Chamonix; à Katrafort, entre Pierre-Pointue et Pierre à l'Echelle; au col de Balme; moraines du glacier de Bionnassay et en général sur toutes les montagnes comprises dans notre périmètre, entre 1500 et 2500 m.; terrain siliceux. Juin-juillet.

2. Œnothera L. (Onagraire.)

638 (1) — *biennis L.* (O. bisannuelle.) — Lieux marécageux de la région inférieure du bassin de l'Arve et de la Dranse : aux environs de Bonneville (Dumont), entre Sallanches et le pont de la Carbotte; au Guercet près de Martigny (Murith); le long de la voie ferrée à Vouvry (Tripet); à Habère-Lullin (Puget). Juin-juillet.

3. Circæa L. (Circée.)

639 (1) — *lutetiana L.* (C. commune.) — Bois ombragés et rocailleux de la région inférieure : Plaine de Passy; Chatelard; sous le chemin du Chapiu; au Grand-Ravin; Bonneval; vallon de la Combe; Salvan; Gorges du Trient. Juillet-août.

640 (2) — *intermedia Ehrh.* (C. intermédiaire.) — Lieux frais, ombragés et humides à Trient (Murith); le long de la route de Cluses près de Scionzier; Saint-Jean de Tholome; Arrache (Dumont). Juillet-août.

641 (3) — *alpina L.* — (C. des Alpes.) — Lieux frais de la région moyenne : en allant au Montanvert; au-dessus des Planards entre le Greppon et le Fouilly; en allant à Bellevue; aux Houches; au Cougnon en face de Chamonix; aux Gaillands; au Grand-Bois; à la cascade de Berard; au Nant Profond; au Bouchet de Chamonix; entre 1050 et 2000 m. Juillet-août.

32e famille — HALORAGÉES

1. Myriophyllum L. (Volant-d'eau.)

642 (1) — *spicatum L.* (V. en épi.) — Dans les eaux dormantes de la région inférieure : bassin de l'Arve, entre Bonneville, Marignier et Scionzier (Dumont). Juillet-août.

643 (2) — *verticillatum L.* (V. verticillé.) — Même région que le précédent : fossés à Vernayaz, dans le Bas-Valais. Juin-août.

33ᵉ famille — CALLITRICHINÉES

1. Callitriche L. (Callitriche.)

644 (1) — *verna Kütz.*, — *vernalis Koch.* (C. printanière.) —Eaux stagnantes des régions moyenne et supérieure : vallée de Chamonix; sur le premier plateau en montant au Pavillon de Bellevue. Alt. 1500 m. Juin–juillet.

645 (2) — *stagnalis Scop.* (C. des étangs.) — Eaux stagnantes : à Salvan (Murith); vallée de l'Arve, à Saint–Martin près Sallanches (Puget). Mai–novembre.

646 (3) — *platicarpa Kütz.* (C. à fruits plats.) — Les fossés de la région inférieure : près des gorges du Trient et de la Verrerie (Murith); bassin de l'Arve, entre Chède, le Fayet et Sallanches; au Bouchet, etc. Mai–novembre.

34ᵉ famille — LYTHRARIÉES

1. Lythrum L. (Salicaire.)

647 (1) — *Salicaria L.* (S. commune.) — Région inférieure, au nord-est de la chaîne : aux Parties de Sembrancher. Juillet-septembre.

35ᵉ famille — TAMARISCINÉES

1. Myricaria Desv. (Myricaire.)

648 (1) — *germanica Desv.*, — *Tamarix germanica L.* (M. d'Allemagne.) — Lieux sablonneux et humides, sur les bords de l'Arve et de l'Arveyron, depuis leur source jusqu'à leur embouchure dans le Rhône; surtout abondante entre Chamonix et Argentière; vallée du Trient. Alt. 500 à 1500 m. Juin-juillet.

36ᵉ famille — CUCURBITACÉES

1. Bryonia L. (Bryone.)

649 (1) — *dioica Jacq.* (B. dioïque.) — Commune dans la région inférieure : Servoz; Chamonix; Bouchet; La Combe; dans l'Entremont, etc. Mai-juillet.

37ᵉ famille — PORTULACÉES

1. Portulaca L. (Pourpier.)

650 (1) — *oleracea L.* (P. potager.) — Lieux cultivés, décombres : Bovernier, Sembrancher et Orsières dans l'Entremont. Juillet.

38ᵉ famille — PARONYCHIÉES

1. Herniaria L.   (Herniaire.)

651 (1) — *glabra L.* (H. glabre.) — Lieux sablonneux et arides de la région inférieure : à Leytroz près de la Tête-Noire; à la Bâtiaz, près de Martigny-Bourg, La Croix, Bovernier, Sembrancher, Orsières, Liddes; à Saint-Rémy sur le versant italien du grand Saint-Bernard. Mai-juillet.

652 (2) — *hirsuta L.* (H. hérissée.) — Lieux sablonneux et arides de la région moyenne : aux environs de Courmayeur; en descendant le vallon du Chapi par les chalets de Curut près de Saint-Rémy en Aoste. Mai-septembre.

653 (3) — *alpina Vill.* (H. des Alpes.) — Lieux secs et graveleux des régions moyenne et supérieure : assez fréquente aux environs de Courmayeur; base du Mont Chétif et du Mont de la Saxe; vallon du Chapi, au revers oriental du Cramont, entre 1200 et 1500 m.; à l'Ardifagoz, sous le glacier des Fortzons, à 2470 m. Juin-juillet.

2. Scleranthus L.   (Gnavelle.)

654 (1) — *perennis L.* (G. vivace.) — Lieux sablonneux de toute la région moyenne : Salanfe; Trient; La Combe; les Marques; très-commune autour de Chamonix : aux Chauderons, au Bouchet, à la source de l'Arveyron, au Biolet, aux Gaillands, etc.; entre 1050 et 1200 m. Juin-juillet.

655 (2) — *annuus L.* (G. annuelle.) — Commune dans les champs après la moisson; elle monte jusqu'à la limite supérieure de la région moyenne. Juin-août.

656 (3) — *biennis Reut. in Bull., Soc. Hall.* (G. bisannuelle.) — Lieux sablonneux et incultes de la vallée et de tout le bassin de l'Arve : assez fréquent autour de Chamonix, Servoz, Saint-Gervais, etc., jusqu'à 1200 m. d'alt. Mai-juillet.

657 (4) — *pulchrum Gaud., Rapin.* (G. élégante.) — Lieux secs au nord-est de la chaîne : entre Etrouble et Saint-Rémy, sur la route du grand Saint-Bernard (Rapin). Mai-juillet.

39ᵉ famille — CRASSULACÉES

1. Sedum L.   (Orpin.)

658 (1) — *maximum Suter.,* — *Telephium d. et e. L.* (O. à larges feuilles.) — Lieux rocailleux et buissonneux des ré-

gions inférieure et moyenne : bassin inférieur de l'Arve et aux alentours de Bonneville; à Aïse (Dumont). Août-septembre.

659 (2) — *purpurescens Koch.*, — *Telephium b. purpureum L.* (O. purpurin.) — Lieux pierreux et buissonneux de la région moyenne : autour de Chamonix, les Chauderons, les Pâquis, les Moussons, les Cretets, les Nants, le Mont, les Pèlerins, Argentière; à Valorsine et au Trient; entre 1050 et 1200 m. Août-septembre.

660 (3) — *purpureum Tausch.*, — *Fabaria Koch.*, — *Telephium c. L.* (O. Fabaire.) — On trouve cette forme, à fleurs purpurines, sur les tas de pierres aux Chauderons, aux Moussons, etc.; mais on peut suivre la variation plus ou moins pourprée de la fleur et ses pétales sont plus ou moins étalés. Les trois formes précédentes, qu'on ne peut étudier que sur le vif, pourraient bien appartenir au même type, et il n'est pas très-difficile de constater les divers passages de l'une à l'autre. Juillet-août.

661 (4) — *Anacampseros L.* (O. Anacampséros.) — Les pâturages rocailleux de la région supérieure : à Chauru près du Brevent; au Mont-Lachat; en montant à Plampraz; les Pozettes; sur le chalet du Chenavie; bord de la Dioza sous Arlevé; Combe de la Floriaz; à la Baux près du grand Saint-Bernard; au Chapiu; sur les flancs du Mont Catogne; sur les Herbagères du col de Balme, près la Croix de Fer. Entre 1500 et 2400 m. Août.

662 (5) — *Cepœa L.* (O. paniculé.) — Le long des haies dans la région inférieure : bassin de l'Arve, autour de Bonneville et de Sallanches; ne montant pas plus haut que 500 m. Juin-juillet.

663 (6) — *villosum L.* (O. velu.) — Endroits très-humides de la région supérieure, au nord-est de la chaîne : aux Contours, grand Saint-Bernard. Juin-août.

664 (7) — *atratum L.* (O. noirâtre.) — Lieux rocailleux, parmi les débris de rochers de la région alpine : rochers d'Arbeyron sur Arrache; autour des chalets de Barberine et de l'Allée-Blanche; moraine du glacier de Ferret, etc.; plus fréquent sur le terrain calcaire : moraines du glacier de la Tapiaz, du Greppon, du Beugean et de la vallée de Berard; entre 1500 et 2000 m. Août.

665 (8) — *annuum L.*, — *saxatile DC.* (O. annuel.) — Lieux rocailleux et sablonneux de la région moyenne, plus fréquent sur le terrain cristallin siliceux que sur les autres

formations : autour de Chamonix, au Bouchet, source de l'Arveyron, aux Chauderons, à Argentière, à La Joux; val Montjoie; à Valorsine; Tête-Noire; au grand Saint-Bernard, à L'Ardifagoz; à Ferret, etc., entre 1050 et 2300 m. Juillet-août.

666 (9) — *album* L. (O. blanc.) — Très-commun sur les
vieux murs et les endroits pierreux des trois régions, entre
500 et 1500 m. Juin-juillet.

667 (10) — *micranthum Bast.* (O. à petites fleurs.) — Extrèmement abondant sur le sable siliceux, le long de l'Arve
entre le chemin de la Flégère et les Tines, dans les bois
d'aulnes qui s'étendent entre les deux ponts sur la gauche de
la rivière. Juin-juillet.

668 (11) — *dasyphyllum* L. (O. à feuilles épaisses.) — Rochers et vieux murs des régions inférieure et moyenne, s'élève
accidentellement jusqu'à la région supérieure : Servoz; Saint-
Gervais; val Montjoie, etc.; Chamonix; à Saint-Rémy, versant sud du grand Saint-Bernard et à Bourg-Saint-Pierre dans
l'Entremont. Alt. supér. 1700 m. Juin-juillet.

669 (12) *repens Schleich.*, — *alpestre Vill.* (O. rampant.)
— Endroits rocailleux des terrains siliceux glaciaires, sur
toutes les moraines des glaciers qui descendent de la chaîne
du Mont-Blanc et sur les quatre versants, ainsi que dans toute
l'étendue de la région supérieure : Mer de Glace; Montanvert;
glacier d'Anolet dans la vallée de Berard; Chézerands; au-
dessus du Tour; au bas du Nant du Fouilly; sommet du Couvercle et des hautes Authannes; entre Pierre-Pointue, Katrafort, le Nant Profond et la Paraz; montagne de la Côte; Plampraz; Bouchet de Chamonix; à La Joux; à Argentière; à
L'Ardifagoz et autour du lac du Saint-Bernard. Plante spéciale aux terrains cristallins siliceux; entre 1050 et 2600 m.
Juin-juillet.

670 (13) — *acre* L. (O. àcre.) — Très-commun dans les
lieux arides et graveleux des régions inférieure et moyenne et
jusqu'à la supérieure. Juin-juillet.

671 (14) — *insipidum C. Bauh.*, — *sexangulare* L. (O·
insipide.) — Aussi fréquent et dans les mêmes régions que le
précédent, dont il ne diffère que par ses fleurs de moitié plus
petites et par ses feuilles caulinaires étroitement imbriquées :
autour de Chamonix; aux Gaillands; au Bouchet; aux Chauderons; val Montjoie; torrent de Miage; Contamines; Valorsine;
aux Rappes. Juin-juillet.

672 (15) — *reflexum* L. (O. à pétales étalés.) — Lieux

pierreux et arides autour de Chamonix; les monceaux de pierres sous le Brevent; aux Chauderons; aux Moussons; col de Balme (Murith); entre Fourtz et Bourg-Saint-Pierre dans l'Entremont. Juin-juillet.

673 (16) — *anopetalum DC.* (O. à pétales dressés.) — Lieux secs et incultes : aux Contours, sur Saint-Rémy; au fond des Combes, Saint-Bernard (Favre); entre 1500 et 2000 m. Juin-août.

674 (17) — *montanum Billot in Archiv.* — *Verloti Jord.* — Diffère du *S. anopetalum* par ses pétales d'un jaune vif, étalés à la fin de la floraison et par ses sépales moitié plus petits. Rive gauche de l'Arve près des Tines, avec le *S. micranthum.* Rare. Juin-juillet.

2. Sempervivum L. (Joubarbe.)

675 (1) — *tectorum L.* (J. des toits.) — Çà et là sur les vieux murs de la région inférieure et sur les rochers de la région moyenne. Juillet-août.

676 (2) — *montanum L.* (J. de montagne.) — Lieux secs, graveleux ou rocheux de la région moyenne : très-fréquent autour de Chamonix et d'Argentière et dans toutes les vallées comprises dans ce *Guide.* Juillet-août.

Ce type présente une grande variabilité de formes, surtout dans la partie nord-est de la chaîne. J'énumère les principales, en utilisant pour le Valais les Bulletins de la Société Murithienne, fasc. II, III et IV.

b) verrucosa. — Feuilles radicales assez longuement lancéolées, couvertes de verrues sur la face supérieure : sur les rochers au pied du bois de la Jorace; au-dessous de la Mer de Glace (mai 1862).

c) lutea. — Plante d'un jaune foncé; les pétales et les sépales légèrement teintés de violet sur les bords : source d'Arveyron; en montant au Chapeau (juin 1868).

d) barbulatum Schott. Barbue sur toutes les parties; très-grandes fleurs à sépales légèrement violacés, longuement aigus : Mont-Cubit sous le Saint-Bernard.

e) Tissieri Lagg. Vollège; Crête-à-Coq près de Sembrancher (Delasoie).

f) Murithii Lagg. — D'après la description qu'en donne Lagger dans le Bull. de la Soc. Murithienne, fasc. II, cette forme a beaucoup d'analogie avec le *S. barbulatum* indiqué plus haut : Catogne; grand Saint-Bernard (Delasoie).

g) penninum Lagg. — Dans un pré à droite, avant d'arriver à la Cantine de Proz; au bord du torrent de Pradaz (E. Favre).

h) pilosellum Schnittsp. — Au Mont-Clou; Sembrancher.

i) spectabile. — Au Roc-percé, entre Bovernier et Sembrancher.

j) sessile. — Forme dépourvue de tige; l'ombelle se développe au milieu de la rosette de feuilles. Chamonix.

k) Bambergii Hamp. — Au pont de Bourg-Saint-Pierre.

l) compactum Lamotte. — Chamonix; moraines de la Mer de Glace et petit Saint-Bernard.

677 (3) — *arachnoideum L.* (J. aranéeuse.) — Les pâturages de la région moyenne : en allant au col de Balme; à Entre les Champs; au-dessus des chalets de la Balme, sous le Bonhomme; entre la cascade du Dard et celle des Pèlerins; sous le Chapeau; au Mauvais-Pas; à l'Aiguille; à Bochard et aux Tines, sur la rive droite de l'Arve. Juillet-août.

Obs. Ce type, comme le précédent, varie aussi à l'infini, selon les expositions, l'altitude, le climat; il a donné lieu à une subdivision de formes spécifiques par trop fantaisistes et qu'il est impossible d'admettre. Voici d'ailleurs la liste des formes considérées par M. Delasoie comme autant d'espèces, qu'il a publiées dans les Bull. de la Soc. Murithienne du Valais, fasc. II, III et IV.

b) acuminatum Schott. — A l'Aromanet près de Sembrancher; au fond des Combes, Saint-Bernard.

c) Delasoiei Schnittsp. — Au Mont-Clou; Bovaire sur Liddes; Sembrancher et Mont Catogne.

d) Dœllianum Lehm. — Au Mont Catogne; Mont-Clou et Sembrancher.

e) flagelliforme Fisch. — Salvan; Catogne; Finhaut; Valorsine et Tète-Noire.

f) Lemaniæ Schnittsp. — Mont Catogne; Sembrancher.

g) longifolium Schnittsp. — Mêmes localités que la précédente.

h) calcareum Jord. — Sous les rochers du Clou.

i) piliferum Jord. — A l'entrée du Roc-percé près de Sembrancher.

j) spectabile Schnittsp. — Sur le Mont-Clou; Roc-percé.

k) densum Schnittsp. — Sur le Mont-Clou.

l) leucopogon Schnittsp. — Sur le Mont-Clou.

m) hastipetalum Lagg. — Au pont de Bourg-Saint-Pierre.

n) elegans Lagg. — Grand Saint-Bernard.

o) heterotrichum, var. *bryoides Schnittsp.* — Forêt de la Fory.

p) Aizoon Lagg. — Salvan; Finhaut; Tête-Noire; Valorsine.

q) spinulosum Lagg. — A Sarreyer au-dessus de Bagnes.

r) stenopetalum, var. *majus Hamp.* — A la Chaux de Bagnes.

s) Thomasii. — Sous le pont de Saint-Pierre dans l'Entremont.

t) Chavini Lagg. — Sur le Mont-Clou, Sembrancher.

40ᵉ famille — GROSSULARIÉES

1. Ribes L. (Groseillier.)

678 (1) — *alpinum L.* (G. des Alpes.) — Commun dans les broussailles rocailleuses de la région moyenne : au Bouchet; aux Couverets; à Hortaz; au pied du Brevent, etc. Avril-mai.

679 (2) — *rubrum L.* (G. rouge.) — Souvent cultivé dans les jardins. Bois des régions inférieure et moyenne : dans le bassin de l'Arve au-dessous de Mimonet près de Bonneville; Valorsine; les Jeurs. Avril-mai.

680 (3) — *petræum Wulf.* (G. des rochers.) — Lieux ombragés, parmi les débris de rochers de la région moyenne : vallée de la Tête-Noire; Chatelard; Barberine; Trient. Alt. 1000 à 1200 m. Juin.

681 (4) — *nigrum L.* (G. noir, vulg. Cassis.) — Cultivé dans les jardins et subspontané dans la vallée du Chatelard et de la Tête-Noire. Mai-juin.

41ᵉ famille — SAXIFRAGÉES

1. Saxifraga L. (Saxifrage.)

682 (1) — *stellaris L.* (S. étoilée.) — Commune dans les lieux humides et près des sources dans les régions moyenne et supérieure : Chamonix; au pied de la Coudraz; au bord du Fouilly et du Greppon; au Grand Bois; près des cascades du Dard et des Pèlerins; vallée du Trient; Tête-Noire; col de Balme; Entre les Eaux; Taconnaz; Mer de Glace; Chapeau; Mauvais-Pas; sur les deux versants de la chaîne du Brevent; entre 1050 et 2500 m., indifféremment sur le terrain cristallin ou sur le calcaire. Juin-juillet.

683 (2) — *cuneifolia L.* (S. à feuilles cunéiformes.) — Commune dans les lieux ombragés rocailleux des régions moyenne et supérieure de toutes les vallées comprises dans notre champ d'exploration, surtout dans les forêts de sapin. C'est

dans la vallée de Chamonix l'espèce la plus répandue du genre *Saxifraga;* entre 1050 et 2000 m. d'alt. et sur tous les terrains. Juin-juillet.

684 (3) — *rotundifolia L.* (S. à feuilles rondes.) — Bois ombragés humides des trois régions, mais surtout dans la moyenne et la supérieure : Chamonix ; aux Pèlerins; la Corne; Taconnaz; le Cougnon ; val du Trient; val d'Entremont; la Combe de Martigny; Salvan; Tête-Noire, etc.; c'est une de celles dont l'aire verticale est la plus étendue. Juin-juillet.

685 (4) — *aspera L.* (S. ciliée.) — Lieux rocailleux des régions moyenne et supérieure; elle est surtout très-abondante dans la vallée de Chamonix en montant au Brevent et à la source de l'Arveyron; terrain siliceux, entre 1050 et 2000 m. Juin–juillet.

b) bryoides L. — Le type et sa variété croissent ensemble sur plusieurs points, comme au Keyzet sous Plampraz et à la source de l'Arveyron; mais, en général, la variété monte à une altitude supérieure au type; elle s'élève même à la dernière limite de la végétation, comme au Jardin de la Mer de Glace, au sommet de Leschaux, aux Becs-Rouges, sous l'Aiguille du Tour et sur toutes les montagnes qui entrent dans les limites de notre flore; entre 1050 et 3000 m. Juillet-août.

686 (5) — *aizoides L.* (S. faux-Aizoon.) — Lieux graveleux humides des trois régions; très-commun depuis la plaine jusqu'aux plus hauts sommets, de préférence sur le calcaire et plus rarement sur le terrain cristallin. Alluvions de l'Arve depuis Passy; à Bionnassay; aux Bossons; Argentière; au Tour; vallée du Trient; à la descente du col des Fours; au Bonhomme, etc., entre 600 et 2600 m. d'alt. Juillet-août.

b) aurantiaca Murith. — Cette variété, à fleurs d'un beau jaune orangé, se trouve à Trient, sous le col des Fours et dans toute l'Allée-Blanche.

687 (6) — *bulbifera L.* (S. bulbifère.) — Pâturages secs de la région inférieure : en suivant la rive droite du Trient, depuis Leytroz jusqu'à Gueuroz, mais surtout dans cette dernière station; entre 500 et 550 m. Mai-juin.

688 (7) — *tridactylites L.* (S. tridactyle.) — Lieux arides et rocailleux de la région inférieure : les Marques; la Bâtiaz; La Croix; Bovernier; Sembrancher; entre 450 et 500 m. Avril-mai.

689 (8) — *controversa Sternbg.,* — *petræa Gaud.* (S. controversée.) — Lieux rocailleux à la limite supérieure de la

végétation : sur le revers oriental de la chaîne. Rare. Je l'ai cueillie au col de Fenêtre en 1854. Juillet-septembre.

690 (9) — *groenlandica L.,* — *cæspitosa Koch.* (S. du Groënland.) — Lieux rocailleux de la région supérieure : vallon d'Entre les Eaux; col du Genevrier; vallon de Salanfe, à gauche de celui de Barberine, entre 2300 et 2400 m. Terrain calcaire. Août.

691 (10) — *exarata Vill.* (S. nervée.) — Lieux sablonneux, graveleux et siliceux de la région supérieure : moraines latérales de la Mer de Glace; au Chapeau; les hautes Authannes; le glacier du Tour; au pied des Aiguilles-Rouges; au-dessus du lac Blanc; Tré la Tête; Bionnassay; Plan de L'Arc; Mont-Lachat; Aiguille de Grand sur le col de Balme; aux Pozettes, Aiguille du Midi; passage d'Entre-le-Mont-Blanc-Rageat sur le Chapiu; sous le Bonhomme; entre 1500 et 2600 m. Juillet-août.

a) compacta Koch., — *striata Gaud.* — Les plus hauts sommets.

b) moschata Koch., — *cæspitosa Gaud.* — Val de Trient.

c) laxa Koch. — Grand Saint-Bernard.

d) leucantha Gaud. — Trient; Martigny.

692 (11) — *muscoides Wulf.* (S. Mousse.) — Lieux rocailleux de la région supérieure, dans toute l'étendue de notre domaine floral : sommet de la Floriaz et sur les deux versants de toute la chaîne du Mont-Blanc et de celle des Aiguilles-Rouges; vallée de Berard; sous le glacier d'Anolet; col d'Anterne; col de Balme; sommet de la Griaz. Entre 1050 et 2500 m. Juillet-août.

a) compacta Koch. — Feuilles fortement imbriquées en colonnes cylindriques sur les souches très-rapprochées l'une de l'autre; tiges courtes, presque uniflores. Jardin; Plan de Leschaux.

b) intermedia Koch. — Pissevache; Salvan.

c) laxa Koch. — Feuilles plus longues, lâchement imbriquées sur les tiges qui sont plus allongées. Grand Saint-Bernard; montagne des Faux.

d) integrifolia Koch. — Plante naine, à feuilles linéaires et entières. Au sommet d'Anterne.

e) moschata Wulf. Plante couverte de poils courts et visqueux. Buet; Allée-Blanche.

f) atropurpurea Koch. — Rochers de Salanfe (Murith, Gaud).

693 (12 — *androsacea L.* (S. fausse-Androsace.) — Lieux

frais et humides de la région supérieure, au revers nord de la chaîne du Mont-Blanc : au col de Balme sur Charamillon; au Buet; toute la chaîne d'Anterne; Aiguilles-Rouges, autour de Tour-Ronde; montagne de la Côte; montagne de Tricot sur Bionnassay; vallon du Vieux-Emousson; Catogne, sous la Croix de Fer; vallon de Berard sous le Buet; Brevent; Allée-Blanche; Combe de la Hyoulaz sous le Cramont; le Bonhomme; le col de Fenêtre près du Saint-Bernard; au Mont-Cubit; au Mont-Mort et à la Baux. Juillet-août.

694 (13) — *Seguieri Spreng.* (S. de Séguier.) — Lieux graveleux de la région supérieure : col du Bonhomme et de la Hyoulaz sous le Cramont, du côté de Courmayeur (1858), entre 2300 et 2500 m. Juillet-août.

695 (14) — *planifolia Lap.* (S. à feuilles planes.) — Lieux sablonneux et fentes de rochers de la région supérieure, au revers oriental de la chaîne : au haut du col de Ferret, en passant de Courmayeur en Suisse, à droite du chemin; au col de Fenêtre; recueilli en 1858 au col de Menouve; près du glacier de Proz; vallon d'Entre les Eaux: sur le col de Taneverge, sur la droite en montant depuis Sixt. Indiquée aussi dans l'Allée-Blanche (Eug. Perrier); entre 2300 et 2500 m. Juillet-août.

696 (15) *Aizoon Jacq.* (S. Aizoon.) — Fissures de rochers secs, dans les trois régions : aux cascades du Dard et des Pèlerins; au Bouchet de Servoz et à celui de Chamonix, partout enfin depuis la plaine jusqu'aux plus hauts sommets, entre 500 et 2500 m. Cette espèce a une aire verticale très-étendue. Juin-septembre.

b) alpina. — Corymbe petit, sessile, prenant naissance sur le collet de la racine. Montagne de Tricot.

697 (16) — *Cotyledon L.,* — *pyramidalis Lap.* (S. pyramidale.) — Fissures de rochers siliceux; plus rarement sur le calcaire de la région supérieure, au revers occidental de la chaîne : au-dessus du Mauvais-Pas et du Chapeau; sur toute la base du flanc de l'Aiguille à Bochard tournée vers la Mer de Glace; abondant aux rochers sous le Brevent entre le Pertuis, le Grand Bochard et Plampraz; aux Aiguilles de la Loriaz; sur les Chezerys; rochers en allant de la cascade de Berard au vallon d'Entre les Eaux; sur Valorsine; sur les deux versants de toute la chaîne des Aiguilles-Rouges; chaînes du Vieux-Emousson, de Barberine, de Salvan, etc., toujours sur le cristallin siliceux; entre 1500 et 2000 m. Août.

698 (17) — *lingulata Bell.* (S. ligulé.) — Sur le lit d'un ancien glacier et les couches délitées de schistes : Indiquée au Haut de Véron par M. Eug. Fournier, lors de l'herborisation entreprise par la Société botanique de France, les 16 et 17 août 1866, pendant la session extraordinaire d'Annecy-Chamonix. Août.

699 (18) — *mutata L.* (S. changeante.) — Débris de rochers couverts d'humidité de la région inférieure du bassin de l'Arve : à la base du Brezon, sur le revers tourné du côté de Bonneville. Se trouve aussi dans la plaine, à Thuet, vers les moulins. Août-septembre.

b) mutata ✕ *aizoides Reut.* — Forme hybride : au Brezon; sous la pointe d'Anday sur Bonneville (Reut. 1848).

700 (19) — *cœsia L.* (S. bleu.) — Fentes de rochers dans la région supérieure, au sud-ouest des limites de cette florule : passage d'Entre-le-Mont-Blanc-Rageat sous le Bonhomme et à Crey Baudin sur le Chapiu; au Mont-Vergy et au Mont-Méry dans le bassin de l'Arve. Terrain calcaire, entre 2000 et 2200 m. Août.

701 (20) — *oppositifolia L.* (S. à feuilles opposées.) — Lieux graveleux et fissures de rochers dans les régions moyenne et supérieure : toutes les vallées comprises dans nos limites; au Nant des Pèlerins près Chamonix, ravins du Pavillon de Bellevue; aux Ayers sur Servoz; toute la chaîne d'Anterne; celle des Aiguilles-Rouges; l'Aiguille de Varens; l'Allée-Blanche; Mont-Mort; Mont-Cubit et la Chenalettaz au Saint-Bernard; Catogne; col de Balme, à la Glière sur la Flègère; au Platet. Terrain siliceux et calcaire, entre 1050 et 2000 m. Août-septembre.

702 (21) — *biflora All.* (S. à deux fleurs.) — Graviers et fissures de rochers dans la région supérieure, sur toutes nos montagnes calcaires : val Montjoie; en montant et en traversant le col du Bonhomme; la Seigne; l'Allée-Blanche; le col de la Hyoulaz sous le Cramont; l'Ardifagoz au grand Saint-Bernard; Moulenoz; le Buet; vallon du Vieux-Emousson; près des chalets de Barberine; la chaîne d'Anterne, entre le col de ce nom et celui de Leschaux; entre 2000 et 2500 m. Août-septembre.

b) Kochii Hornung. (S. de Koch.) — Lieux rocailleux dans la même région que le type : vallon d'Arpette, Maya, à l'est de la chaîne.

2. Chrysosplenium L. (Dorine.)

703 (1) — *alternifolium L.* (D. à feuilles alternes.) — Lieux

ombragés et humides des régions inférieure et moyenne : Montanvert; Saint-Gervais; le Fayet ; Servoz; Chamonix; aux Bithy; aux Gaillands; au Bouchet, etc.; entre 500 et 1050 m. Mai.

42ᵉ famille — OMBELLIFÈRES

1. Hydrocotyle L. (Hydrocotyle.)

704 (1) — *vulgaris* L. (H. commun.) — Marécages et fossés de la région inférieure : bassin de l'Arve entre le Fayet, Sallanches et Cluses. Juin-juillet.

2. Sanicula L. (Sanicle.)

705 (1) — *europœa* L. (S. d'Europe.) — Commune dans les lieux rocailleux et dans les bois de sapins et de hêtres de la région moyenne : au bois de Joux; à Saint-Gervais; tout le bassin de l'Arve, de la Dranse, de la Doire, etc.; entre 500 et 1050 m. Mai-juin.

3. Astrantia L. (Astrance.)

706 (1) — *minor* L. (A. mineure.) — Commune dans les fissures de rochers des régions moyenne et supérieure : source de l'Arveyron; au Bouchet; montagne de la Côte sur le Mont; Mont-Lachat; le Montanvert; le Chapeau; moraines de la Mer de Glace; arête de la Griaz; torrent des Pèlerins et cascade du Dard; chemin de Pierre-Pointue; chemin du Brevent, etc.; entre 1050 et 2000 m.; croît de préférence sur le terrain cristallin. Juillet-août.

707 (2) — *major* L. (A. majeure.) — Les pâturages et les prés de la région moyenne : en montant au Pavillon de Bellevue; le long de l'ancienne route de Genève; vallée du Trient; à la Combe; vallée d'Entremont et à Courmayeur. Fréquente entre 600 et 1000 m. Juin-juillet.

4. Eryngium L. (Panicaut.)

708 (1) — *alpinum* L. (P. des Alpes. — Les pâturages rocailleux de la région supérieure, où il est rare. Indiqué sur les flancs de Pormenaz qui dominent la Dioza, derrière le Brevent. M. Michaud doit l'avoir cueilli en descendant du Brevent sur Arlevé; vallon du Vieux-Emousson, en allant à Taneverge; sur Barberine; sur les Salvans; Cornettes de Bise; Bonnevaux. Murith l'indique au-dessus de Bourg-Saint-Pierre dans le val d'Entremont. Juillet-août.

5. **Apium L.** (Ache.

709 (1) — *graveolens L.* (A. Céleri.) — Plante étrangère, cultivée pour l'usage culinaire. Juillet-août.

6. **Helosciadium Koch.** (Hélosciade.)

710 (1) — *nodiflorum Koch.*, — *Sium nodiflorum L.* (H. nodiflore.) — Les fossés et les eaux courantes du bassin inférieur et moyen de l'Arve, entre le Fayet, Sallanches et Bonneville. Juillet-septembre.

7. **Petroselinum Hoffm.** (Persil.)

711 (1) — *sativum Hoffm.* (P. cultivé.) — Plante étrangère cultivée pour l'usage culinaire. Juillet-août.

8. **Trinia Hoffm.** (Trinie.)

712 (1) — *vulgaris DC.* (T. commune.) — Collines pierreuses et sèches de la base du Môle près de Bonneville; au Nant du Dard (Dumont); les Marques sur Martigny (Murith). Mai-juin.

9. **Ptychotis Koch.** (Ptychotis.)

713 (1) *heterophylla Koch.* (P. hétérophylle.) — Les pâturages secs des régions inférieure et moyenne des vallées comprises dans notre circonscription, comme par exemple aux Chauderons sur Chamonix. Juillet.

10. **Sison L.** (Sison.)

714 (1) — *Amomum L.* (S. aromatique.) — Lieux ombragés de la région inférieure du bassin de l'Arve, entre Sallanches, Chéde et Cluses. Juillet-août.

11. **Ægopodium L.** (Ægopode.)

715 (1) — *Podagraria L.* (A. Podagraire.) — Extrêmement commun dans les lieux ombragés et les bois des régions inférieure et moyenne, entre 450 et 1450 m. : aux Gaillands, au Bouchet; à Hortaz, etc., etc. Juin-juillet.

12. **Carum L.** (Carvi.)

716 (1) — *Carvi L.* (C. cumin.) — Très-commun partout dans les régions inférieure et moyenne des vallées qui rentrent dans les limites de notre *Guide :* en allant au hameau du Tour, sur les alluvions de l'Arve; à Bocher; aux Chauderons, etc. Mai-juillet.

b) rubriflora. — Aux Pâquis des Chauderons; au hameau de la Molard, etc. Août.

717 (2) — *Bulbocastanum Koch.*. — *Bunium Bulbocastanum L*. — Champs des régions inférieure et moyenne, au nord-est de la chaîne : Martigny; les Marques et Sembrancher. Mai-juin.

13. **Pimpinella L.** (Boucage.)

748 (1) — *Saxifraga L.* (B. Saxifrage.) — Les pâturages secs des régions inférieure et moyenne : aux Chauderons, aux Gaillands; à Hortaz; au Pavillon de Bellevue, etc., entre 700 et 1500 m. d'altitude. Juin-juillet.

b) dissectifolia Koch. — Les Marques sur Martigny.

c) nigra Koch. — Les Marques sur Martigny.

719 (2) — *magna L.* (B. majeur.) — Les pâturages des trois régions.

a) alba. — Corolle blanche. — Prairies des régions inférieures.

b) rosea. — Corolle rose. — Prairies des régions moyenne et supérieure : au Pavillon de Bellevue; au Mont-Lachat; au Tricot; Plan de L'Arc; les Rognes; Pierre-Ronde; Tête-Noire; Lavancher; le Chapeau; vallée du Trient; Bois-Magnin; entre 500 et 2300 m. Juin-juillet.

14. **Berula Koch.** (Bérule.)

720 (1) — *angustifolia Koch.*, — *Sium angustifolium L.* (B. à feuilles étroites.) — Les fossés et les eaux stagnantes de la région inférieure du bassin de l'Arve et de la Dranse d'Entremont. Juillet-août.

15. **Bupleurum L.** (Buplèvre.)

721 (1) — *falcatum L.* (B. des haies.) — Lieux secs, pierreux et graveleux, endroits buissonneux du revers oriental de la chaîne, dans les régions inférieure et moyenne : les Marques sur la Bâtiaz; Bovernier; Sembrancher; Orsières; Liddes. Indiqué aussi près de Saint-Rémy, sous le Saint-Bernard; entre 450 et 1400 m. Juillet-août.

722 (2) — *ranunculoides L.* (B. fausse-renoncule.) — Lieux sablonneux et secs des régions inférieure et moyenne, au sud-est de la chaîne : aux Combes et à Menouve du grand Saint-Bernard; rochers des Plançades, en face de la Cantine de Proz;

commun aux environs de Courmayeur; en montant au Cramont; rochers au-dessus des Bains sur le flanc de la Saxe; vallon du Chapi sur Courmayeur. Je l'ai aussi cueilli en montant au val Champey depuis Orsières. Juillet-août.

723 (3) — *graminifolium Vahl.*, — *petrœum L.* (B. des rochers.)—Lieux secs et graveleux de la région inférieure, au revers méridional de la chaîne. Il est indiqué d'une manière assez vague au Cramont, mais je n'ai pas eu la chance de l'y rencontrer. Juillet.

724 (4) — *stellatum L.* (B. étoilé.) — Fissures de rochers herbeux dans la région supérieure : versant nord, à Katrafort; montagne de la Corne; Aiguille à Bochard et rochers du Mauvais-Pas; au Montanvert; le long de la Mer de Glace jusqu'aux Ponts; au Couvercle et surtout à l'arête de rochers qui sépare le Pertuis de Lachat; val Montjoie; Tré la Tête; Contamines; les Rognes; passage d'Entre-le-Mont-Blanc-Rageat, sur le Chapiu; sous Plampraz; sur les deux versants de toute la chaîne des Aiguilles-Rouges; aux Pozettes; au col de Balme; entre la cascade des Pèlerins et celle du Dard; la Pendant; Entre les Champs; Mont Catogne; grand Saint-Bernard; Cantine de Saint-Rémy; entre 1200 et 2000 m. Terrain cristallin. Juillet-août.

725 (5) — *rotundifolium L.* (B. à feuilles rondes.) —Lieux graveleux, champs du bassin inférieur de l'Arve : au Calvaire près de Bonneville (L. Coppier.); dans les champs au Clos (Dumont); à Contamines sur Arve (Rapin). Juin-juillet.

16. Æthusa L. (Æthuse.)

726 (1) — *Cynapium L.* (Æ. des jardins.) — Commune dans les lieux cultivés de toutes les vallées comprises dans les limites de ce *Guide*. Juillet.

17. Fœniculum Hoffm. (Fenouil.)

727 (1) — *officinale All.* (F. officinal.) — Lieux pierreux, haies, vignes du bassin de l'Arve et de la Dranse d'Entremont, au nord-est de nos limites : Martigny et les Marques. Juillet-août.

18. Œnanthe L. (Œnanthe.)

728 (1) — *Lachenalii Gmel.*, — *peucedanifolia Gaud.* (Œ. de Lachenal.) — Prairies humides et marécageuses, au revers oriental de la chaîne : vallon du Chapi; Entrèves, etc. Juillet-août.

19. **Seseli L.** (Séséli.)

729 (1) — *coloratum Ehrh.*, — *bienne Crantz*. (S. coloré.)
— Coteaux secs de la région inférieure, au nord-est de nos limites : autour des ruines de la Bàtiaz; en montant du Favet au village de Saint-Gervais; au Mont-Méry (Puget). Juillet-septembre.

20. **Libanotis Crantz.** (Libanotide.)

730 (1) — *montana All.*, — *Athamanta Libanotis L.* (Libanotide de montagne.) — Indiquée dans les pâturages entre le chalet inférieur et le chalet supérieur de la Flégère par M. Viguier qui me l'a présentée, mais je n'ai pas eu l'avantage de la retrouver. M. Michaux dit l'avoir observée aussi entre le Brevent et la Flégère, sur le versant nord. Juillet-août.

21. **Athamanta L.** (Athamante).

731 (1) — *cretensis L.* (A. de Crète.) — Escarpements rocailleux, rocheux de la région supérieure : col de Balme; chalets de Catogne et la Croix de Fer; les Gras du Platet; le Dérochoir; Montagne de Sàles; le Plan des Dames au Mont-Jovet; le col du Bonhomme; toute l'Allée-Blanche; vallon du Chapi sur Courmayeur; le Trocet Blanc; vallée de Barberine; Saint-Roch sur Sallanches; le bois de Bray sur Passy. Plante spéciale aux terrains calcaires jurassiques. Je ne l'ai jamais observée ailleurs. Alt. 1500 à 2500 m. Juillet-août.

a) hirsuta DC. — Feuilles très-velues, blanchâtres, à lanières courtes.

b) mutellinoides DC. — Plante beaucoup plus développée, 2 décimètres de haut, feuilles longuement pétiolées, à lanières étroites, allongées; tiges simples, non rameuses. Très-jolie variété des pentes arides du versant méridional du Cramont sur Pallevieux.

22. **Trochiscanthes Koch.** (Trochiscanthe.)

732 (1) — *nodiflorus Koch.* (T. nodiflore.) — Lieux boisés de la région inférieure, sur les confins nord-est de nos limites : Epinassay, Port-Valais et près de Pissevache. Je l'ai aussi reçue des environs de Martigny par M. Stassner. Juin-juillet.

23. **Silaus Bess.** (Silaus.)

733 (1) — *pratensis Bess.* (S. des prés.) — Les prés de la région inférieure : dans tout le bassin de l'Arve et les limites comprises dans ce *Guide :* la Combe; Martigny, etc. Juin-juillet.

24. **Meum Tournef.** (Méum.)

734 (1) —*athamanticum Jacq.,* — *Athamanta Meum L.*
(M. athamante.) —Les pâturages secs de la région supérieure :
abondante au col de Voza; à l'ouest du Pavillon; base du
Mont-Lachat; la Thiolaz sous le Pavillon de Bellevue; entre
Saint-Pierre et la Cantine de Proz et à quelques minutes avant
la Cantine, au-dessus de la route; Prarion. Entre 1500 et 1600
m. Juin-juillet.

735 (2) — *Mutellina Gœrtn.* (M. Mutelline.) — Fréquent
dans les pâturages de la région supérieure et accidentellement
dans la moyenne : en face de Chamonix au pied de la Coudraz; les Ingolerons en face des Barats; sommet de la montagne
de Taconnaz; sur les deux versants de la chaîne des Aiguilles-
Rouges; au lac Cornu; à la Floriaz; à Plampraz; au Brevent;
au-dessus de la Flégère; au col de Balme; le long de la Mer
de Glace entre le Montanvert et l'Angle; à Lognan; la Tapiaz;
le Liapet, etc., entre 1050 et 2500 m. Juin-juillet.

736 (3) — *adonidifolium Gay., in Bull. Soc. bot. de
France.* (M. à feuilles d'Adonis.) — Cette forme tient du *M.
Mutellina* et du *M. athamanticum :* base des couloirs des
Ingolerons, en face de Chamonix, derrière le hameau des Praz-
Conduits. Juin-juillet.

25. **Gaya Gaud.** (Gaya.)

737 (1) — *simplex Gaud.,* — *Laserpitium simplex L.* (G.
simple). — Les pâturages graveleux de la région supérieure :
au col de Balme où il est abondant ainsi qu'à Charamillon; aux
Pozettes; à Pierre-Pointue; arête de la Griaz; col des Hautes-
Anthannes; sur les deux versants de toute la chaîne des Aiguilles-Rouges; au Brevent; à la Floriaz; Chauru; Plampraz;
col Cormet; col de Berard; val de Montjoie; à Tricot, etc., depuis le col d'Enclave aux Mottets; passage d'Entre-le-Mont-
Blanc-Rageat sur le Chapiu; sous le Bonhomme; Tré-la-Tête;
la Seigne; l'Allée-Blanche; le grand Saint-Bernard; col de Ferret, etc., entre 2000 et 2400 m. Juillet-août.

26. **Selinum L.** (Sélin.)

738 (1) — *carvifolia L.* (S. à feuilles de Carvi.) — Les
lieux marécageux et les prés inondés de la région inférieure
du bassin de l'Arve, entre Cluses et Saint-Martin. Alt. : 450 à
600 m. Juillet-août.

27. **Angelica L.** (Angélique.)

739 (1) — *sylvestris L.* (A. des bois.) — Commune le long des ruisseaux et des eaux courantes de la région inférieure du bassin de l'Arve, du Giffre et de la Dranse : à Martigny; au Brocard, etc., entre 450 et 600 m. Juillet-septembre.

28. **Peucedanum L.** (Peucédane.)

740 (1) — *Cervaria Lap..* (P. des cerfs.) — Lieux pierreux incultes des régions inférieure et moyenne : bassin de l'Arve à Ponchy près de Bonneville; bassin de la Dranse d'Entremont; autour du château de la Bàtiaz; le long de la Dranse d'Abondance; entre 450 et 600 m. Juillet-août.

741 (2) — *Oreoselinum Mœnch.* (P. des montagnes.) — Lieux pierreux et graveleux de la région moyenne : aux Chauderons; à Hortaz; bassin de la Dranse d'Entremont près du château de la Bàtiaz et sur les Marques. Juillet-septembre.

742 (3) — *venetum Koch., — Selinum venetum Sprengl.. — Cervaria alsatica albiflora Gaud.* (R. de Venise.) — Lieux buissonneux de la région inférieure, vers nos limites du nord-est : Rive gauche de la Dranse, vignes de Ravoire sur les Marques. Seule localité connue dans notre périmètre. Juillet-septembre.

743 (4) — *austriacum Koch.* (P. d'Autriche.) — Pâturages escarpés des régions moyenne et supérieure : bassin supérieur de l'Arve; Mont-Roch; le Tour; au pied des Pozettes; au Reposoir; au Brezon; Abondance; Samoëns; Saint-Jeoire; col des Aravis; La Clusaz; Tours Saillères, entre Sixt et le Valais; Salvan, etc. Entre 1200 et 1500 m. Juillet-août.

744 (5) — *palustre Mœnch., — Selinum palustre L., — Thysselinum palustre Hoffm.* (P. des marais.) — Marécages du bassin moyen de l'Arve : entre le Fayet et Saint-Martin et à Megevette (Puget); en montant au col de Balme; Entre les Champs, etc. Juillet-août.

745 (6) — *Ostruthium L., — Imperatoria Ostruthium L.* (P. Impératoire.) — Lieux buissonneux et humides, entre la région moyenne et la supérieure : aux Couverets; à Hortaz; aux Pèlerins; entre la cascade du Dard et celle des Pèlerins; sous les chalets de la Corne, de Katrafort et de la Paraz; au Mont-Lachat; en montant au col de Balme, le long des Arves; Entre les Champs; Montanvert; Mer de Glace; la Grande-Chenaz; au Saint-Bernard : la Pierraz. la Baux, etc., entre 1050 et 2000 m. Juillet-août.

29. **Pastinaca L.** (Panais.)

746 (1) — *pratensis Jord.,* — *sativa L.* (P. des prés.) — Lieux frais des prés de toute la région inférieure, après la récolte des foins : bassin inférieur de l'Arve et de la Dranse; à Martigny; à Lully, et dans la vallée d'Abondance (Puget). Juillet-août.

747 (2) — *opaca Bernh.* (P. opaque.) — Bord des bois de la région inférieure : Habère-Lullin; parmi les broussailles et les berges de la Boëge et de l'Arve. Août.

30. **Heracleum L.** (Berce.)

748 (1) — *Sphondylium L.* (B. Brancursine.) — Très-commune dans toutes les prairies de la plaine et de la région moyenne. Juin-août.

749 (2) — *Panaces L.,* — *montanum Schleich.* (B. de montagne). — Lieux rocailleux, parmi les broussailles et les grandes herbes : Lully; Abondance; bassin supérieur de l'Arve; au Tour; en descendant du Platet, sous la Charbonnière; entre 700 et 1400 m. Août.

31. **Laserpitium L.** (Laser.)

750 (1) — *latifolium L.* (L. à larges feuilles.) — Rochers escarpés et herbeux de la région moyenne : au Keyzet sous le Brevent; sous le Platet; les flancs de Pormenaz sur la Dioza; tout le bassin moyen de l'Arve jusqu'au Tour et sous le col de Balme; au Chapiu, etc., entre 600 et 1600 m. Juin-août.

b) asperum Gaud. — Pavillon de Bellevue; à Vailly et à Reyvroz.

751 (2) — *Siler L.* (L. Siler.) — Lieux rocailleux des trois régions : Argentière et toute la rive droite de l'Arve jusqu'à Servoz; Bocher; Sainte-Marie; le Bouchet; assez fréquente aux Chauderons, sous le Brevent et au bord de la Dioza; au Chapiu; dans la forêt des Plânes sur le Chapiu; Contamines, etc.; à Pallevieux, en montant au Cramont; à Eleva; entre 700 et 1400 m. Juin-août.

b) nana. — Plante ayant au plus, racine et tige comprises, 10 centimètres de longueur; ombelle sphérique à 15 ou 20 rayons; pédicelles faiblement striés; folioles linéaires lancéolées dans leur pourtour, à segments lancéolés, mucronés et non cunéiformes; fleurs légèrement rosées. Rochers d'Arbeyron et Aiguille de Varens.

752 (3) — *Panax Gouan.*, — *Halleri Vill.* (L. hérissé.) — Les pâturages secs, arides, de toute la région moyenne : les Chauderons; les Pâquis; les rochers entre le Pertuis et le Parchat; sous Plampraz; autour du hameau de La Joux; au Lavancher; Entre les Champs; en montant au col de Balme ; au Mont-Lachat; combe de la Floriaz sur les Aiguilles-Rouges et aux deux versants de toute cette chaîne; Trient; Bourg-Saint-Pierre; Saint-Bernard, à la Baux et à la Pierraz : entre 1050 et 2200 m. Juin-juillet.

753 (4) — *prutenicum L.* (L. de Prusse.) — Lieux frais argileux des régions moyenne et inférieure du bassin de l'Arve : Servoz; Passy et toute la vallée jusqu'à Cluses; entre Saint-Gervais et Bionnay. Juillet-août.

32. **Daucus L.** (Carotte.)

754 (1) — *Carota L.* (C. commune.) — Commune dans les régions inférieure et moyenne : aux Chauderons; au Bouchet; à Hortaz, etc., etc. Juin-septembre.

33. **Orlaya Hoffm.** (Orlaya.)

755 (1) — *grandiflora Hoffm.*, — *Caucalis grandiflora L.* (O. à grandes fleurs.) — Lieux graveleux secs et arides de la région des moissons : les Marques sur la Dranse d'Entremont; à Sembrancher et à Orsières, entre 500 et 600 m. Mai-juin.

34. **Caucalis L.** (Caucalide.)

756 (1) — *daucoides L.* (C. fausse-Carotte.) — Lieux graveleux secs des champs du bassin inférieur de l'Arve et de la Dranse de Martigny : entre Annemasse et Collonge sous Monthoux; à Sembrancher; à Orsières et en montant le col du Levron depuis l'Entremont. Juin-juillet.

35. **Torilis Adans.** (Torilis.)

757 (1) — *Anthriscus Gmel.*, — *Tordylium Anthriscus L.* (T. Anthrisque.) — Commun le long des chemins de la région des cultures : bassin inférieur et moyen de l'Arve et de la Dranse; à Orsières; près de Saint-Rémy sous le grand Saint-Bernard. Juin-juillet.

758 (2) — *helvetica Gmel.* (T. helvétique.) — Commun dans les champs après la moisson : bassin de l'Arve, de la Dranse, etc., entre 450 et 600 m. d'alt. Juillet-août.

36. **Scandix L.** (Scandix.)

759 (1) — *Pecten-Veneris L.* (S. Peigne-de-Vénus.) — Lieux rocailleux secs de la région des moissons : bassin moyen et inférieur de l'Arve, de la Dranse de Martigny et de la Doire de Courmayeur; champs à Orsières, Sembrancher et Courmayeur. Juin-juillet.

37. **Anthriscus Hoffm.** (Anthrisque.)

760 (1) — *sylvestris Hoffm.*, — *Chœrophyllum sylvestre L.* (A. sauvage.) — Très-fréquent dans les prés et les vergers de la région des cultures : bassin moyen de l'Arve, Passy, le Fayet, Sallanches, etc. Avril-mai.

b) *alpestris Koch.* — Escarpements des flancs de Pormenaz; Servoz; en montant au col de Balme par les Arves. Juillet.

761 (2) — *cerefolium Hoffm.* (A. Cerfeuil.) — Plante étrangère, cultivée pour l'usage culinaire; elle se répand spontanément dans le bassin moyen et inférieur de l'Arve. Mai-juin.

38. **Chærophyllum L.** (Cerfeuil.)

762 (1) — *Cicutaria Vill.* (C. fausse-Cicutaire.) — Les bois ombragés et humides, le long des petits filets d'eau dans les régions inférieure et moyenne : Lavouct d'Abondance; Vailly; Revvroz (Puget); Orsières; Saint-Rémy sous le Saint-Bernard. Juillet.

763 (2) — *hirsutum Vill.*, — *Villarsii Koch.* (C. hérissé.) — Commun dans les pâturages boisés de toute la région moyenne : autour de Chamonix; au Bouchet; aux Couverets; aux Nants; aux Praz; aux Bois; à Hortaz; au col de Balme, etc., entre 800 et 1500 m. d'alt. Juin-juillet.

b) *rosea.* — Corolle d'un beau rose : à Hortaz.

764 (3) — *elegans Gaud.* (C. élégant.) — A la Pierraz, versant nord du grand Saint-Bernard. Seule localité connue. Juillet.

765 (4) — *aureum L.* (C. doré.) — Les pâturages ombragés et rocailleux de toute la région moyenne : autour de Chamonix; aux Nants; à Hortaz; à Katrafort; à la Paraz, par le couloir qui longe le sentier conduisant à Pierre-Pointue; le Reposoir, etc. Juin-juillet.

39. **Myrrhis Scop.** (Myrrhis)

766 (1) — *odorata Scop.* (M. odorant.) — Prairies de la
région moyenne: Habère-Lullin; au Brezon; Mont des Granges
et de Vacheresse; à la Molard; aux Moussons; sous le Brevent:
à Trient et à la Combe sur Martigny. Juin-juillet.

40. **Conium L.** (Ciguë.)

767 (1) — *maculatum L.* (C. tachetée.) — Les décombres
et sur le bord des chemins de la région inférieure du bassin de
l'Arve et de la Dranse : à Aranthon et à Martigny. entre 450
et 500 m. Juillet-août.

43ᵉ famille — ARALIACÉES

1. **Hedera L.** (Lierre.)

768 (1) — *Helix L.* (L. grimpant.) — Arbuste grimpant sur
les vieux murs et contre les arbres dans la région inférieure
du bassin de l'Arve et de la Dranse : rochers et vieux murs
entre Chêde et Marignier; environs de Martigny, entre 450 et
600 m. Octobre.

44ᵉ famille — CORNÉES

1. **Cornus L.** (Cornouillier.)

769 (1) — *mas L.* (C. commun.) — Les broussailles entre
la région inférieure et la région moyenne : à Servoz et à la
Combe de Martigny. Avril-mai.

770 (2) — *sanguinea L.* (C. sanguin.) — Très-commun
dans les buissons de la région inférieure : bassin de l'Arve et
de la Dranse, notamment à Servoz, à Passy, au Fayet, aux
Plagnes, etc.; entre 500 et 800 m. Mai-juin.

45ᵉ famille — LORANTHACÉES

1. **Viscum L.** (Gui.)

771 (1) — *album L.* (G. commun.) — Parasite sur les arbres fruitiers et plus rarement sur les pins et les sapins. Dans
certaines localités, le gui étouffe les arbres et exerce particulièrement ses ravages sur les pommiers. Il est surtout abondant sur tous les arbres autour de Bovernier, dans la forêt de
la Fory, même sur le pin sylvestre. Mars-avril.

46ᵉ famille — CAPRIFOLIACÉES

1. Adoxa L. (Adoxe.)

772 (1) — *Moschatellina L.* (A. Moscatelline.) — Lieux ombragés le long des haies ou des filets d'eau, dans toute la région inférieure et s'élevant même jusqu'à la région moyenne : au Liapet; au pied de la Coudraz; le long du Bethys; à Hortaz; au Chatelard, etc. Mai.

2. Sambucus L. (Sureau.)

773 (1) — *Ebulus L.* (S. Hièble.) — Le long des chemins et des champs humides de la région inférieure : bassin inférieur de l'Arve; entre Bovernier, Sembrancher, Orsières et jusqu'à Liddes; vallée de la Doire supérieure, près de Courmayeur; entre 450 et 700 m. Juillet.

774 (2) — *nigra L.* (S. commun.) — Commun dans les haies et les buissons, dans les régions inférieure et moyenne : vallées de l'Arve, du Trient, d'Entremont; à Courmayeur; val Montjoie et surtout à Servoz. Il dépasse rarement 1050 m. Juillet.

775 (3) — *racemosa L.* (S. à grappes.) — Bord des bois dans toute l'étendue de la région moyenne : les Montées entre Servoz et Chamonix; aux Couverets; abondant à Hortaz; à la Molard; à Taconnaz; à la Griaz; aux Houches; à Valorsine; val de Trient; Combe de Martigny; val d'Entremont, entre Bourg-Saint-Pierre et la Cantine de Proz; Courmayeur. Entre 900 et 1200 m. Mai.

3. Viburnum L. (Viorne.)

776 (1) — *Lantana L.* (V. Mancienne.) — Buissons de la région inférieure, s'élevant rarement au-dessus de 900 m. Elle est très-abondante à Servoz avec la suivante. Mai-juin.

777 (2) — *Opulus L.* (V. Obier.) — Lieux buissonneux humides de la région inférieure : aussi fréquente que la précédente à Servoz et dans tout le bassin inférieur de l'Arve. Mai-juin.

4. Lonicera L. (Chèvrefeuille.)

778 (1) — *Periclymenum L.* (C. des bois.) — Assez fréquent dans les bois et les haies de la région inférieure, notamment à Servoz; à Trient; à la Combe de Martigny, etc., etc.; environs de Courmayeur. Juin-juillet.

779 (2) — *Xylosteum L.* (C. des haies.) — Commun dans les taillis; il occupe une zone verticale très-étendue, entre 450 et 1500 m. d'altitude : fréquent à Servoz; à Chamonix; Entre les Champs; Trient; le Chatelard près de la Tête-Noire; le Brocard; la Combe de Martigny; Entremont et les environs de Courmayeur. Mai-juin.

780 (3) — *nigra L.* (C. noir.) — Pâturages buissonneux de la région moyenne, s'élevant jusqu'à la région supérieure : extrêmement abondant sur les flancs de Pormenaz tournés vers la Dioza et le long de cette rivière, versant nord des Aiguilles-Rouges; au Biolet, en face de Chamonix; au Liapet; au Cougnon; à Valorsine; en montant à la cascade de Berard et à celle de Barberine; sur la route de la Tête-Noire; en montant le col de la Forclaz sur Trient; entre Fourtz et Bourg-Saint-Pierre; entre 1050 et 1500 m. Mai-juin.

781 (4) — *cærulea L.* (C. bleu.) — Lieux buissonneux et graveleux de la région moyenne, seulement sur quelques points : au bord de la Dioza; près des chalets du Flyet; sous Arlevé; en montant le col de la Forclaz sur Trient; entre 1050 et 1200 m. Mai-juin.

782 (5) — *alpigena L.* (C. des Alpes.) — Lieux buissonneux entre la région moyenne et la supérieure : aux Ayers sur Servoz; au pied des rochers du Platet; à la Charbonnière; base de Pormenaz sur Servoz; montagne de la Corne; près des cascades du Dard et des Pèlerins; sur la route de la Tête-Noire, entre l'église de Valorsine et Barberine, en face de la cascade. Entre 1200 et 1500 m. Mai-juin.

5. **Linnæa Gron.** (Linnée.)

783 (1) — *borealis L.* (L. boréale.) — Cette charmante plante, dédiée au plus grand des botanistes, existait dans une forêt de sapins, non loin de Chamonix; elle a disparu avec les arbres qui la protégeaient. Je fis en juillet 1876 une course pour la cueillir, mais il m'a été impossible d'en retrouver la moindre trace.

47ᵉ famille — **RUBIACÉES**

1. **Galium L.** (Gaillet.)

784 (1) — *Cruciata Scop.* (G. Croisette.) — Le long des chemins de la région inférieure; très-répandu dans tout le bassin de l'Arve, de la Dranse de Martigny et de la Doire-Baltée : plaine de Sallanches; entre le Brocard et Bovernier; Sembrancher; Orsières, etc., entre 450 et 550 m. Mai-Juin.

785 (2) — *rotundifolium L.* (G. à feuilles rondes.) — Très-fréquent dans les bois de sapins des régions moyenne et même supérieure : en allant aux Pyramides des Fées sur Saint-Gervais: à Bocher; entre Servoz et Coupeau; Montagne du Fer sur Coupeau; à Contamines; Habère-Lullin; Finhaut; Gueuroz; Salvan; Tête-Noire, etc. Juin-juillet.

786 (3) — *boreale L.* (G. boréal.) — Les bois des régions moyenne et inférieure : bassin moyen de l'Arve; Servoz; vallon d'Entre les Eaux; Martigny et la Combe. Juin-juillet.

787 (4) — *verum L.* (G. jaune.) — Très-commun partout dans les régions inférieure et moyenne. Juin.

788 (5) — *eminens Gr. et God., — verum ochroleucum Gaud.* (G. éminent.) — Dans la région inférieure, vers les limites nord-est de notre circonscription : à Plânadry de Sembrancher (Favre). Juillet.

789 (6) — *sylvaticum L.* (G. des bois.) — Les bois de la région inférieure du bassin de l'Arve et de la Dranse; Servoz; Saint-Gervais; le Fayet, etc. Juin-juillet.

790 (7) — *elatum Thuill.* (G. élevé.) — Commun dans les bois et les lieux rocailleux des régions inférieure et moyenne : en allant au Pavillon de Bellevue; autour de Chamonix; les Chauderons; sous le Brevent; Bocher et Servoz. Juillet-août.

791 (8) — *erectum Huds., — lucidum Gaud.* (G. dressé.) — Lieux rocailleux, éboulis et ravines du col de Vozaz; Pavillon de Bellevue, versant ouest tourné vers Bionnassay; Montagne de la Côte et des Pèlerins. Juillet.

b) cinereum Gaud. — A la Bâtiaz sur Martigny.

c) rigidum Vill. — Tiges raides, ayant jusqu'à 30 centimètres de longueur; feuilles linéaires : forêt des Pèlerins.

792 (9) — *myrianthum Jord* (G. à petites fleurs). — Pâturages rocailleux et buissonneux de la région moyenne, vers les limites nord de notre circonscription : Dent-d'Oche et Louet (Puget). Juillet.

793 (10) — *sylvestre Poll.* (G. sylvestre.) — Lieux secs, forêts des régions moyenne et supérieure de notre champ d'exploration : bassin de la Dioza derrière le Brevent; derrière le hameau de Mont-Roch; en montant au Chapeau et au pied de cette montagne. Juin-juillet.

a) commutatum Jord. — Coupeau et Argentière.

b) montanum Vill., — læve Thuill. — Fréquent dans toute la région moyenne, par exemple au Bouchet; à Hortaz; à Coupeau, etc. Juillet.

c) anisophyllum Vill. — Pàturages rocailleux de la région moyenne : fréquent aux environs de Chamonix; à Hortaz; au Bouchet; à Argentière; à la Dent-d'Oche; au Mont-Cubit; sur Bellevaux, entre 1050 et 2000 m. Juin-juillet.

d) tenue Vill. — Les pâturages rocailleux de la région supérieure, au nord de la chaîne : à Charamillon sous le col de Balme; Chamonix; Mont Catogne du col de Balme; sur la moraine du glacier d'Anolet et de Beujean; autour des chalets de Barberine; sommet du Brevent; vallon d'Entre les Eaux; Golèze; Buet; sur le calcaire entre 1500 et 2200 m. Juillet-août.

e) glacialis. — Moraine de la Mer de Glace. Septembre 1861.

794 (11) — *palustre L.* (G. des marais.) — Très-commun dans les marécages des régions inférieure et moyenne : au Bouchet de Servoz et à celui de Chamonix; Valorsine; Trient; en allant au col de Balme; sur le Tour; entre 800 et 1500 m. d'alt. Août-septembre.

795 (12) — *elongatum Presl.* (G. allongé.) — Les marécages des régions inférieure et moyenne du bassin de l'Arve : berges de l'Arve à Servoz; aux Praz et au Bouchet. Juillet-août.

796 (13) — *uliginosum L.* (G. aquatique.) — Commun dans les prés humides des régions inférieure et moyenne, par ex. au Bouchet, à Servoz, etc.; monte jusqu'à 1250 m. d'altitude. Juillet-août.

797 (14) — *Aparine L.* (G. Gratteron.) — Très-fréquent dans les moissons et surtout dans les champs de lin de toute la région des cultures. Juin-septembre.

798 (15) — *spurium L.* (G. bâtard.) — Commun dans les lieux cultivés de toute la circonscription et particulièrement dans les linières autour de Chamonix. Août-septembre.

b). Vaillantii DC. —Fruits hispides. Lieux cultivés, champs et linières : Argentière et Valorsine, etc., etc.

799 (16) — *tricorne Withg.* (G. tricorne.) — Commun dans les moissons de toute la région des céréales. Juin-juillet.

2. Asperula L. (Aspérule.)

800 (1) — *cynanchica L.* (A. des sables.) — Lieux sablonneux, éboulis rocheux des terrains argileux dans les trois régions de notre circonscription : au col de Vozaz; en montant du Fayet au village de Saint-Gervais; fréquente aux alentours de Courmayeur; entre 450 et 1500 m. Juin-juillet.

801 (2) — *montana Rchb.* (A. de montagne.) — Lieux rocailleux des régions moyenne et supérieure, vers les limites sud-est de la chaîne : entre Etrouble et Saint-Rémy, versant sud du grand Saint-Bernard et sous les rochers de la Rappaz, entre Bovernier et Sembrancher (E. Favre). Juin-juillet.

802 (3) — *longiflora W. et K.* (A. à longues fleurs.) — Lieux arides de la région inférieure, vers les limites nord-est de la chaîne : Mont Catogne d'Entremont; Mont-Chemin (Stassner); Sembrancher. Juillet-août.

803 (4) — *tinctoria L.* (A. des teinturiers.) — Lieux arides de la région inférieure, au nord-est de la chaîne : aux Marques sur Martigny. Juin.

804 (5) — *odorata L.* (A. odorante, vulg. Hépatique étoilée.) — Commune dans les bois de la région inférieure du bassin de l'Arve et des limites nord-est de la chaîne : Chemin; la Combe de Martigny; Gueuroz; Gorges de la Dioza; aux Houches; la Forclaz de Martigny; le Fayet; Saint-Gervais et les environs de Courmayeur. Mai-juin.

805 (6) — *arvensis L.* (A. des champs.) — Lieux secs de la région inférieure, vers les limites nord-est de la chaîne : Biolay de Sembrancher (Favre); dans les champs à Chamonix; entre 500 et 1050 m. Mai-juin.

3. **Sherardia L.** (Rubéole.)

806 (1) — *arvensis L.* (R. des champs.) — Fréquent dans toute la région des cultures. Mai-octobre.

48e famille — VALÉRIANÉES

1. **Valeriana L.** (Valériane.)

807 (1) — *officinalis L.* (V. officinale.) — Lieux rocailleux, les haies et le long des ruisseaux. Commune dans les régions inférieure et moyenne de toute notre circonscription. Juin-juillet.

b) *angustifolia Tausch.* — Lieux rocailleux, buissons : aux Pèlerins; à la Montagne de la Corne et à la Paraz.

808 (2) — *dioica L.* (V. dioïque.) — Très-commune dans les prés humides et le long des ruisseaux des régions inférieure et moyenne, entre 500 et 1500 m. Mai-juin.

809 (3) — *tripteris L.* (V. à trois ailes.) — Lieux rocailleux et boisés de la région moyenne, s'élève jusqu'à la région supérieure au nord-est de la chaîne : à Trient; à Barberine; les

Plançades près de la Dranse et à Pradaz, sous la cascade. Juin-juillet.

810 (4) — *montana* L. (V. de montagne.) — Rochers graveleux des régions moyenne et supérieure; commune autour de Chamonix et de toutes les vallées comprises dans notre circonscription : à la cascade du Fouilly en face de Chamonix; à la forêt des Pèlerins; en allant au col de Balme; au Bois-Magnin sous le col de Balme; au Montanvert; à la Paraz; à Contamines; au Tricot; partout enfin dans les vallées autour du Mont-Blanc. Juin-juillet.

b) spathulata. — Cette forme tient le milieu entre la V. *montana* et la V. *saliunca;* elle a même plus de similitude avec cette dernière qu'avec la première, par ses feuilles toutes radicales, spatulées et longuement pétiolées; le corymbe plus serré, terminal; les bractéoles lancéolées linéaires et dépassant le corymbe. Tiges de 10 à 15 centimètres de haut : en montant le vallon du Chapiu et le Trocet-Blanc sur Courmayeur. Je l'ai cueillie en juillet 1858.

811 (5) — *saliunca* All. (V. d'Allioni.) — Les rocailles des sommités du Mont-Méry sur Sallanches; un peu avant la cheminée qui ouvre le passage pour descendre sur Sallanches; à la Pointe-Percée, sur le versant tourné vers Sallanches. Terrain calcaire; entre 2000 et 2300 m. Juillet-août.

812 (6) — *celtica* L. (V. celtique.) — Lieux rocailleux de la région supérieure, vers les limites sud-est de la chaîne : pentes de la base du Mont-Mort; au-dessus du lac du grand Saint-Bernard où je l'ai cueillie en compagnie de M. Reuter en août 1851 et quelques années plus tard dans la société de MM. de Jouffroy et le révérend chanoine Tissière. Allioni l'indique également aux environs de Courmayeur, où je n'ai pas eu la chance de la rencontrer. Alt. 2450 m. Terrain cristallin. Août.

2. **Valerianella Poll.** (Mâche.)

313 (1) — *olitoria Mœnch.* (M. commune.) — Commune dans les cultures, surtout dans le bassin moyen de l'Arve : Passy; Sallanches, etc. Avril-mai.

814 (2) — *carinata Lois.* (M. canaliculée.) — Commune dans les cultures : bassin inférieur de l'Arve, par exemple entre Passy et Bonneville, et sur toute la rive droite de l'Arve. Avril-mai.

815 (3) — *Auriculata DC.* (M. Oreillette.) — Dans les champs du bassin de la Dranse inférieure et de l'Arve, entre Sallanches, Passy, Chède et le Fayet. Juin-juillet.

816 (4) — *Morisonii DC.*, — *dentata Poll.* (M. de Morison.) — Mêmes stations et limites que les précédentes : vallées de l'Arve et de la Dranse d'Entremont; Martigny, etc. Juin-juillet.

49ᵉ famille — DIPSACÉES

1. Dipsacus Tournef. (Cardère.)

817 (1) — *sylvestris Mill.* (C. sauvage.) — Commun le long des chemins de la région inférieure et s'élevant jusqu'à la région moyenne : dans tout le bassin de l'Arve, du Trient, de la Dranse de Martigny, du Bonnant, etc., etc. Juillet-août.

2. Cephalaria Schrad. (Céphalaire.)

818 (1) — *pilosa Gren. et Godr.*, — *Dipsacus pilosus L.* (C. poilue.) — Lieux ombragés humides de la région inférieure du bassin de l'Arve et de la Dranse : à Martigny; entre la Croix et le Brocard et jusqu'à Bovernier; entre Genève et Bonneville; Scionzier; Ponchy; Saint-Gervais-les-Bains et Servoz. Juillet-septembre.

819 (2) — *alpina Schrad.* (C. des Alpes.) — Lieux rocailleux et buissonneux de la région moyenne et jusqu'à la région supérieure : au Reposoir dans le bassin de l'Arve; entre le col de la Forclaz et le Bois-Magnin; dans le bassin du Trient; sous le col de Balme à son revers nord (Michaud), à gauche du Clapey d'entre le Châtel; vers les Plans près du Chapiu; Bellevaux, en entrant dans la gorge du vallon (Puget); entre 1200 et 1500 m. Août-septembre.

3. Knautia Coult. (Knautie.)

820 (1) — *arvensis Coult.*, — *Scabiosa arvensis L.* (Kn. des champs.) — Très-commune dans les prés et les champs dans toute l'étendue de la région des céréales; entre 450 et 1500 m. d'alt. Juillet-août.

821 (2) — *sylvatica Duby*, — *Scabiosa sylvatica L.* (Kn. des bois.) — Fréquente dans les bois et les lieux herbeux ombragés des régions moyenne et supérieure : au bord de la Dioza sous Pormenaz; le sommet de Pormenaz, ainsi qu'aux flancs de cette montagne qui dominent la Dioza; les rochers de la Croix de Fer au col de Balme; autour des chalets de Catogne; sur Tête-Noire; aux Jeurs; vallée du Trient; sous le Bois-Magnin; la Forclaz; Salvan; Entremont; versant nord du grand Saint-Bernard, entre Bourg-Saint-Pierre et la Cantine de Proz; val de Ferret; val de Montjoie; Nant Bourant, etc. Juillet-août.

822 (3) — *longifolia Koch,* — *Scabiosa longifolia* W. *et Kit.* (Kn. à longues feuilles). — Diffère de la précédente par l'absence de poils dans les parties inférieures; ses feuilles sont coriaces, lancéolées, acuminées, étroites et peu dentées, longuement atténuées en pétiole : Mont-Lachat; au Pavillon de Bellevue; à Pormenaz; vallée d'Abondance vers Corbier; entre 1500 et 2000 m. Juillet-août.

823 (4) — *tomentosa Payot,* — *Scabiosa Chamoniana Nob.* (Kn. tomenteuse.) — Cette forme, que je ne puis identifier avec les précédentes, me paraît constituer une bonne espèce. Elle a quelques affinités avec la *Kn. longifolia Koch* par ses capitules très-petits, aplatis, portés sur un long pédoncule (20 centimètres), très-tomenteux, entremêlés de poils plus longs, deux fois bifides, avec deux bractées à chaque intersection, largement ovales-acuminées; involucre à folioles ovales-acuminées; involucelles peu serrés; feuilles larges et allongées (8-10 centimètres), appliquées contre la tige, lancéolées-acuminées, à dents régulières peu profondes, parsemées de quelques poils en-dessus, très-cotonneuses-tomenteuses en dessous, d'une teinte glauque-blanchâtre, opposées, les inférieures longuement pétiolées, les caulinaires supérieures sessiles, embrassantes, les verticilles moyens (4-6) avec oreillettes; tige mesurant de 40-80 centimètres. Elle se distingue à distance par son port élevé et on ne peut la confondre avec aucune autre du même genre : les pâturages rocailleux des bords de la Dioza, derrière le Brevent sous Arlevé, entre 1200 et 1500 m. Terrain cristallin. Août.

4. Scabiosa L. (Scabieuse.)

824 (1) — *Columbaria L.* (Sc. Colombaire.) — Commune dans les prés et à la lisière des bois dans les trois régions : les pâturages de Pierre-Ronde; à Bionnassay et sous le Bois-Rond; sous le Platet; à la Charbonnière; à Pormenaz sur Servoz; coteaux des ravins du Chatelard; sur le Chapiu; Martigny; la Croix et dans l'Entremont, etc. Juin-août.

b) *patens Jord.,* — *Columbaria b. pachycarpa Gaud.* — Diffère du type par ses pédoncules plus grêles et plus étalés, ses capitules plus petits, ses feuilles plus finement divisées et plus velues, obtuses au sommet et molles. Lieux graveleux des régions moyenne et supérieure : les prés secs aux Chauderons sur Chamonix; en montant au col de Balme; Habère-Lullin (Puget).

825 (2) — *lucida Vill.* (Sc. luisante.) — Pâturages et pen-

tes escarpées de la région supérieure : en allant au col de Balme, le long des escarpements qui dominent les sources de l'Arve; à la Croix de Fer près du col de Balme; à Pormenaz; entre le col de Vozaz et le Pavillon de Bellevue; flanc du Mont Catogne sur les Herbagères; sous le col de Balme (septembre 1860); pâturages de Villy sous le col de Salenton; en traversant depuis le chalet du Campoz à l'Aiguille-Noire sur Pormenaz; au pied de la Tour, à la montagne de la Côte. Terrain calcaire. Juillet-septembre.

b) extra-alpina. — Plante naine, acaule et si petite qu'elle ne dépasse pas 5 centimètres : sommet de Pormenaz et des Becs-Rouges. Terrains calcaires.

c) alpestris Jord. — Pâturages élevés, sur le terrain cristallin : Roc d'Enfer; Gros Béchard sur la montagne des Faux; sous l'Aiguille du Goûté et aux Grands-Mulets. Alt. environ 2200 à 2300 m. Septembre.

d) brigantiaca Jord. — Pâturages secs du revers sud-ouest de la chaîne : bassin inférieur du Grignon (Perrier).

c) pratensis Jord. — Bassin inférieur de l'Arve aux confins de nos limites sud-ouest : au-delà de la Roche.

Obs. La *S. lucida Vill.* a été subdivisée en un grand nombre d'espèces par suite de sa grande variabilité selon l'altitude, le terrain sur lequel elle vit, etc., entre 450 et 2500 m.

826 (3) — *Succisa L.* — *Succisa pratensis Mœnch.* (Sc. Mors-du-Diable.) — Endroits humides depuis la région inférieure jusqu'à la région moyenne : Finhaut; Salvan; Chatelard; Sembrancher, etc. Juillet-août.

50ᵉ famille — COMPOSÉES

CORYMBIFÈRES.

1. **Eupatorium L.** (Eupatoire.)

827 (1) — *cannabinum L.* (E. à feuilles de Chanvre.) — Depuis la région inférieure jusqu'à la moyenne, dans toute l'étendue de notre circonscription : les bois de Servoz et de Bocher, jusqu'à Sainte-Marie; entre 480 et 850 m. Juillet.

2. **Adenostyles Cass.** (Adenostyle.)

828 (1) — *albifrons Rchb.,* — *Cacalia albifrons L.* (A. velu.) — Pâturages et rochers humides des régions moyenne et supérieure : en montant au col de Balme; endroits buissonneux et humides à Katrafort; Amosson; vallée de la Dioza;

Bionnassay; vallée de Montjoie; ruisseaux de la Tourmettaz près Domengé sur le Chapiu; assez fréquente entre 1500 et 2000 m. à l'est de la chaîne, près du chalet de la Pierraz; sous la cantine de Proz; à Marengoz. Juillet-août.

b) albiflora. — Variété à fleurs absolument blanches des lieux buissonneux humides : au bord de la Dioza sous les chalets d'Arlevé et du Flyet.

829 (2) — *alpina Bluff. et Fing.,* — *Cacalia alpina Jacq.* (A. des Alpes.) — Pas rare dans les endroits rocailleux, les éboulements ravinés, sur les rochers, les escarpements rocheux de la région supérieure et descend jusqu'à la moyenne : toute la base de la chaîne des Fys sur Servoz; les bords de la Dioza; aux Jœurs sur Tête-Noire; à Amosson; les bois du Grand-Chalet; assez fréquente dans toutes les vallées comprises à l'est et au nord de la chaîne, à Tschalaire sous le Saint-Bernard, etc. Juillet-août.

830 (3) — *leucophylla Rchb.* (A. tomenteuse.) — Lieux sablonneux et rocailleux de la région supérieure : sur les deux versants de la chaîne des Aiguilles-Rouges; à la Glière; moraines de la Mer de Glace, entre l'Angle et Entre la Porte; à Lognan sous l'Aiguille-Verte; dans toute l'Allée-Blanche, spécialement sur le terrain glaciaire siliceux; 2000 à 2400 m. Août.

3. **Homogyne Cass.** (Homogyne.)

831 (1) — *alpina Cass.* (H. des Alpes.) — Fréquente dans tous les pâturages des régions moyenne et supérieure : au Bouchet de Chamonix; aux Chauderons sur Chamonix; au Montanvert; au Chapeau; au Brevent; à la Flégère; au col de Balme; à Entre les Champs; aux Pozettes; entre 1050 et 2500 m. Juin-août.

4. **Petasites Gærtn.** (Pétasite.)

832 (1) — *officinalis Mœnch.,* — *Tussilago Petasites L.* (P. officinal.) — Prairies humides de la région moyenne : vallée de Chamonix, abondant aux Thynes; à Argentière; à Valorsine où il est cultivé pour la nourriture des vaches laitières. Les pâtres de la vallée de Chamonix donnent à cette plante le nom vulgaire de *Gravache.* Avril-mai.

b) hybrida L. — A capitules plus petits et tous femelles. Montjoie; Argentière.

c) Reuteriana Jord. — Voisin du précédent ; il en diffère seulement par ses feuilles cotonneuses à sinus plus larges, à dents plus profondes et plus irrégulières : région inférieure du bassin de l'Arve.

833 (2) — *albus Gœrtn.*, — *Tussilago alba L.* (P. blanc.) — Lieux ombragés, buissonneux, frais et humides : assez fréquent dans toute la région moyenne : en face de Chamonix, au pied du torrent du Fouilly; à Mont-Vautier sur Servoz; au pied de la Jorace et du glacier des Bois; à Hortaz; à Saint-Gervais; au Fayet; au Cougnon; au pied du Greppon; autour de Sallanches; Cheminées des Fées, etc., etc., entre 800 et 1100 m. Avril-mai.

834 (3) — *niveus Baumg.*, — *Tussilago nivea Vill.* (P. neigeux.) — Débris de rochers des trois régions : toute la base de la chaîne des Fys sur Servoz; le Mont Fréty sur Courmayeur; flancs de Pormenaz sur Ayer; à la Charbonnière; au pied des rochers du Platet; à Pissevache sur les confins des limites du nord; à Pradaz sous le Saint-Bernard; entre 450 et 2000 m. Avril-mai.

5. Tussilago L. (Tussilage.)

835 (1) — *Farfara L.* (T. commun, vulg. Taconnet, Pas-d'Ane.) — Très-répandu dans les régions inférieure et moyenne; rare ou accidentel dans la région supérieure. Mars-mai.

6. Solidago L. (Solidage.)

836 (1) — *Virga-aurea.* (S. Verge-d'or.) — Fréquent dans toutes les vallées comprises dans les limites de ce *Guide :* aux Chauderons; à Servoz; le bassin de l'Arve; Saint-Gervais; val de Montjoie, etc. Juillet-août.

b) alpestris Reut. — Se distingue du précédent par sa tige moins élevée, ses feuilles plus étroites, ses calathides plus grandes : Montanvert.

c) minuta Gaud. — Calathides encore plus grandes; tige de 10 à 15 centimètres. Sommet des deux versants des Aiguilles-Rouges.

d) cambrica Huds. — Au Chapeau.

e) serratifolia Boreau. — Chalets de Balme et du Platet (Personnat).

7. Linosyris DC. (Linosyris.)

837 (1) — *vulgaris DC.* (L. commun.) — Lieux arides et bien exposés : aux Marques sur la gauche de la Dranse, à Martigny. Août-septembre.

8. **Erigeron L.** (Vergerette.)

838 (1) — *canadensis L.* (V. du Canada.) — Originaire du Canada, cette plante est assez répandue dans les lieux sablonneux et rocailleux des terrains siliceux, notamment à la source de l'Arveyron, à Argentière, et en général dans toutes les vallées des limites de ce *Guide.* Juillet-septembre.

839 (2) — *acris L.* (V. âcre.) — Très-commune dans les lieux secs et incultes des régions inférieure et moyenne : base du Fouilly; Bouchet de Servoz et de Chamonix; Bocher; les Montées; Coupeau. Juillet-septembre.

840 (3) — *Droebachensis Mill.* (V. de Droebach.) — Diffère à peine de la précédente par ses feuilles nullement ondulées, plus longues mais plus étroites : tout le bassin inférieur de l'Arve jusqu'à la région moyenne; au Reposoir; à Courmayeur; à la base de la Saxe. Juillet-août.

b) Diffère par la tige plus grêle, rougeâtre, très-poilue; feuilles radicales plus longuement pétiolées, les caulinaires aiguës, sessiles, très-petites et rapprochées; calathides petites; panicule serrée, tricéphale, tenant le milieu entre *E. acris* et *E. Droebachensis.* Cette forme est probablement le résultat d'une hybridation.

841 (4) — *Villarsii Bell.* (V. de Villars.) — Les pâturages rocailleux et sablonneux de la région supérieure : abondante en montant au col de Balme par le sentier qui longe l'Arve; vallée du Reposoir; en montant des chalets de Pormenaz à l'Aiguille-Noire, entre les Gras et les chalets du Platet; arête de Pormenaz et le Campo, versant tourné vers la Dioza; rochers de Domengé sur le Chapiu; vallée de Ferret; à la Pierraz sous le grand Saint-Bernard; entre les cols du Bonhomme et d'Enclave; vallon d'Entre les Eaux; arête de la Griaz; flanc de l'Aiguille à Bochard, au-dessus de la Mer de Glace; entre 2000 à 2400 m. Terrain calcaire. Août-septembre.

b) rupestris Schleich., — *Villarsii albus Gaud.* — Entre la Galerie et les Trappistes près de Sembrancher; rochers près du Trient; rochers de la Saxe, sur les Bains de ce nom, près de Courmayeur.

c) intermedius Schleich. — La combe de la Floriaz sur les Aiguilles-Rouges.

842 (5) — *alpinus L.* (V. des Alpes.) — Les pâturages rocheux de la région supérieure : Montanvert; toute la vallée de la Mer de Glace; au Couvercle; au-dessus de l'Angle; col de

Balme et Mont Catogne; montagne de Taconnaz; les Rognes, sous l'Aiguille du Goûté; vallée de Ferret au midi de la chaîne; Entrèves; vallon d'Entre les Eaux; combe de la Floriaz sur le versant nord des Aiguilles-Rouges; près le hameau du Tour, entre le village et le glacier; flanc de l'Aiguille à Bochard; au Pas de l'Ours, entre Pierre-Pointue et Pierre à l'Echelle; Mont-Lachat. Entre 1200 et 2200 m.; plante des terrains siliceux, tandis que la précédente préfère les terrains calcaires. Juillet-août.

843 (6) — *glabratus Hoppe.* (V. glabre.) — Pâturages sablonneux de la région supérieure : Bionnassay; Jardin de la Mer de Glace; bassin inférieur de l'Arve, au Brezon et au Vergy. Juillet-août.

844 (7) — *uniflorus L.* (V. uniflore.) — Pâturages rocailleux et sablonneux de la région supérieure : lac des Fours et rochers d'Arbeyron; sommet de l'arête de la Griaz; col de Balme; vallon d'Entre les Eaux; montagne de la Côte sous les Grands-Mulets; à Pierre-Ronde sous l'Aiguille du Goûté; sommet du Couvercle; au Jardin, vallée de la Mer de Glace; sous l'Aiguille du Greppon; les deux versants de la chaîne des Aiguilles-Rouges; vallée de Berard; sous le glacier d'Anolet; toute l'Allée-Blanche; vallée de Ferret; au grand Saint-Bernard; les Becs-Rouges près du col de Balme; entre Pierre-Pointue et Pierre à l'Echelle, aux Rassaches, etc., entre 2000 et 2500 m. Juillet-août.

9. Aster L. (Aster.)

845 (1) — *alpinus L.* (A. des Alpes.) — Pâturages secs de la région supérieure : au Mont-Lachat; sous l'Aiguille du Goûté; au col de Balme; flanc du Mont Catogne tourné vers le Mont-Blanc et vers les rochers de la Croix de Fer; autour de l'Aiguille-Noire à Pormenaz; au Bonhomme; au passage d'Entre-le-Mont-Blanc-Rageat sur le Chapiu; rochers de la cascade d'Arpennaz; Mont-Cubit et à la Baux sous le grand Saint-Bernard. Juillet-août.

846 (2) — *Amellus L.* (A. Amellus.) — Coteaux secs de la région inférieure, aux limites nord-est de notre circonscription : les Marques sur la Dranse de Martigny, entre la Croix et la Bâtiaz; sur la Dent d'Oche. Août-octobre.

10. Bellidiastrum Cass. (Bellidiastre.)

847 (1) — *Michelii Cass.* (B. de Micheli.) — Les pâturages humides de la région moyenne : en face de Chamonix à la base de la Coudraz et au Biolet de Chamonix. Plante des terrains calcaires; entre 450 et 1500 m. d'altitude. Juin-août.

11. **Bellis L.** (Pâquerette.)

848 (1) — *perennis L.* (P. vivace.) — Commune dans toute la région inférieure : bassins de l'Arve, de la Dranse, etc. Mars-novembre.

12. **Doronicum L.** (Doronic.)

849 (1) — *Pardalianches Willd.* (D. à feuilles en cœur.) — Lieux ombragés humides : le long de la route à Vougy entre Bonneville et Scionzier, entre 500 et 600 m. Mai-juin.

13. **Aronicum Neck.** (Aronic.)

850 (1) — *Doronicum Rchb.*, — *Clusii Koch.* — (A. Doronic.)—Lieux rocailleux à la limite extrême de la végétation : près du glacier du Mont-Velan sur le Saint-Bernard, entre 2400 et 2500 m. Juillet-août.

851 (2) — *scorpioides Koch.* (A. noueux.) — Lieux sablonneux humides et débris de rochers ravinés, dans le voisinage des neiges : autour du col de Balme, entre le col, les Herbagères et les sources d'Arve, ainsi qu'à la base des Becs-Rouges; à côté de l'Aiguille du Pscheux où il est très-abondant; sur toute la chaîne des Aiguilles-Rouges; à la base de la Cheminée du Brévent; la Floriaz; la Glière; vallon d'Entre les Eaux; les pentes du Buet; sur le col de Salenton. Cette plante préfère les terrains calcaires; entre 2200 et 2400 m. Juillet-août.

14. **Arnica L.** (Arnica.)

852 (1) — *montana L.* (A. de montagne.) — Les pâturages de la région moyenne, surtout aux alentours de Chamonix, au pied du Greppon, de la Coudraz, du Liapet, de La Joux; partout enfin jusqu'à la région supérieure; entre 1000 et 2000 m. Juillet-août.

15. **Senecio L.** (Seneçon.)

853 (1) — *vulgaris L.* (S. commun.) — Commun dans les régions moyenne et inférieure de toute notre circonscription. Mars-octobre.

854 (2) — *viscosus L.* (S. visqueux.) — Très-commun dans les lieux sablonneux, rocailleux, secs, de la région moyenne : aux Chauderons; aux Places des Plans; autour de Chamonix et toutes les vallées du revers de la chaîne; entre 800 et 1200 m. Juillet-août.

855 (3) — *aquaticus Huds*. (S. aquatique.) — Commun dans les prés et les bois humides des régions inférieure et moyenne de tout notre champ d'exploration : à Servoz; au Chatelard; au Lac et dans toute la plaine de Sallanches; entre 600 et 800 m. Juillet-août.

856 (4) — *Jacobœa L*. (S. Jacobée.) — Pâturages secs et buissonneux des régions inférieure et moyenne : autour de Chamonix et de Servoz; Sallanches; Trient et toutes les vallées comprises dans nos limites; entre 600 et 1200 m. Juillet-août.

b) flosculosu- Reut. — Lieux rocailleux de la région moyenne : aux Gaillands; au Bouchet; à Hortaz; à Valorsine; au Trient, etc.

857 (5) — *erucifolius L*. (S. à feuilles de Roquette.) — Très-commun dans toute la région des cultures, au bord des champs et des chemins, principalement sur les terrains argileux. On le trouve encore à Bourg-Saint-Pierre dans l'Entremont. Août-septembre.

858 (6) — *cordatus Koch.*, — *Cineraria cordifolia Gaud*. (S. à feuilles en cœur.) — Les pâturages gras, autour des chalets des régions moyenne et supérieure : Dent du Midi; Barberine; assez abondant sous le col de Coux près des chalets; Haut des Granges; entre les cols de Coux et de Golèze; au Reposoir; au Mont-Méry; entre 1500 et 2000 m. au plus. Plante des terrains calcaires. Juillet-août.

859 (7) — *incanus L*. (S. incane.) — Gazons graveleux de la région supérieure et sur toutes les sommités comprises dans nos limites, surtout au col de Balme, sur les deux versants des Aiguilles-Rouges; vallon de la Floriaz; sous l'Aiguille du Tour; Trient; montagne de Taconnaz; col du Bonhomme; la Croix de Fer au col de Balme; les Chézerys; cime du Brevent; base de l'Aiguille de la Glière et de celle de la Floriaz; grand Saint-Bernard et col de Ferret, partout enfin sur nos montagnes entre 2000 et 2500 m. d'altitude. Juillet-août.

b) grandiflorus. — Se distingue du type par son corymbe très-grand, portant de nombreux capitules (20 à 25), par ses calathides plus grandes de moitié, étalées, par ses feuilles tomenteuses, par ses tiges beaucoup plus élevées (15-20 centimètres). Cette espèce fait exception à la règle générale : à mesure qu'elle monte plus haut sur l'alpe, elle prend un développement extraordinaire. On le trouve encore à l'extrême limite de la végétation, à une altitude de 2500 m., sur les moraines du Jardin de la Mer de Glace.

860 (8) — *nemorensis Jacq.*, — *saracenicus Gr. et Godr.*
(S. des bois.) — Les bois frais ombragés de la région moyenne,
dans presque toute l'étendue des limites de ce *Guide :* en
allant à la cascade du Fouilly; au Biolet; en montant un couloir
dans le vallon de Taconnaz; à la montagne des Faux; au
Cougnon; abondant au bord de la Dioza; à la Tête-Noire;
à Valorsine, etc. Juillet-août.

b) Fuchsii Koch. — Au bord de la Dioza.

861 (9) — *Doronicum L.* (S. Doronic.) — Escarpements
gazonnés de la région supérieure : flancs de l'Aiguille à Bochard tournés vers la Mer de Glace; toute la vallée de la Mer
de Glace; le Couvercle; les Rassaches; entre Pierre-Pointue et
Pierre à l'Echelle; à la Tapiaz; au col de Balme; base de la moraine des glaciers de Pierre-Joseph, de Miage, de l'Allée-
Blanche; Mont-Lachat; col du Bonhomme; grand Saint-Bernard à la Baux et sous Mont-Cubit; au Keyzet; sur toute la
chaîne du Brevent; Trient, etc., entre 2000 et 2470 m. Juillet-
août.

16. **Inula L.** (Inule.)

862 (1) — *Vaillantii Vill.* (I. de Vaillant.) — Taillis humides et broussailles du bassin inférieur de l'Arve : le long du
torrent du Borne près Bonneville et à Dessy (Dumont); entre
450 et 550 m. Juillet-août.

863 (2) — *Conyza DC.*, — *Conyza squarrosa L.* (I. Co-
nyze.) — Lieux rocailleux de la région des cultures : à Bocher
sur Servoz et au nord-est de la chaîne, à Vernayaz, Bovernier, Sembrancher et Orsières; entre 600 et 1000 m. Juillet-
août.

17. **Pulicaria Gærtn.** (Pulicaire.)

864 (1) — *dysenterica Gœrtn.*, — *Inula dysenterica L.*
(P. dyssentérique.) — Bord des fossés de la région inférieure
vers les limites sud et nord de la chaîne : à Naussu près Vulmix au-dessus du bourg de Saint-Maurice; à Vernayaz dans
le Bas-Valais; entre 400 et 500 m. Août-septembre.

18. **Artemisia L.** (Armoise.)

865 (1) — *Absinthium L.* (A. Absinthe.) — Lieux rocailleux de la région des cultures; extrèmement abondante dans
les régions inférieure et moyenne : bassin inférieur de l'Arve;
Bonneville; vallon du Chatelard près Saint-Gervais et surtout
au Chatelard près de la Tête-Noire; combe de la Forclaz et
dans tout l'Entremont où elle est très-répandue; à Saint-Rémy,
versant sud du Saint-Bernard. Août-septembre.

866 (2) — *vulgaris L.* (A. commune.) — Commune dans les lieux rocailleux de la région inférieure : bassins de l'Arve et de la Dranse, entre 450 et 500 m. Juillet-août.

867 (3) — *campestris L.* (A. champêtre.) — Lieux arides et sablonneux de la région inférieure : bassin de l'Arve; au bord du Nant du Dard; près Bonneville sous le Môle; entre 400 et 500 m. Juillet-août.

868 (4) — *Abrotanum L.* (A. Aurone.) — Plante étrangère, cultivée dans les jardins de Bovernier, Sembrancher et Orsières. Septembre.

869 (5) — *Dracunculus L.* (A. Estragon.) — Plante étrangère, cultivée dans les jardins pour l'usage culinaire. Août-septembre.

870 (6) — *Mutellina Vill.* (A. Mutelline, vulg. Genépi.) — Fissures de rochers à la limite extrême de la végétation; sur presque toutes les montagnes comprises dans notre circonscription : sur les sommités de toute la chaîne des Aiguilles-Rouges; la Floriaz; l'Aiguille à Bochard; les Rassaches entre Pierre à l'Echelle et le glacier de l'Aiguille du Midi; moraine du glacier de Pierre-Joseph; moraines du glacier de Beujean; vallons d'Entre les Eaux et de Bionnassay; montagne de la Côte; rochers du Mont Catogne près du col de Balme; sommet de Taconnaz; au-dessus de Pierre à Bérard; entre 2300 et 2500 m. Juillet-août.

871 (7) — *glacialis L.* (A. des glaciers). — Les rochers herbeux de la région supérieure, mais seulement sur quelques points : à la Baux; près du glacier de Proz et à l'Ardifagoz; au col de Fenêtre; à l'Allée-Blanche; au glacier du Bonhomme, etc.; entre 2400 et 2500 m. Juillet-août.

872 (8) — *spicata Wulf.* (A. en épi.) — Fissures de rochers rocailleux dans la région supérieure, sur les deux revers de la chaîne : vallons du Vieux-Emousson et d'Entre les Eaux ; cols du Bonhomme et de la Hyoulaz au Cramont; sommet du col de la Seigne; col de la Portette; sur la chaîne des Fys; Aiguilles-Rouges; col de Fenêtre près du grand Saint-Bernard; col de Menouve et Roches-Polies; rochers de Neuve au Chapiu; entre 2200 et 2400 m. Juillet-août.

873 (9) — *nana Gaud., — helvetica Schleich.* (A. naine.) — Sur les rochers de la région supérieure, au sud-ouest de la chaîne : entre le col d'Enclave et le Bonhomme, à 2400 m. Juillet-août.

874 (10). — *valesiaca All.* (A. du Valais.) — Sur les co-

teaux secs voisins des limites géographiques de notre circonscription : coteaux de Fully et sur les bords du torrent de
Quart dans la vallée d'Aoste. Septembre-octobre.

19. **Tanacetum L.** (Tanaisie.)

875 (1) — *vulgare* L. (T. commun.) — Plante généralement cultivée; on la trouve aussi contre les rochers du Trient.
Août-septembre.

20. **Leucanthemum Tournef.** (Leucanthème.)

876 (1) — *vulgare Lam.*, — *Chrysanthemum Leucanthemum* L. (L. commun.) — Très-abondamment répandu dans
les prés des régions inférieure et moyenne; entre 450 et 800 m.
Juillet-août.

877 (2) — *montanum DC.* (L. de montagne.) — Les pâturages et les prés de la région moyenne, surtout autour de
Chamonix où il est abondant; il monte jusqu'à la région supérieure : à Argentière; au Tour et sur les pâturages du col
de Balme; entre 800 et 1500 m. Juillet-août.

b) saxicola Koch. — Ne diffère que par la tige, de moitié
plus courte que dans le type. On le rencontre dans les pâturages rocheux, depuis la région moyenne jusqu'à la supérieure,
par exemple à la montagne de Taconnaz.

c) — Feuilles caulinaires, incisées pennatifides. Champs de
la région des cultures, mais moins répandu que le précédent.

d) — Feuilles caulinaires sessiles, très-petites, acuminées.
Vallon de Taconnaz.

878 (3) — *alpinum L.*, — *Chrysanthemum alpinum* L.
(L. des Alpes.) — Lieux rocailleux, sablonneux et secs depuis
la région moyenne jusqu'à l'extrème limite de la végétation;
il descend le long des torrents jusqu'à Chamonix; au Bouchet;
à la source d'Arveyron; pied du Nant du Fouilly; cascades des
Pèlerins et du Dard; col de Balme; cime du Brevent; toute la
chaîne des Aiguilles-Rouges et de la vallée de la Mer de Glace;
les deux versants de la chaîne centrale, etc. Il est fréquent
sur toutes les sommités comprises dans le périmètre de cette
flore; entre 1000 et 2500 m. Juillet-août.

b) elongatum. — Diffère du précédent par ses feuilles entièrement glabres; celles des rosettes nombreuses, allongées,
lancéolées, pennatifides, à très-petits segments linéaires; les
caulinaires très-longuement lancéolées, linéaires, non dentées;
tiges striées; nues, d'une longueur de 40-50 centimètres. Au

Bouchet, sur les sables siliceux de l'Arveyron; entre 1050 et 1100 m.

879 (4) — *corymbosum Godr. et Gren., — Chrysanthemum corymbosum L.* (L. en corymbe.) — Les bois rocailleux de la région inférieure : bassin de l'Arve entre Bonneville et Sallanches; environs de Courmayeur, etc.; entre 450 et 1050 m. Juillet-août.

880 (5) — *Parthenium Godr. et Gren., — Chrysanthemum Parthenium Pers.* (L. Matricaire.) — Vieux murs et décombres de la région inférieure : bassin de l'Arve à Bonneville; cultivée dans les jardins à Martigny, La Croix et dans l'Entremont. Juin-août.

21. **Matricaria L.** (Matricaire.)

881 (1) — *Chamomilla L.* (M. Camomille; vulg. petite Camomille, ou Camomille des champs.) — Fréquemment employée en pharmacie. Les moissons et les champs du bassin inférieur de l'Arve : à Regnier près de Bonneville et aux alentours de Martigny, La Croix, etc.; à Bourg-Saint-Pierre et Saint-Rémy. Mai-juillet.

882 (2) — *inodora L.* (M. inodore.) — Très-commune dans les champs et les cultures : Chamonix; Servoz; Montjoie; vallée de l'Entremont, etc. Juillet-septembre.

22. **Anthemis L.** (Camomille.)

883 (1) — *nobilis L., — Chamomilla nobilis Godr.* (C. noble.) — Cultivée dans les jardins du bassin de l'Arve et de la Dranse inférieure. Juillet-août.

884 (2) — *arvensis L.* (C. des champs.) — Commune dans les champs de toute notre circonscription et surtout à Chamonix. Juin-juillet.

23. **Achillea L.** (Achillée.)

885 (1) — *Millefolium L.* (C. Millefeuille.) — Commune dans les prés des régions inférieure et moyenne; s'élevant accidentellement jusqu'à la région supérieure dans toutes les vallées de la chaîne du Mont-Blanc. Août.

886 (2) — *setacea W. et Kit.* (A. sétacée.) — Endroits secs et rocailleux de la région inférieure : sur Bovernier et Sembrancher; entre 500 et 600 m. Juin-septembre.

887 (3) — *nobilis L.* (A. noble.) — Endroits secs et rocailleux de la région inférieure, vers les limites nord-est de la

chaîne : coteaux des Marques sur Martigny; val d'Entremont; en descendant le vallon de Champey sur Bovernier; environs de Courmayeur; bourg de Saint-Maurice; entre 500 et 600 m. Juin-août.

888 (4) — *dentifera DC.*, — *magna All.* (A. dentifère.) — Indiquée au Prarion par M. Personnat. J'incline plutôt à croire qu'elle n'y existe pas.

889 (5) — *Ptarmica L.* (A. sternutatoire.) — Commune dans les prés humides de la région inférieure, vers les limites nord-est de la chaîne : Martigny; les Moulins; La Croix et le bassin inférieur de l'Arve. Juillet-août.

890 (6) — *macrophylla L.* (A. à grandes feuilles.) — Dans les bois depuis la région moyenne jusqu'au sommet de celle des sapins; assez fréquente dans les forêts du revers septentrional de la chaîne : Montanvert; le Greppon, en montant au Planet; au Biolet; à la Pendant; col de Balme; Bois-Magnin; la Paraz; couloir de la montagne de Taconnaz où il atteint jusqu'à 1ᵐ40 de hauteur; entre 1050 et 2000 m. Juillet-août.

891 (7) — *nana L.* (A. naine.) — Lieux sablonneux des terrains glaciaires de la région supérieure, à la dernière limite de la végétation : abondante entre les chalets inférieurs et les supérieurs de Lognan et des Rassaches; sous l'Aiguille-Verte; autour de Pierre à l'Echelle sous l'Aiguille du Midi; sur le col de Balme; aux Becs-Rouges; à Leschaux; sur la moraine de Pierre-Joseph; vallon d'Entre les Eaux; dans l'Allée-Blanche; col de Salenton; moraine du glacier de la Tapiaz, de l'Aiguille du Midi et du Talèfre; sommet des Aiguilles-Rouges; cols d'Enclave et du Bonhomme; le Buet; le Criou; sous la Chenalettaz et à L'Ardifagoz au Saint-Bernard; entre 2000 et 2500 m. Plante des terrains siliceux. Juillet-août.

892 (8) — *moschata Wulf.* (A. musquée.) — Lieux graveleux de la région supérieure : autour de Pierre à L'Échelle sous l'Aiguille du Midi; sommet de Taconnaz; à la hauteur du village du Mont; au bord du Nant des Pèlerins; au bord de la cascade à droite du même torrent; au pied de l'Aiguille du Tour, sur la moraine droite du glacier; au pied de la Jorace; à la source de l'Arveyron; moraine droite du glacier de Bionnassay et de Tré la Tête; le Bonhomme; sur la moraine droite du glacier de Miage; dans l'Allée-Blanche où l'on indique aussi l'*A. alpina,* mais je ne l'y ai jamais trouvée ; assez fréquente au grand Saint-Bernard, autour du lac; au Criou (Puget); chaîne des Aiguilles-Rouges; au Keyzet sous le Brevent. Plante appartenant exclusivement aux terrains cristallins siliceux; entre 1050 et 2500 m. Juillet-août.

893 (9) — *hybrida Gaud.* (A. hybride.) — Forme hybride des *A. nana* et *A. moschata;* elle croît avec les parents à la dernière limite de la végétation : entre le glacier du Midi et Pierre à l'Echelle, au sommet des Rassaches; au Criou et au Buet (Puget, d'après Delavay). Appartient, comme les deux précédentes, aux terrains siliceux. Juillet-août.

894 (10) — *atrata L.* (A. noire.) — Lieux graveleux, sablonneux de la région supérieure, sur les sommités des limites nord-ouest de la chaîne : toute la chaîne; col d'Anterne ; sous le Buet; vallée de Barberine; Salanfe sous les Tours Saillères; vallon du Vieux-Emousson; entre les cols de Coux et de Golèze, près des chalets de Sardonnière. Plante appartenant exclusivement aux terrains calcaires. Juillet.

24. Bidens L.   (Bident.)

895 (1) — *tripartita L.* (B. trifolié.) — Fossés inondés de la région inférieure du bassin de l'Arve; il ne s'élève guère au-dessus de 600 m. : entre Bonneville et le Fayet, etc. Août-septembre.

896 (2) — *cernua L.* (B. penché.) — Les marécages de la région inférieure entre la base d'Anday, Ponchy et Scionzier dans le bassin de l'Arve et à Vernayaz aux confins des limites nord-est; entre 450 et 500 m. Août-septembre.

25. Buphthalmum L.   (Buphthalme.)

897 (1) — *salicifolium L.* (B. à feuilles de saule.) — Les rocailles buissonneuses en allant au Veray, au sud-ouest et au nord de nos limites; en se rendant de la base du col de Golèze sur Samoëns; au Criou sur Sixt (Puget). Juillet-août.

26. Hélianthus L.   (Hélianthe.)

898 (1) — *annuus L.* (H. annuel.) — Plante originaire du Pérou; elle est cultivée dans les jardins comme plante d'ornement. Juillet-août.

27. Gnaphalium L.   (Gnaphale.)

899 (1) — *sylvaticum L.* (G. des bois.) — Assez fréquent dans les pâturages de la région moyenne, surtout aux alentours de Chamonix; au Bouchet; aux Chauderons; à Argentière; à Entre les Champs; entre 1050 et 1500 m. Juillet-août.

b) pallescens. — Périclines à folioles d'un blanc jaunâtre, ainsi que l'involucre; grappe spiciforme, de 30 centimètres de longueur; feuilles tomenteuses sur les deux faces : aux Chauderons; au vallon de Taconnaz.

900 (2) — *norvegicum Gunn.* (G. de Norvége.) — Diffère du précédent par ses calathides plus serrées au sommet de la tige, en grappe spiciforme; par ses feuilles moins nombreuses, plus longuement atténuées en pétiole, et les caulinaires plus larges que les inférieures; toute la plante est plus tomenteuse que dans le *G. sylvaticum.* Pâturages de la région supérieure : en montant au Montanvert; aux Crautes; à Taconnaz; au Bois-Magnin sous le col de Balme; au bord de la Dioza sous Arlevé; pâturages de la Filliaz à Pormenaz près des chalets du Plâno; en montant au Brevent et au col des Trois-Torrents: sur les deux versants de la chaîne des Aiguilles-Rouges; forêt du Mont; au bord du Nant du Greppon; au Larzet sous Plampraz; sous les chalets de la Pendant; en plusieurs endroits sur le grand Saint-Bernard, etc., entre 1500 et 2400 m. Plante des terrains siliceux. Juillet-août.

b) foliosum. — Variété très-feuillée, à feuilles radicales touffues : aux Gaillands, à 1040 m., où je l'ai trouvée en juin 1862.

901 (3) — *Hoppeanum Koch.* (G. de Hoppe.) — Les escarpements gazonnés de la région supérieure, vers les limites sud-ouest de notre champ d'exploration : le Mont Méry à la Croix de Fer; arête du Brevent sur Chamonix et toutes les sommités du revers nord de la chaîne; sommet de la montagne de Taconnaz; chaîne des Aiguilles-Rouges; la vallée de la Mer de Glace entre les Ponts et l'Angle; chaîne des Fys; vallon d'Entre les Eaux; surtout au couloir de la Grande-Chenaz près des Ponts, où il est le mieux caractérisé par sa tige haute de 15 centimètres. Juillet-août.

902 (4) — *supinum L.* (G. naine.) — Les pâturages gazonnés de toutes les sommités comprises dans notre circonscription : le col de Balme; le Montanvert, le long des deux moraines latérales de la Mer de Glace; toute la chaîne des Aiguilles-Rouges; au Brevent; à Plampraz; aux Viœux; au grand Saint-Bernard; col de Ferret; cols du Bonhomme et d'Enclave; entre 2000 et 2500 m. Juillet-août.

903 (5) — *uliginosum L.* (G. uligineuse.) — Lieux sablonneux, humides ou inondés des champs de toute la région inférieure : abondante au Bouchet sur l'avenue du Montanvert et jusqu'à Hortaz; Argentière; Trient, etc. Juillet-septembre.

904 (6) — *carpathicum Wahlenb.* (G. des Carpathes.) — Les pâturages escarpés de presque toutes les sommités de la

chaîne : au col de Balme; aux Becs-Rouges; sur les glaciers de Petoude, de Grand et du Tour; sommet de l'Aiguille à Bochard; aux Rassaches entre Pierre-Pointue et Pierre à l'Echelle sur le chemin du Mont-Blanc; toute la chaîne du Brevent; vallons de Berard et d'Entre les Eaux; au Couvercle près du Jardin de la Mer de Glace; sommet du Mont Catogne sur Tête-Noire; les Chezerants; autour des chalets d'Hermence sur le Bois-Magnin; Mont Crichebollet sur Cordon; toute la ·chaîne du Bonhomme; la Griaz sous l'Aiguille du Goûté; la Pendant, sous l'Aiguille-Verte; sommet du col de la Hyoulaz près du Cramont; rare au grand Saint-Bernard. Principalement sur les terrains siliceux, entre 2000 et 2500 m. Juillet-août.

905 (7) — *dioicum L.* (G. dioïque, vulg. Pied-de-Chat). — Les pâturages rocailleux secs de la région moyenne : commun autour de Chamonix; au Bouchet; à Hortaz; aux Praz; aux Bois; aux Chauderons; partout enfin dans les prés secs depuis la plaine jusqu'à 1500 m. et accidentellement jusqu'à 2000 m. Mai-juin.

906 (8) — *Leontopodium Scop.,*— *Leontopodium alpinum Cass.* (G. Pied-de-lion.) — Les pâturages rocailleux de la région supérieure, mais seulement sur quelques points : au Mont-Vergy; base de la pointe du Midi; sur le Reposoir; à Salaison; à Salanfe sous la Dent du Midi; col de la Hyoulaz au Cramont; entre la Baux et la Cantine; à L'Ardifagoz et au nord du Pain-de-Sucre près de la sommité; passage d'Entre-le-Mont-Blanc-Rageat, sur le Chapiu, entre 2000 et 2500 m. Juillet-août.

28. **Filago L.** (Cotonneuse.)

907 (1) — *spathulata Presl.* (C. en spathule.) — Commune dans les champs de la région des moissons du bassin inférieur de l'Arve et de la Dranse. Juillet-octobre.

908 (2) — *arvensis L.* (C. des champs.) — Dans les champs, après la moisson, depuis la région inférieure jusqu'à la moyenne, comme à Saint-Rémy et aux environs de Courmayeur; entre 1050 et 1200 m. Juillet-septembre.

909 (3) — *montana L.,* — *minima Fries.* (C. de montagne.)—Lieux arides, secs et sablonneux de la région moyenne des moissons : entre Servoz et les Houches; à Coupeau et à Courmayeur. Juillet-août.

29. **Carpesium L.** (Carpésie.)

910 (1) — *cernuum L.* (C. penchée.) — Les pâturages ombragés et buissonneux de la région inférieure du bassin de l'Arve : à Ponchy près Bonneville; à Frangy, Dessy et Scionzier près de Cluses; vallon de la Combe au nord-est de la chaîne près Martigny. Juillet-septembre.

30. **Calendula L.** (Souci.)

911 (1) — *officinalis L.* (S. des jardins.) — Plante étrangère se trouvant quelquefois spontanément dans le voisinage des jardins où on la cultive. Mai-septembre.

CYNAROCÉPHALES.

31. **Echinops L.** (Echinope.)

912 (1) — *sphærocephalus L.* (**E.** sphérocéphale.) — Le long des chemins et des routes du bassin inférieur de la Dranse, au nord-est de la chaîne : près du pont de Bovernier; sous le rocher, au-dessus de la limite entre Sembrancher et Bovernier. Juillet.

32. **Onopordon L.** (Onoporde.)

913 (1) — *Acanthium L.* (O. Acanthe.) — Lieux incultes de la région inférieure du bassin de l'Arve et de la Dranse : à Martigny, à Bovernier et à Orsières. Juin-juillet.

33. **Cynara L.** (Artichaut.)

914 (1) — *Scolymus L.* (A. commun.) — Cultivé dans la région inférieure pour l'usage culinaire. Août.

915 (2) — *Cardunculus L.* (A. Cardon.) — Cultivé pour le même usage et dans la même région. Août.

34. **Cirsium Scop.** (Cirse.)

916 (1) — *lanceolatum Scop.* (C. lancéolé.) — Très-commun au bord des chemins dans les régions inférieure et moyenne : Sallanches; Passy; Servoz; Chamonix; Argentière; Trient, etc. Juillet-septembre.

917 (2) — *eriophorum Scop.* (C. laineux.) — Pâturages autour des chalets de la région moyenne et jusqu'à la supérieure des limites est et nord-est de la chaîne : sous Saint-Rémy;

entre le chalet de Menouve et celui de Barasson; Cornettes de Bise (Puget); Planet; Pavillon de Bellevue; col de Balme et sur toutes les montagnes comprises dans notre circonscription; entre 1050 et 2000 m. Juillet-août.

918 (3) — *palustre Scop.* (C. des marais.) — Commun dans les marais et les bois ombragés des régions inférieure et moyenne et jusqu'à la supérieure : au Bouchet; à l'entrée de Chamonix en venant du Montanvert; Hortaz; les Praz; chemin de la Flégère en allant au Brevent; aux Chauderons, etc. Juin-septembre.

919 (4) — *hybridum Koch.*, — *oleraceo×palustre Nægeli* (C. hybride.) — Cette forme est l'hybride des *C. oleraceum* et *C. palustre*. On la trouve aussi dans les mêmes stations : en allant au Pavillon de Bellevue au lieu dit le Lavouet, dans les prés en montant depuis les Houches. Juillet-août.

920 (5) — *oleraceum Scop.* (C. des lieux cultivés.) — Très-commun dans les prés humides et marécageux des terrains argileux, depuis la région inférieure jusqu'à la supérieure : aux Houches; en montant au Pavillon de Bellevue et au col de Voza; à Trient; vallée d'Abondance, etc. Juillet-août.

921 (6) — *Erucagineum DC.*, — *rivulari×oleraceum Nægeli.* — Dans les prés de la région moyenne, aux confins des limites nord de notre champ d'étude : vallée d'Abondance (Puget); Bonnevaux; entre les cols de Coux et de Golèze. Juillet-septembre.

922 (7) — *rivulare Link.* (C. des ruisseaux.) — Dans les prairies humides et marécageuses des régions moyenne et supérieure : bassin de l'Arve, dans la vallée du Reposoir; montagnes d'Abondance; Cornettes de Bise (Puget), sur les confins nord des limites de cette florule. Juillet-août.

923 (8) — *spinosissimum Scop.* (C. épineux.) — Les pâturages de la région supérieure : sur les deux versants de la chaîne des Aiguilles-Rouges; au pied de la Cheminée du Brevent; au col de Balme; dans toute la vallée de la Mer de Glace, entre les Ponts et l'Angle; entre Pierre-Pointue et Pierre à l'Echelle; au Plan de l'Are près du glacier de Bionnassay; à Tré la Tête, jusqu'aux cols du Bonhomme et des Fours; l'Allée-Blanche; val de Ferret; le grand Saint-Bernard et toutes les sommités comprises dans notre champ d'étude; entre 1500 et 2500 m. Juillet-août.

924 (9) — *heterophyllum.* — (C. hétérophylle.) — Dans la région supérieure. Rare : l'Allée-Blanche, en descendant de-

puis le lac de Combal dans une petite prairie marécageuse, à l'extrémité des prés de Veni, au bord du sentier (10 août 1851).

925 (10) — *acaule All.* (C. acaule.) — Très-commun dans les prés des deux régions inférieures et s'élevant jusqu'à la supérieure : Chamonix; au Bouchet; à Hortaz; aux Praz; en allant au col de Balme; à Entre les Champs; à Valorsine; au Trient, etc., entre 500 et 600 m. Juillet-septembre.

926 (11) — *rigens Wallr.*, — *oleraceo* × *acaule Hampe.* (C. roide.) — Prairies humides de la région moyenne, vers les limites nord de notre champ d'exploration : vallée d'Abondance. Juillet-septembre.

927 (12) — *arvense Scop.* (C. des champs.) — Les champs humides de toute la région des cultures et même jusqu'à la supérieure : Chamonix; Argentière et le Tour, etc., etc. Juin-juillet.

35. **Carduus L.** (Chardon.)

928 (1) — *Personata Jacq.* (C. Bardane.) — Les prés et les pâturages rocailleux des régions moyenne et supérieure : abondant dans la vallée de Trient, depuis le village jusqu'au glacier, ainsi que dans la vallée de la Dioza, à droite du torrent, où il prend un développement extraordinaire; aux Jœurs, au-dessus de la Tête-Noire; à l'Envers du Chapiu; les prés au-dessus des chalets du Grand-Ferret et dans le haut de la vallée d'Essert, sous le col de Fenêtre; assez rare à la Baux sous le grand Saint-Bernard; à Bourg-Saint-Pierre, etc., entre 1200 et 2000 m. Juillet-août.

929 (2) — *nutans L.* (C. penché.) — Commun dans les lieux incultes et au bord des chemins : Sembrancher; Orsières, etc. Juillet-septembre.

930 (3) — *defloratus L.* (C. terne.) — Assez fréquent dans les pâturages rocailleux ou rocheux de la région moyenne : à La Joux; à Chauffriaz; à Argentière; au bord de la Dioza, sous Arlevé derrière le Brevent; Combe de la Floriaz; Pormenaz; Mont-Lachat; col de Voza; Pavillon de Bellevue; col de Balme vers les rochers de la Croix de Fer; Crey Baudin sur le Chapiu; entre 1100 et 2000 m. Juillet-août.

931 (4) — *deflorato* × *Personata Brügg.* — Hybride du *C. Personata* et du *C. defloratus;* il tient du *C. defloratus* par la forme de sa calathide et du *C. Personata* par ses feuilles presque entières, dentées. On le trouve avec les parents au bord de la Dioza; près le pont Saint-Charles à Bourg-Saint-

Pierre (Déséglise); aux Léchères d'Orsières; au Trient; à Bella-Comba (E. Favre). Juillet-août.

932 (5) — *medius Gouan.* (C. intermédiaire.) — Lieux rocailleux de la région moyenne : en montant par Bocher entre Servoz et Sainte-Marie sur la rive droite de l'Arve, entre 850 et 900 m. Juillet-août.

36. **Rhaponticum DC.** (Rhapontic.)

933 (1) — *scariosum Lam.* (R. scarieux.) — Escarpements rocheux inaccessibles du flanc de l'Aiguille à Bochard, tournés vers la Mer de Glace; à Pormenaz, versant de la Dioza; Combe de la Floriaz; versant nord des Aiguilles-Rouges; sous le Brevent; au sommet des Invarsins; au-dessus de Plan-à-Chat au passage Tré Cormet; vallée de Montjoie, vers le glacier de Tré la Tète et de Tré le Chosal; à Pradaz, grand Saint-Bernard (Métroz); entre 1200 et 2500 m. d'altitude. Terrain cristallin siliceux. Juillet-août.

37. **Centaurea L.** (Centaurée.)

934 (1) — *amara L.* (C. amère.) — Commune dans toute la région des cultures et le long des chemins : Chamonix; Servoz; Argentière; Trient; vallée d'Abondance, etc. Juillet-août.

935 (2) — *Jacea L.* (C. Jacée.) — Commune dans les prairies de la région des cultures : autour de Chamonix; val d'Essert et dans toutes les vallées autour de la chaîne du Mont-Blanc. Juin-juillet.

936 (3) — *nigra L.* (C. noire.) — Région inférieure, au nord-est de nos limites : à Martigny; dans le bassin inférieur de l'Arve et à Courmayeur. Août.

937 (4) — *nervosa Willd.,* — *phrygia Vill.* (C. plumeuse.) — Les pâturages de la région moyenne et s'élevant jusqu'à la supérieure : base de l'Aiguille à Bochard, au lieu dit les Chys; au Pas de l'Ours, au-dessus du Mauvais Pas; au Chapeau; abondante vers les Mélèzes ou les Mayens de Valorsine; au pied des Montets; autour des chalets de Villy, en montant à Tanoverge depuis Barberine; Mont-Lachat; Pormenaz, flanc tourné vers la Dioza; au revers méridional de la chaîne, au val Veni entre les glaciers de la Brenva et de Miage; sur Courmayeur; chaîne du Bonhomme; environ des Mottets; au Keyzet et sous Plampraz et le Brevent. Juillet-août.

938 (5) — *Ferdinandi Gren.,* — *phrygia adscendens Moritzi.* (C. de Ferdinand.) — Les pâturages des derniers chalets

du Mont Golèze; indiquée par M. Dumont dans la forêt de Plantaluc et au Saint-Bernard par E. Favre. Juillet-août.

939 (6) — *montana L.* (C. de montagne.) — Prairies et pâturages boisés de la région moyenne et jusqu'à la supérieure : derrière le Pavillon de Bellevue; vers le milieu du Bois-Rond; vallée d'Essert; val Champey et val d'Illiez; Arraches; prairies de Pernant; entre 1200 et 1800 m. Juin-juillet.

940 (7) — *axillaris Willd.* (C. axillaire.) — Pâturages rocailleux des limites sud-est de la chaîne : prairies de la ferme du Saint-Bernard à Saint-Oyen. M. le chanoine E. Favre l'a trouvée à la fin de juin 1880 dans le val de Champey, pendant une excursion de la Société murithienne. Juillet-août.

941 (8) — *Cyanus L.* (C. Bluet.) — Commune dans les moissons de toute notre circonscription. Juin-août.

942 (9) — *Scabiosa L.* (C. Scabieuse.) — Pâturages rocailleux de la région moyenne : entre Servoz et Sainte-Marie, à droite de l'Arve; à la Côte du Piget, près du hameau des Bois à La Joux; Argentière; la Verrerie; Vernayaz; Abondance (Puget), etc.; entre 850 et 1200 m. Juillet-août.

943 (10) — *alpestris Hegetschw.*, — *Scabiosa d. alpina Gaud.* (C. alpestre.) — Indiquée avec doute par M. Personnat sur les rochers au-dessus du Mauvais-Pas; près du Chapeau et de la Mer de Glace; sous Ravoire (Murith). Juillet-août.

944 (11) — *Kotschyana Heuffel.* (C. de Kotschy.) — Indiquée entre les Contamines et le Champé par M. Eug. Fournier dans son rapport sur une herborisation au Bonhomme et à Notre-Dame-de-la-Gorge, faite par la Société botanique de France. Juillet-août.

945 (12) — *valesiaca Jord.* (C. du Valais.) — Coteaux arides bien exposés de la région inférieure, aux limites nord-est de la chaîne : à la Bâtiaz, les Marques, la Croix c. le Brocard, sur la rive gauche de la Dranse, entre 450 et 500 m. Juillet-août.

Obs. M. Chatin indique la *Centaurea uniflora L.* en descendant du col de la Forclaz sur Martigny par le vallon de la Combe. Cette espèce appartient plutôt aux Alpes du Dauphiné et de la Provence.

38. **Kentrophyllum Neck.** (Kentrophylle.)

946 (1) — *lanatum DC.*, — *Carthamus lanatus L.* (K. laineux.) — Lieux sablonneux de la région inférieure : bassin

de l'Arve sous Salève; vers Gaillard et Etrembière (Reuter), ainsi qu'aux limites sud-est de la chaîne, au Mont-Cenis-d'Aoste sous le Saint-Bernard (Favre). Juin-juillet.

39. **Crupina Cass.** (Crupine.)

947 (1) — *vulgaris Cass.*, — *Centaurea Crupina L.* (Crupine commune.) — Cette espèce est très-commune sur les coteaux de Branson et de Fully, tout près de nos limites; je crois l'avoir remarquée dans les rochers de Vernayaz, en face de la Verrerie, en mai 1876. Indiquée par M. E. Favre près de Mont-Cenis-d'Aoste. Juin-juillet.

40. **Serratula DC.** (Sarrète.)

948 (1) — *Vulpii Fisch.-Oost.*, — *tinctoria b. alpina Gren. et God.* (S. de Vulpius.) — Pentes escarpées des sommités aux limites nord et nord-ouest de notre champ d'exploration : à la Dent d'Oche et au Brezon sur Bonneville. Août-septembre.

41. **Saussurea DC.** (Saussurée.)

949 (1) — *alpina DC.* (S. des Alpes.) — Pelouses herbeuses de la région supérieure : au-delà du Jardin-du-Valais sur le grand Saint-Bernard; entre la Combaz et Tschalaire (Tissière); entre 2400 et 2500 m. Août.

950 (2) — *depressa Gren. et Godr.* (S. déprimée.) — Endroits rocailleux, débris de roches argilo-schisteuses de la région supérieure : au Mont-Méry, près du Mont-Château, sur l'arête qui le sépare du versant nord-est sur Sallanches. Août.

b) intermedia Gaud. — Variété à feuilles brièvement tomenteuses sur les deux faces et à calathides nombreuses. Cette forme tient le milieu entre la *S. alpina DC.* et la *S. depressa Gren.* : vallée de Montjoie, à Tré la Tête; au-dessus de Contamines sur Saint-Gervais, entre 2000 et 2400 m.

951 (3) — *macrophylla Saut.* (S. à grandes feuilles.) — Cette forme se distingue de la *S. depressa* par la forme des calathides, rapprochées au sommet de la tige en un grand corymbe dense : assez abondante en face du glacier de l'Allée-Blanche, sur l'ancienne moraine, un peu à droite du sentier qui conduit au bord du glacier. Août.

952 (4) — *discolor DC.* (S. discolore.) — Diffère sensiblement de la précédente par ses calathides moins nombreuses et plus brièvement pédonculées, ainsi que par ses feuilles presque

vertes en dessus et un peu coriaces. Elle se trouve sur les deux versants du col de la Seigne, à 2400 m. environ. Juillet-août.

Obs. Il est hors de doute que toutes ces formes si peu caractérisées appartiennent au même type et ne sont que des variétés provenant de la différence du climat, de l'altitude et du sol.

42. **Carlina Tournef.** (Carline.)

953 (1) — *vulgaris L.* (C. commune.) — Lieux incultes, arides, des régions inférieure et moyenne : aux Chauderons; aux Plans; à Hortaz: commune dans toutes les vallées du revers septentrional de la chaîne, entre 450 et 1200 m. Juillet-août.

954 (2) — *acaulis L.* (C. naine.) — Lieux secs des trois régions, dans toute l'étendue du domaine de notre flore : très-commune aux Chauderons; à Hortaz et jusqu'au sommet des Aiguilles-Rouges ainsi que dans toutes nos vallées, entre 800 et 2000 m. Août-septembre.

43. **Lappa Tournef.** (Bardane.)

955 (1) — *minor DC.* (B. à petites têtes.) — Commune le long des chemins; décombres de la région inférieure, dans toutes les vallées comprises dans ce *Guide :* le bassin de l'Arve et de la Dranse; Servoz; Saint-Gervais, etc. Juillet-août.

956 (2) — *intermedia Rchb.* (B. intermédiaire.) — Région moyenne des limites nord-ouest : Villars sur Boëge, bassin inférieur de l'Arve, entre 450 et 500 m. Juillet-août.

957 (3) — *major Gærtn., — officinalis All.* (B. à grosses têtes.) — Les rochers buissonneux de la région moyenne, surtout en face de Chamonix; au Nant du Fouilly; à Bocher; à Servoz; au Châtelard; aux Gras; au Reposoir; à la Dent d'Oche (Puget). Juillet-août.

958 (4) — *tomentosa Lam.* (B. tomenteuse.) — Dans la région moyenne; monte quelquefois jusqu'à la supérieure, comme vers le torrent du Trient sous le glacier de ce nom et sous le Bois-Magnin; la Dent d'Oche (Puget); entre les cols de Coux et de Golèze; les Chemins; Habère-Lullin et dans la vallée du Reposoir; à Samoëns et à Boëge. Juillet-août.

44. **Xeranthemum Tournef.** (Immortelle.)

959 (1) — *inapertum Willd.* (I. fermée.) — Le long des

chemins secs et sur les collines de la région inférieure, aux limites nord-est de la chaîne : Martigny; Etroubles et Saint-Rémy sous le Saint-Bernard. Juin-juillet.

CICHORACÉES.

45. **Cichorium L.** (Chicorée.)

960 (1) — *Intybus L.* (C. sauvage.) — Commune le long des chemins et dans les champs de la région moyenne. On cultive une variété à tige robuste, à rameaux dressés, à grandes feuilles sous le nom de chicorée amère, dont on fait le café de chicorée. Juillet-août.

46. **Lampsana L.** (Lampsane.)

961 (1) — *communis L.* (L. commune.) — Très-commune dans les cultures de toute notre circonscription; elle abonde aux environs de Chamonix. Juillet-Août.

47. **Aposeris Neck.** (Aposéride.)

962 (1) — *fœtida Less.* (A. fétide.) Commune dans les bois de sapins de la région moyenne : à Salvan; à la Combe et à Trient. Juillet-août.

48. **Hypochœris L.** (Porcelle.)

963 (1) — *radicata L.* (P. à longues racines.) — Les prés secs et le long des chemins de la région des cultures, dans toutes les vallées comprises dans le domaine de cette flore. Juin-juillet.

964 (2) — *maculata L.* (P. tachetée.) — Les pâturages de la région moyenne : abondante sous le Bois-Rond derrière le Pavillon de Bellevue, en face du glacier de Bionnassay; au Mont-Lachat; au-dessus des cascades des Pèlerins et du Dard; au Brevent; à Plampraz; à Ravoire; val de Champey; à Bourg-Saint-Pierre et Vichères de Liddes; au Saint-Bernard; val de Ferret; au Chapi; sur la Saxe; au Cramont. Juin-juillet.

49. **Leontodon L.** (Liondent.)

965 (1) — *autumnalis L.* (L. d'automne.) — Commun dans les prairies sablonneuses des régions inférieure et moyenne : tout le bassin de l'Arve, surtout au Bouchet et autour de Chamonix. Août-octobre.

966 (2) — *Taraxaci Lois.*, — *montanum L.* (L. de montagne.) — Parmi les rochers délités de la région supérieure : au Mont Méry; dans la vallée du Reposoir; dans le vallon d'Entre les Eaux; au col de la Seigne; dans l'Allée-Blanche; au Platet; sur le col de la Portette; au Buet; au Mont Catogne près du col de Balme. Appartient exclusivement aux terrains calcaires. Juillet-août.

967 (3) — *pyrenaicus Gouan.* (L. des Pyrénées.) — Commun sur les pentes gazonnées de la région supérieure, dans toute l'étendue de notre circonscription : au Mont Vergy; au Mont Méry; au pied du Couvercle; entre les torrents du Dard et des Pèlerins; au bord du lac Combal dans l'Allée-Blanche; au col de Balme; au Brevent; au Bouchet de Chamonix: au Praz des Vioz et sur toutes les sommités entre 1050 et 2500 m. Il s'élève jusqu'à l'extrême limite de la végétation. Juillet-août.

968 (4) — *hastilis L.* (L. en fer de lance.) — Commun dans les prés, les rocailles et les endroits sablonneux des trois régions : au Bouchet; à la source d'Arveyron; à Servoz; au Pavillon de Bellevue; au col de Balme, etc., entre 800 et 2400 m. Juillet-août.

b) hispidus L. — Très-commun dans les prés secs et les pâturages des trois régions de notre circonscription : Chamonix; au Bouchet; source de l'Arveyron; col de la Portette sur les chalets du Platet; montagne de la Côte; la Griaz; col de Balme; Mont-Lachat; en montant au Brevent; dans l'Allée-Blanche; entre 800 et 2400 m. Juin-septembre.

50. **Picris Juss.** (Picride.)

969 (1) — *hieracioides L.* (P. fausse-Epervière.) — Très-commune dans les prés secs et les champs : environs de Chamonix; à Argentière; au Tour et dans tout le bassin de l'Arve, de la Dranse, etc., etc. Juillet-septembre.

970 (2) — *pyrenaica L.* (P. des Pyrénées.) — Le long des chemins et dans les graviers des trois régions : au Bois-Rond sous le Pavillon de Bellevue; au col de Balme; à Villy, etc. Juillet-septembre.

b) Villarsii Jord. — Pâturages sous le Bois-Rond; au Mont Lachat en face du glacier de Bionnassay; commun dans le bassin inférieur de l'Arve. Juillet-août.

51. **Podospermum DC.** (Podosperme.)

971 (1) — *laciniatum DC.* (P. lacinié.) — Les coteaux secs et les champs, aux confins nord-est de la chaîne : autour de Martigny; entre la Croix, Bovernier, Sembrancher et Orsières dans la vallée d'Entremont. Mai–juin.

972 (2) — *calcitrapæfolium DC.*, — *decumbens Gren. et Godr.* (P. à feuilles de Chausse-trape). — Seulement au Mont-Cenis-d'Aoste (E. Favre) et à Etroubles dans le pré à gauche, avant de passer le pont, en montant au Saint-Bernard. Juillet.

52. **Tragopogon L.** (Salsifis.)

973 (1) — *pratensis L.* (S. des prés.) — Commun dans les prairies de la région moyenne, s'élevant jusqu'à la supérieure : aux Houches, en montant dans tous les prés au-dessus de la route jusqu'aux dernières cultures; sous le pavillon de Belle-vue; au col de Voza, etc. Juillet.

974 (2) — *crocifolius L.* (S. à feuilles de Crocus.) — Lieux secs de la région moyenne, au sud-est de la chaîne : sous Saint-Rémy, versant sud du grand Saint-Bernard (E. Favre). Juillet.

975 (3) *major Jacq.* (S. majeur.) — Lieux graveleux secs de la région inférieure du nord-est de la chaîne : entre la Bâtiaz et le hameau de la Croix, à gauche de la Dranse. Alt. 450 m. Mai–juin.

53. **Chondrilla L.** (Chondrille.)

976 (1) — *juncea L.* (C. joncière.) — Coteaux secs de la région inférieure des limites sud-ouest de la chaîne : sous le roc du Crey, au Chapiu sous le Bonhomme. Juillet–septembre.

54. **Taraxacum Juss.** (Pissenlit.)

977 (1) — *officinale Wigg.* (P. Dent-de-lion.) — Commun dans les prés et les vergers de la zone des cultures, entre 500 et 1500 m. Mai-septembre.

b) alpinum Koch. — Dans les lieux pierreux voisins des neiges, aux limites sud-ouest et nord-ouest de la chaîne : au Mont Vergy; au Mont Méry; montagnes de Sâles; au Platet, etc. Juillet-août.

978 (2) — *lævigatum DC.* (P. lacinié.) — Commun dans les lieux secs et incultes, par exemple à Charamillon, en montant au col de Balme; dans les prés autour de Chamonix, etc., entre 700 et 1500 m. Mai-juillet.

979 (3) — *erythrospermum Andrz*. (P. érythrosperme.) — Lieux sablonneux de la région inférieure du bassin de l'Arve : au bord de la rivière à Aranthon (Puget); le long de la Dranse de Bioge (Puget). Mai.

980 (4) — *palustre DC*. (P. des marais.) — Commun dans les•marais de la région des cultures. Juin–septembre.

b) *udum Jord*. — Plus robuste que la forme vulgaire ; il en diffère par ses capitules plus gros et par ses feuilles plus profondément pinnatifides, à lobes triangulaires. On la rencontre dans les lieux humides de la région inférieure.

55. Lactuca L. (Laitue.)

981 (1) — *sativa L*. (L. cultivée.) — Cultivée pour l'usage culinaire; elle s'échappe des jardins et on la trouve souvent autour des habitations. Juillet-août.

982 (2) — *virosa L*. (L. vireuse.) — Endroits rocailleux de la région inférieure du bassin de la Dranse, à Martigny, et près le bourg de Saint-Maurice sous le Bonhomme. Juillet-août.

983 (3) — *Scariola L*. (L. Scariole.) — Lieux incultes, rocailleux ; bord des chemins et des vignes dans le bassin de la Dranse inférieure : Martigny. Juillet-août.

b) *dubia Jord*. — Bassin inférieur de l'Arve entre Annemasse et le pont de la Menoge, sur le talus de la route et les berges de la rivière. Alt. 500 m.

984 (4) — *saligna L*. (L. saulière) — Lieux secs, champs de la région moyenne du revers oriental de la chaîne : sous Saint-Rémy et le grand Saint-Bernard, entre 700 et 800 m. Août-septembre.

985 (5) — *perennis L*. (L. vivace.) — Lieux secs de la région moyenne du revers nord-est de la chaîne : à Martigny; les Marques, entre la Bâtiaz et la Croix et au sud-est dans le vallon du Chapiu sur Courmayeur; à la base de la Saxe sur le village de ce nom. Alt. 450 à 1250 m. Mai-juillet.

986 (6) — *Plumieri Gren. et Godr., — Sonchus Plumieri L., — Mulgedium Plumieri DC*. (L. de Plumier.) — Au bord des bois des régions moyenne et supérieure du sud-ouest de nos limites : vallée du Reposoir et entre les cols de Coux et de Golèze; au Mont Nantaux et près d'Abondance vers les limites nord ; entre 1200 et 1500 m. Juillet-août.

56. **Prenanthes L.** (Prénanthe.)

987 (1) — *muralis L.*, — *Lactuca muralis Fresen.* (P. des murs.) — Commun dans les lieux rocailleux des forêts et sur les murs ombragés des deux régions inférieures : aux Nants; au Bouchet; aux Chauderons, etc., etc., entre 700 et 1200 m. Juillet-août.

988 (2) — *purpurea L.* (P. pourpre.) — Les forêts herbeuses des régions moyenne et supérieure, surtout en montant aux chalets de la Pendant, du Chenavie, des Pozettes, de Lognan; au Montanvert; au bord de la Dioza; en descendant du lac du Brevent à Coupeau, etc., entre 1050 et 1500 m. Juin-juillet.

b) angustifolia Gren. et Godr. — Bois du Brevent et aux Invarsins.

57. **Sonchus L.** (Laitron.)

989 (1) — *oleraceus L.* (L. oléracé.) — Très-fréquent dans toute la zone des cultures, entre 500 et 1500 m. Juin-août.

990 (2) — *asper Vill.* (L. rude.) — Très-commun dans la même région que le précédent. Juillet-septembre.

991 (3) — *arvensis L* (L. des champs) — Dans toute la zone entrant dans les limites géographiques de cette flore. Juillet-août.

992 (4) — *alpinus L.*, — *Mulgedium alpinum Cass.* (L. des Alpes.) — Région de la zone supérieure des sapins : les prés buissonneux, frais ou humides de la Paraz; au Biolet en face de Chamonix; sous Blaitière; la Griaz; en montant aux chalets de la Pendant; abondant au bord de la Dioza sous le Brevent; au Montanvert; vers la Filliaz au Trient; sous le Bois-Magnin; aux Jœurs sur Tête-Noire; entre 1100 et 1700 m. d'altitude. Juillet-août.

58. **Crepis L.** (Crépide.)

993 (1) — *taraxacifolia Thuill.* (C. à feuilles de Pissenlit.) — Très-commune dans les prés des régions inférieure et moyenne : Chamonix; les Houches; Servoz; Saint-Martin; Passy et tout le bassin inférieur de l'Arve. Mai-juin.

994 (2) — *fœtida L.* (C. fétide.) — Lieux secs graveleux, au bord des champs des régions inférieure et moyenne des limites du nord-est et du sud-est de la chaîne : en montant au lac de Champey depuis Orsières et au Cramont sur Pallevieux. Juillet-août.

995 (3) — *aurea Cass.*, — *Hieracium aureum Scop.* (C. dorée.) — Les pâturages et les gazons des régions moyenne et supérieure dans toutes les vallées de la chaîne : au pied de la Coudraz en face de Chamonix; aux Ingolérons; au Liapet en face des Barats; aux Ayers, sous l'Aiguille de Varens; au Couvercle près du Jardin; Aiguille à Bochard; Bellevue; Mont Lachat; Mont Petitot; Bellevaux, etc., entre 1050 et 2150 m. Juillet-août.

996 (4) — *biennis L.* (C. bisannuelle.) — Commune dans les pâturages des régions inférieure et moyenne; par exemple aux Gaillands près Chamonix; au Bouchet de Chamonix et au Bouchet de Servoz. Juin.

997 (5) — *virens Vill.* (C. verte.) — Commune dans les prairies, les champs et les moissons des vallées comprises dans les limites de cette flore. Juin-octobre.

998 (6) — *pygmœa L.*, — *Hieracium prunellœfolium Gouan.* (C. pygmée.) — Rochers délités, éboulis de la région supérieure : chaîne des Fys; au Platet; rochers d'Arbeyron; Dent du Midi; Amosson; entre 2000 et 2400 m. Plante propre aux terrains calcaires. Juillet-août.

999 (7) — *succisœfolia Tausch.*, — *hieracioides Willd.* (C. à feuilles de Succise.) — Les pâturages de la région supérieure dans le bassin moyen de l'Arve; entre les cols de Coux et de Golèze; indiquée au Brezon par M. Reuter, et par M. E. Fournier entre Contamines et le hameau de Champé. Plante des terrains calcaires, entre 1200 et 1700 m. Juillet-août.

1000 (8) — *blattarioides Vill.*, — *Hieracium blattarioides L.* (C. à feuilles de Blattaire.) — Prairies, bord des bois dans les régions moyenne et supérieure : escarpements de Pormenaz sur la Dioza; entre le hameau du Tour et celui de Mont Roch; dans l'Allée-Blanche; entre la Vzaille et la Brava, dans les prés de Veni; en montant au col de Balme; au Vergy; entre 1200 et 1500 m. Juillet-août.

1001 (9) — *grandiflora Tausch.*, — *Hieracium grandiflorum All.* (C. à grandes fleurs.) — Pâturages des régions moyenne : base du Bois-Rond sur Bionnassay; montagne de la Corne; flancs de l'Aiguille à Bochard; le long de la moraine droite du glacier d'Argentière; derrière le Brevent entre Carlaveyron et Coupeau; sous Arlevé près de la Dioza; Mont-Lachat; Pavillon de Bellevue; sommet de l'Aiguille-Noire sur Pormenaz et le Campoz, entre 1500 et 2000 m. Terrain cristallin siliceux. Juillet-août.

59. **Soyeria Monn.** (Soyère.)

1002 (1) — *montana Monn.,* — *Crepis montana Rchb.* (S. de montagne.) — Endroits rocailleux ou herbeux de la région supérieure, vers les limites sud-ouest de la chaîne : au Mont Vergy et au Mont Méry; entre 1500 et 2000 m. Juillet-août.

1003 (2) — *paludosa Godr.,* — *Crepis paludosa Mœnch.* (S. des marais.) Les prés des régions moyenne et même supérieure : montagne de la Corne, sur les cascades du Dard et des Pèlerins; au Brevent; au passage Cormet; au Vergy; entre le Criou et Samoëns (Puget); Haut des Granges, vallée d'Abondance et entre les cols de Coux et de Golèze; entre 1050 et 2050 m. Juin–juillet.

60. **Hieracium L.** (Epervière.)

SECTION I. PILOSELLA.

1004 (1) — *Pilosella L.* (E. Piloselle.) — Commune dans les prés secs, sablonneux, les coteaux, dans les régions inférieure et moyenne : autour de Chamonix; aux Chauderons; à Hortaz; à la source de l'Arveyron. Mai–octobre.

b) pilosellæforme Hopp., — *Hoppeanum Schultz.* — Forêt de la Fory, entre Bovernier et Sembrancher (Delasoie).

1005 (2) — *Peleterianum Mérat.* — *Pilosella pilosissimum Wallr.* (E. de Le Peletier.) — Coteaux secs sablonneux de la région inférieure : aux Marques, entre la Bâtiaz et le hameau de la Croix; à Martigny, à gauche de la Dranse; elle s'élève jusqu'à la limite extrême de la région moyenne, par exemple à la source de l'Arveyron et M. Rapin l'a même rencontrée sur le versant sud du grand Saint-Bernard, entre la Cantine et Saint-Rémy et vers la cascade de Pradaz. Mai–octobre.

1006 (3) — *brachiatum Bert.,* — *bifurcum M. Bieb.* (E. bifurquée.) — Cette forme est probablement un *H. Pilosello* × *prœaltum.* On la trouve à Bovernier; à la Fory de Sembrancher; à la source de l'Arveyron près de Chamonix (Rapin). Mai–septembre.

b) Schultesii Gremli. — Forêt de la Fory, entre Bovernier et Sembrancher.

1007 (4) — *Auricula L.* (E. Auricule.) — Les prés, les pâturages et les champs des deux régions inférieures, dans toute l'étendue de notre domaine floral : aux Chauderons; aux Pâquis; au Bouchet; à Hortaz; à Servoz; aux Champs; aux Chavans, etc. Mai-octobre.

b) auriculæforme Fries. — Au fond des Combes; a là Fory de Sembrancher; à la Cantine d'Aoste, versant sud du Saint-Bernard (Wolff et Favre).

1008 (5) — *pratense Tausch.*, — *cymosum Willd.* (E. des prés.) Les pâturages de la région moyenne des limites nord-est de la chaîne : au Mont Catogne sur Sembrancher. Juillet-août.

1009 (6) — *aurantiacum L.* (E. orangée.) — Prairies des régions moyenne et supérieure, dans toute l'étendue de notre circonscription et sur toutes les sommités de la chaîne : le Bois-Rond sous le Pavillon de Bellevue; chalet du Rocher; Blaitière; le Biolet; entre les cols de Coux et de Golèze; en montant au Brevent; les Vioz sous Plampraz; bord de la Dioza; Arlevé; les deux versants de la chaîne des Aiguilles-Rouges; Aiguille à Bochard au-dessus du Chapeau; Montanvert; entre 1500 et 2000 m. Juillet-août.

1010 (7) — *præaltum Vill.* (E. élevée.) — Les pâturages, les prés secs et sablonneux des trois régions, dans toute l'étendue de notre champ d'exploration : en montant au Brevent, entre le Keyzet et Plampraz; sous l'Aiguille du Chardonnet, etc., etc.; entre 500 et 2000 m. Juillet-août.

b) fallax Koch. — Pâturages du Mont Lachat; montagne de la Côte; bords de la Dranse d'Abondance et de la Dranse d'Entremont, sur la rive gauche, depuis Orsières jusqu'à Martigny.

c) Zizianum Tausch. — A Bovernier (Favre); à la Peccaz, à quelques minutes au-dessus de Sembrancher, sur la route d'Orsières (Delasoie); aux Valettes, entre les chalets du Crettet et ceux du Pourproz (Wolff et Favre).

1011 (8) — *florentinum All.*, — *piloselloides Vill.* (E. de Florence.) — Lieux sablonneux, graveleux, du bord des rivières dans le bassin inférieur de l'Arve : Plaine de Passy; Sallanches; Fayet; Saint-Martin; bassin de la Menoge entre Bonneville et la Menoge; bassin de la Dranse de Martigny jusqu'à Orsières. Juin-août.

1012 (9) — *glaciale Lach.*, — *angustifolium Vill.* (E. des glaciers.) — Les pâturages de la région supérieure : au Mont Vergy, au Mont Méry, au-dessus du Reposoir (Reuter); au Mont-Lachat; Aiguille à Bochard, sur le flanc tourné vers la Mer de Glace; au-dessus des chalets de la Pendant; Aiguille de la Tour; montagne de la Côte; sommet et arête de Taconnaz; au Nant-Blanc sur la Flégère; toute la chaîne des Aiguilles-Rouges; au col de Balme; entre Pierre-Pointue et Pierre à l'Echelle; entre les cols de Coux et de Golèze; à la Dent d'Oche (Puget), au Bonhomme, etc. Juin-août.

b) majus Gaud. — Sur toute la chaîne du Brevent, du Keyzet à Plampraz près du chalet; vallon d'Entre les Eaux; col de Balme; Forclaz du Trient; rochers vers le milieu de la pente du Mont Lachat; entre 1050 et 2450 m.

c) Laggeri Schultz. — Pâturages de la Chaux, au Mont Catogne (Delasoie); au-dessus des chalets de la Pendant et dans le bois de Taconnaz.

1013 (10) — *sabinum Seb. et Maur.,* — *multiflorum Schleich.* (E. sabine.) — Les pâturages de la montagne de la Saxe; sur le Brevent; vallée de Ferret; entre les cols de Coux et de Golèze; à Bovernier; à la Peccaz; au-dessus de Sembrancher; à la Léchère; Vichères de Liddes; Mont Catogne; sur les Combes, etc.; entre 700 et 1400 m. Juin-juillet.

1014 (11) — *cymosum L.,* — *Nestleri Vill.* (E. à bouquet.) — Les pâturages de la région moyenne : aux Mélèzes de Valorsine sous les Montets et en descendant du lac Champey sur Bovernier; entre 1200 et 1500 m. Juillet.

SECTION II. AURELLA.

1015 (12) — *staticefolium Vill.* (E. à feuilles de Statice.) — Lieux graveleux et sablonneux de la région moyenne de tout notre champ d'étude; extrêmement abondante sur les sables siliceux des alluvions glaciaires et de transport : à la source de l'Arveyron; à Chamonix; à Argentière; sous l'Aiguille du Tour et en général dans toutes les vallées des deux revers de la chaîne; entre 450 et 1500 m. Juin-août.

1016 (13) *glaucum All.,* — *porrifolium Vill.* (E. glauque.) — Les rocailles et les fissures de rochers de la région inférieure du bassin de l'Arve et de la Dranse d'Entremont : rochers au pied du Môle; à la grotte du Brezon (Dumont); à la Bâtiaz sur Martigny; aux Cornettes de Bise (Puget). Juillet-août.

1017 (14) — *politum Fries.,* — *glaucum Vill.* (E. unie.) — Fentes de rochers le long de la moraine latérale de gauche de la Mer de Glace et à L'Angle. Alt. 2000 m. Juillet.

1018 (15) — *glaucopsis Gren. et Godr.* (E. glaucescente.)

— Fissures des rochers et pâturages rocheux de la région moyenne des limites nord-est de notre circonscription : sur les rochers de la Rappaz près de Sembrancher. Juillet.

b) saxetanum Fries. — Entre Bovernier et Sembrancher, au-delà de la galerie du Roc-percé, après avoir passé le pont sur la Dranse.

1019 (16) — *Delasciei Lagger.* (E. de Delasoie.) — Rochers de la Rappaz près de Sembrancher; entre La Duay et Orsières, à droite de la Dranse (E. Favre). Juillet.

1020 (17) — *glanduliferum Hoppe.* (E. glanduleuse.) — Pâturages secs de la région supérieure : au col de Balme, autour du pavillon et des chalets des Herbagères; sur les Hautes-Authannes en suivant l'arête depuis le Brevent; aux chalets de Carlaveyron; sous l'Aiguille des Charmoz; vers le passage de l'Etallaz: col de la Seigne; sur les Mottets; val de Ferret, sur Proz de Bard; au-dessus des chalets de la Flégère; derrière l'Aiguille à Bochard; sommet de la montagne de la Griaz: à la Croix de Fer et au Mont Catogne près du col de Balme; grand Saint-Bernard, aux Combes et à l'Ardifagoz (Favre), et en général sur toutes les sommités qui entrent dans les limites de ce *Guide;* entre 2000 et 2400 m. Juillet-août.

1021 (18) — *Murithianum E. Favre.* (E. de Murith.) — Forme assez voisine du *H. glanduliferum Hoppe;* elle en diffère par sa tige longue quelquefois de 3 décimètres; par ses capitules presque de moitié plus petits et parfois au nombre de 2 ou 3 ; par ses pédoncules moins poilus et peu glanduleux, etc. Au fond des Plançades, un peu plus bas que la cantine de Proz; au sommet du Poyet à Mont-Cubit; à Tzermettaz, sous le plateau; à Menouve et aux Combes du Saint-Bernard (E. Favre). Alt. sup. 2300 m. Juillet.

1022 (19) — *piliferum Hoppe, — Schraderi Schleich.* (E. poilue.) — Les pâturages rocailleux de la région supérieure des montagnes de Sâles sur Servoz et de la Côte sous les Grands Mulets; Aiguille de la Tour; autour du lac du Brevent; col de Balme; en allant aux Hautes-Authannes; toute la vallée de la Mer de Glace; à l'Angle; sur les chalets de la Pendant; sommet de la Griaz; col et vallée de Ferret; col du Bonhomme; entre 2000 et 2400 m. Août.

1023 (20) — *speciosum Hornem., — dentatum Hoppe.* (E. spécieuse.) — Les pâturages de la région supérieure : à la Tapiaz et aux Rassaches et dans la région moyenne des limites nord-est de la chaîne, sous les rochers de la Rappaz, entre Bovernier et Sembrancher. Juillet.

11

1024 (21) — *villosum L.* (E. velue.) — Lieux rocailleux et fissures de rochers herbeux dans les régions moyenne et supérieure : environs de Chamonix; aux Chauderons; flancs de l'Aiguille à Bochard; les Rassaches entre Pierre-Pointue et Pierre à l'Echelle; les rochers du Platet; à Pierre-Ronde, sous l'Aiguille du Goûté; le col du Bonhomme; l'Allée-Blanche; la Croix de Fer au col de Balme; aux Combes et à l'Ardifagoz du grand Saint-Bernard, etc., entre 1050 et 2400 m. Juillet-août.

b) elongatum Willd. — Rochers gazonnés aux Combes du Saint-Bernard; au-dessus de la Rappaz (E. Favre).

1025 (22) — *valdepilosum Gaud* (non *Vill.*). (E. très-poilue.) —Cette forme diffère peu du *H. villosum L.* et quelques botanistes en font le synonyme de la variété *elongatum.* Les rochers de la région supérieure des limites sud-ouest de la chaîne : au Mont Vergy sur Sallanches; au Croz de Cetti (Dumont), entre Pierre-Pointue, les Rassaches et Pierre à l'Echelle. Juillet-août.

1026 (23) — *glabratum Hoppe,* — *scorzoneræfolium Vill.,* — *flexuosum Auct.* (E. glabre.) — Sur les rochers des régions moyenne et supérieure : Mont Brezon près Bonneville; environs de Chamonix; vallée d'Abondance; Mont Catogne; sur le Psot de Sembrancher (E. Favre). Juillet.

b) calvum Gren. et Godr. — Aux Guillands; à Bocher, etc.

1027 (24) *longifolium Schl.,* — *cerinthoides Auct.* (E. à longues feuilles.) — Les pâturages et les rochers des régions moyenne et supérieure des limites nord-est de la chaîne : en sortant de Bourg-Saint-Pierre (Reuter), côté gauche du torrent; Pradaz; Liddes (Favre); Ceresay d'Aoste; Cornettes de Bise (Puget); en descendant les pentes gazonnées du col de Tricot, sur le vallon de Miage; dans la vallée de Montjoie; sur les rochers et la moraine gauche de la Mer de Glace; Roc d'Enfer et sur les confins nord de nos limites, dans la vallée d'Abondance. Juillet.

1028 (25) — *vogesiacum Mougeot,* — *juranum Rapin.* (E. des Vosges.) — Les rochers herbeux de la région supérieure : en montant au Brevent entre le Keyzet et Plampraz; sur l'arête de rochers, qui sépare le Pertuis du Couloir de Lachat; sous le Bois-Rond derrière le Pavillon de Bellevue; en allant du Pavillon de la Flégère au lac Cornu; sur les rochers avant de passer l'ancien pont de Cluses, au Bois-Magnin sous le col de Balme; à Finhaut; entre 600 et 2300 m. Mai-juillet.

Obs. Je rapporte au *H. olivaceum Gren. et Godr.,* — *py-*

renaicum Schultz, quoique avec doute, une forme que j'ai trouvée en juillet 1876 sur le flanc de l'Aiguille à Bochard et sur le haut de la Tapiaz, entre 1500 et 2500 m.

1029 (26) — *saxatile Vill.* (E. des rochers.) — Rochers herbeux de la région inférieure des limites nord-est de la chaîne : dans le bassin inférieur de la Dranse d'Entremont, sur la rive gauche de la rivière, à Martigny; à la Bâtiaz; aux Marques et à la Croix, entre 450 et 700 m. Mai–juin.

1030 (27) — *alpinum L., — Halleri Vill.* (E. des Alpes.) — Région supérieure de tout notre champ d'exploration : les deux versants de la chaîne des Aiguilles-Rouges; au Brevent; au lac Cornu; au lac Blanc; au Montanvert; au Bois-Magnin et au col de Balme; au Mont Catogne; flancs de l'Aiguille à Bochard et de l'Aiguille du Pscheux; toute la vallée de la Mer de Glace. Juillet-août.

b) pumilum Koch. — Gazons des Becs-Rouges et des Hautes-Authannes.

c) tubulosum Gaud. — Chalets du sommet de Proz; à Marengoz (E. Favre).

d) Halleri Koch. — Au lac Cornu sur les Aiguilles-Rouges; col du Bonhomme; col de Berard dans la vallée du même nom; la Tapiaz sur Chamonix, entre 2000 et 2400 m.

1031 (28) — *Bocconei Griseb., — hispidum Fries.* (E. de Boccone.) Les rochers herbeux, de la région supérieure, sur le revers septentrional de la chaîne : en traversant l'Aiguille à Bochard au lieu dit le Pas de l'Ours; aux Chys, droit au-dessus du Mauvais Pas sur le Chapeau (août 1847); les rochers en allant au Brevent entre le Pertuis et le Grand-Bochard; sur l'arête qui sépare Lachat du Pertuis sous Plampraz; entre 1500 et 2000 m. Terrain siliceux. Août.

1032 (29) — *pseudo-Cerinthe Koch.* (E. fausse-Cerinthe.) — Fissures de rochers dans les régions moyenne et supérieure du bassin inférieur de l'Arve : Salève; au-dessus du Pas de l'Echelle; au Mont Vergy; versant nord près du chalet de Cenise; Cornettes de Bise; Chamonix; Pormenaz; Salvan; Mont Catogne sur Sembrancher, à l'est de la chaîne; à Tzaraire, au bord de la route, en bas de Fourtz (E. Favre); entre 700 et 2000 m. Juillet-août.

1033 (30) — *amplexicaule L.* (E. amplexicaule.) — Fentes de rochers dans les régions moyenne et supérieure : au Cougnon près de Chamonix; en traversant l'Aiguille à Bochard au lieu dit le Pas de l'Ours; Aiguille de la Tour; le Mauvais Pas au-dessus du Chapeau; la montagne de la Côte; en montant au Brevent; à Coupeau; au Keyzet; sur le bord de la moraine droite du glacier d'Argentière; montagne de Sâles, derrière l'éboulement; Mont-Lachat; environs de Courmayeur; base du Mont Chétif; montagne de la Saxe; Tête-Noire; entre 850 et 1500 m. Elle préfère les terrains calcaires. Juillet.

1034 (31) — *pulmonarioides Vill.* (E. fausse-Pulmonaire.) — Fissures de rochers dans les régions inférieure et moyenne de notre champ d'étude : bassins de l'Arve et de la Dranse; Salève; Grande-Gorge; Monnetier; vallée du Reposoir et sur les rochers près du pont de Saint-Maurice en Valais (Hauss-knecht); dans le lit du Foron à Sommier; au nord-est de la chaîne à Sembrancher; à Bovernier. Juillet.

1035 (32) — *ligusticum Fries.* (E. de Ligurie.) — Très-grande et belle espèce qui se trouve contre les rochers de la région moyenne, dans la partie inférieure du bassin de l'Arve : abondante au vallon de Monnetier et dans le vallon de Brogny (Puget); entre 450 et 800 m. Juillet.

SECTION III. PULMONAREA.

1036 (33) — *lanatum Vill.* (E. laineuse.) — Fissures de rochers dans les régions inférieure et moyenne, aux deux versants de la chaîne : très-abondante aux environs de Courmayeur; base de la Saxe; vallon du Chapi, au bord du Trou des Romains; en montant au Trocet-Blanc; au Cramont, au-dessus des derniers chalets, sur Pallevieux; les rochers qui dominent les bains de la Saxe; entre Bovernier et Sembran-cher dans l'Entremont; à la Peccaz, à quelques minutes au-dessus de Sembrancher, sur la route d'Orsières; entre 500 et 1500 m. Juillet.

1037 (34) — *andryaloides Vill.* (E. andryaloïde.) — Ro-chers de la région moyenne du bassin inférieur de l'Arve : au Salève, Pas de l'Echelle; au Petit-Salève, au-dessus de Monne-tier (Reuter). Juillet.

1038 (35) — *pictum Schl.,* — *farinulentum Jord.* (E. mouchetée.) — Fissures des rochers de la région moyenne, aux limites nord-est de la chaîne : bassin inférieur de la Dranse; vallée d'Entremont; à la Rappaz; à l'Aromanet; à Sembrancher et à la Peccaz entre Sembrancher et Orsières. Alt. 500 à 700 m. Juin-juillet.

1039 (36) — *rupestre All.* (E. des roches.) — Rochers de la région supérieure : chaîne des Aiguilles-Rouges sur Chamo-nix; Combe de la Floriaz, à droite du lac Cornu; entre 2000 et 2300 m., sur le terrain siliceux. Juillet-août.

1040 (37) — *Trachselianum Christ.*, — *oxydon Fries.* (E. de Trachsel.) — Indiquée au Saint-Bernard par le chanoine E. Favre. Juillet.

1041 (38) — *Jacquini Vill.*, — *humile Host.* (E. de Jacquin.) — Fissures des rochers de la région moyenne, au revers méridional de la chaîne : en montant au Cramont sur Pallevieux; à la base de la Saxe, dans le vallon du Chapi sur Courmayeur; à Sainte-Marie sous le Fouilly; aux Houches; au pied du Brezon près Bonneville; au Pas de l'Echelle; au Petit-Salève (Reuter); au Mont des Granges; dans la vallée d'Abondance; à la Dent d'Oche et contre les rochers de la Rappaz entre Bovernier et Sembrancher; entre 500 et 850 m. Juin-juillet.

1042 (39) — *bifidum Kit.* (E. bifide.) — Pas commune; on la trouve contre les rochers à Chamonix et à Bocher. Juillet.

1043 (40) — *murorum L.* (E. des murs.) — Très-commune dans les bois, sur les murs et les rochers des trois régions dans toute l'étendue de notre circonscription. Cette espèce varie beaucoup suivant la station et l'altitude; entre 450 et 2000 m. Mai-septembre.

b) ovalifolium Jord. — Basssin inférieur et moyen de l'Arve.

c) brevipes Jord. — Bois de Barioz, Abondance (Puget).

d) glaucinum Jord. — Feuilles profondément dentées ou incisées : environs de Chamonix.

e) prasinifolium Jord. — Bois de Barioz, Abondance (Puget).

f) nemorense Jord. — Rameaux et pédoncules dressés : forêts autour de Chamonix; Montanvert.

g) medium Jord. — Environs de Chamonix; Tête-Noire; Trient; Samoëns et le Criou.

h) petiolare Jord. — Feuilles pétiolées. — Çà et là.

i) meisum Hoppe. — Aiguille à Bochard; au Pas de l'Ours; chalets de Catogne sous le col de Balme.

j) oblongum Jord. — Autour de Chamonix; Catogne de Sembrancher.

k) — Janus Gren. et Godr., — *Schmidtii Auct.* — Forêt du Mont près du glacier des Bossons et aux environs de Taconnaz.

l) fagicolum Jord. — Château de Bourg-Saint-Pierre (E. Favre).

m) patulipes Jord. — Bois de Barioz, Abondance (Puget).

n) gentile Jord. — Même localité que la précédente.

o) viridicollum Jord. —Même localité que les précédentes.

p) bounophilum Jord. — Région inférieure de nos limites nord-ouest : vallée de la Dranse d'Abondance (Puget).

1044 (41) — *cœsium Fries.*, — *murorum cœsium Rap.* (E. bleuâtre.) — Bois et pâturages rocailleux. Fréquente autour de Chamonix; en montant au Môle par Saint-Jeoire; au Salève, à la Croisette (Reuter); vallée d'Entremont. Juillet-août.

1045 (42) — *commixtum Jord.* (E. mêlée.) — Régions moyenne et supérieure : pentes herbeuses du Mont-Lachat; Pavillon de Bellevue; Combe de la Floriaz sur les Aiguilles-Rouges et sous les chalets d'Arlevé; en montant au Brevent par les Invarsins; bord du torrent des Pèlerins, au-dessus de la cascade. Juillet.

1046 (43) — *rupicolum Fries.* (E. des rocailles.) — Lieux rocailleux de la région moyenne des limites nord-est de la chaîne : sur le col de la Forclaz; aux Jeurs sur Tête-Noire; Salvan; entre Bovernier et Sembrancher; sous l'Aromanet; à la Fory; Catogne de Sembrancher et Bourg-Saint-Pierre. Juin-août.

1047 (44) — *vulgatum Fries.*, — *sylvaticum Lam.* (E. vulgaire.) — Les pâturages des régions moyenne et supérieure : au-dessus des chalets de la Pendant; au bord de la Dioza; Combe de Balme sur les Aiguilles-Rouges; Mont des Granges; Abondance; Boëge; entre 1050 et 2000 m., terrain siliceux. Juin-juillet.

b) argillaceum Jord. — Bassin inférieur de l'Arve (Puget).

c) approximatum Jord. — Mêmes localités que la précédente (Puget).

d) nemophilum Jord. — Bois de la région inférieure, vers les limites sud-ouest de notre champ d'étude.

e) spilophœum Jord. — Mêmes localités que la précédente.

f) acutatum Jord. — Bois de la région moyenne : vallée d'Abondance; Dent d'Oche et dans le bassin inférieur de l'Arve; aux environs d'Annecy (Puget).

g) pallidifolium Jord. — Pâturages rocailleux de la région moyenne : autour de Chamonix; aux Nants; aux Gaillands; à la Tête-Noire, etc.

SECTION IV. ACCIPITRINA.

1048 (45) — *albidum Vill.*, — *intybaceum Wulf.* (E. blanchâtre.) — Fissures de rochers et pâturages rocailleux des régions moyenne et supérieure : au col de Balme; versant sud de toute la chaîne des Pozettes; sur le hameau du Tour au pied des Aiguilles-Rouges; Argentière; entre l'Angle et Entre la Porte, à la Parsaz sur le chemin du Brevent; à la Flégère; au-dessus des chalets de Plampraz; entre la Pendant et Lognan; sous les rochers de l'Ardifagoz, au Saint-Bernard; entre 1200 et 2000 m. Juillet-août.

1049 (46) — *picroides Vill.*, — *ochroleucum Schleich.* (E. picroïde.) — Rochers et pâturages rocailleux des régions moyenne et supérieure : en montant le couloir de Lachat, entre les chalets du Keyzet et ceux de Plampraz, en suivant l'arête qui sépare ce couloir d'avec le Pertuis; entre Pradaz et le fond des Combes du Saint-Bernard (Favre); entre 1500 et 2000 m., sur le terrain siliceux. Juillet-août.

1050 (47) — *cydoniæfolium Vill.* (E. à feuilles de Cognassier.) — Pâturages rocheux de la région supérieure : Chamonix; rochers qui séparent le couloir de Lachat de celui du Pertuis sous le Grand-Bechard; sur les deux versants de la chaîne des Aiguilles-Rouges; couloirs ravinés sous Merlet; entre les chalets d'Arlevé et ceux de Pormenaz; combe de la Floriaz, sous le lac Cornu; au Keyzet; vers le pont au-dessus de Bourg-Saint-Pierre et aux Combes du Saint-Bernard (E. Favre), entre 1500 et 2300 m., sur les terrains siliceux. Juillet-août.

1051 (48) — *strictum Fries.*, — *cotoneifolium Fröl.* (E. raide.) — Forme assez distincte de l'espèce précédente; la plupart des botanistes en font une variété ou même un synonyme de *H. cydoniæfolium.* Indiquée par le chanoine E. Favre au château de Bourg-Saint-Pierre, vers l'entrepôt de bois du couvent du Saint-Bernard. Juillet-août.

1052 (49) — *prenanthoides Vill.* (E. à feuilles de Prénanthe.) — Pâturages buissonneux, herbeux, rocailleux, de la région des sapins. Assez fréquente, surtout aux environs de Chamonix; aux Gaillands; à la Tête-Noire; en montant au Brevent; à la Pendant; à Pormenaz; au glacier des Bossons; à Taconnaz; à la Griaz; au Cougnon en face de Chamonix et surtout au bord de la Dioza, derrière le Brevent, ainsi qu'à la base de cette montagne sur le versant sud; aux Combes; entre Proz et Bourg-Saint-Pierre (E. Favre); entre 1050 et 2200 m. Juillet-août.

b) *perfoliatum Fröl.*, — *ochroleuco* × *prenanthoides.* — Variété du type précédent; tenant par certains caractères des *H. picroides* et *H. prenanthoides :* sous l'Aiguille de la Loriaz; sur les Montets; rochers des Gaillands; Tête-Noire; arête des rochers de gauche en montant, entre le Keyzet et Plampraz, sur les rochers qui séparent la Pendant de Lognan; cols de Coux et de Golèze; Combes et Ardifagoz du Saint–Bernard (E. Favre).

1053 (50) — *elatum Gren. et Godr.* (non *Fries.*), — *jurassicum Griseb.* (E. élevée.) — Région des bois du bassin inférieur de l'Arve : au Salève; aux Voirons; au Brezon (Reuter); au Bois-Magnin sous le col de Balme; à Pormenaz sous le chalet de Campoz; en montant aux chalets de la Pendant; à la Tête-Noire; aux Jeurs; entre 1200 et 1500 m. Juillet-août.

1054 (51) — *vallesiacum Fries.* (E. du Valais.) — Dans la région inférieure du bassin de la Dranse d'Entremont : Mont Chemin près Martigny; au Clou près de Bovernier; à la Rappaz entre Bovernier et Sembrancher et au Fay, près de Sembrancher (Delasoie). Août-septembre.

1055 (52) — *lycopifolium Fröl.* (E. à feuilles de Lycope.) — Rocailles de la région moyenne : sur la Tête-Noire; au Trient et entre ces deux localités; entre 1200 et 1400 m. Août.

1056 (53) — *corymbosum Fries.* (E. en corymbe.) — Indiquée seulement près de Bovernier dans le val d'Entremont, où Lagger l'a trouvée en 1867. Août.

1057 (54) — *boreale Fries.* (E. boréale.) — Commune dans les bois des régions inférieure et moyenne de tout notre champ d'étude : en montant au Chenavie depuis le village de Mont-Roch; en allant au col de Balme; au hameau du Tour; à Bocher; Sainte-Marie; au Fouilly. Juillet-août.

a) Friesii Schultz. —'En montant aux Aiguilles-Rouges depuis la Flégère; à Bocher sous les Chavans et dans le bassin inférieur de l'Arve (Puget).

b) rigens Jord. — Bassin inférieur de l'Arve (Puget).

c) curvidens Jord. — Les bois de Terramont, Bellevaux (Puget).

d) vagum Jord. — Rocailles à Bocher, à Sainte-Marie, aux Montées.

e) concinnum Jord. — Vallée d'Abondance (Puget).

f) dumosum Jord. — Bassin inférieur de l'Arve (Puget); Nant des Granges, Abondance.

g) occitanicum Jord. Bassin inférieur de l'Arve; Voirons; vallée d'Abondance (Puget).

h) virgultorum Jord. — Bassin inférieur de l'Arve.

1058 (55) — *sabaudum Jord.* (E. de Savoie.) — Endroits rocailleux à Sainte-Marie; à Bocher, à droite de l'Arve, sous les Montées; vallée de Chamonix; chaîne des Aiguilles–Rouges, entre 1050 et 2000 m. Août-septembre.

1059 (56) *umbellatum L.* (E. en ombelle.) — Lieux rocailleux des régions inférieure et moyenne : Martigny; Servoz et Sainte-Marie; Bocher et tout le bassin inférieur de l'Arve. Août-septembre.

1060 (57) — *œstivum Fries.,* — *monticola Jord.* (E. d'été.) Gazons du bassin inférieur de l'Arve, au Brezon (Reuter) et aux Moises, au-dessus de Maugny; val d'Abondance (Puget). Juillet-août.

51ᵉ famille — CAMPANULACÉES

1. Jasione L. (Jasione).

1061 (1) — *montana L.* (J. de montagne.) — Coteaux secs, arides et sablonneux dans la région moyenne du nord-est et du sud-est de la chaîne : aux alentours de Courmayeur; base du Mont Chétif sur Dologne; en montant au vallon de Champey sur Bovernier; entre la Croix et Ravoire et à Saint-Rémy. Entre 500 et 1200 m. Juillet.

2. Phyteuma L. (Raiponce.)

1062 (1) — *pauciflorum L.* (R. pauciflore.) — Pâturages rocailleux de la région supérieure. Signalée sur la Becca di Nona près de Courmayeur. Juillet-août.

1063 (2) — *humile Schleich.* (R. naine.) — Indiquée par M. l'abbé Grand, de Saint-Maurice, aux rochers d'Entre-le-Mont-Blanc-dessus, près la Rageat, sous la Croix du Bonhomme. Août.

1064 (3) — *hemisphæricum L.* (R. hémisphérique.) — Fissures de rochers dans les régions moyenne et supérieure : au Keyzet sous le Brevent; Plampraz; Lachat; entre Pierre-Pointue et Pierre à l'Echelle; col de Balme; les Montets; les deux versants des Aiguilles-Rouges et de la chaîne du Mont-Blanc. Cette espèce varie, pour la taille, de 1 à 30 centimètres; on la rencontre de préférence sur les terrains siliceux, entre 1050 et 2500 m. Juillet-août.

b) superalpinum. — Tige presque nulle, au maximum un centimètre de haut, à feuilles linéaires dépassant à peine le capitule. Au haut du vallon du Vieux-Emousson, près du col de Genévrier, sur Valorsine.

1065 (4) — *Scheuchzeri All.* (R. de Scheuchzer.) — Signalée par Murith près de l'Hôpital du grand Saint-Bernard, où elle n'a pas été retrouvée depuis. Juillet-août.

b) Charmelii Vill. — Indiquée par M. Personnat aux rochers de la Croix de Fer près du col de Balme; mais je ne l'ai pas encore rencontrée dans les limites de notre *Guide.*

1066 (5) — *orbiculare L.* (R. orbiculaire.) — Prairies des terrains jurassiques argileux de la région moyenne; fréquente dans les prés au-dessus de l'ancienne route, entre les Houches et les Chavans; entre 850 et 1000 m. Juin-juillet.

b) lanceolatum Gren. et Godr. — Feuilles radicales et caulinaires ovales lancéolées : montagne de la Côte; Ayers sur Servoz; revers méridional de la chaîne dans la vallée de Ferret et en montant au Cramont sur Pallevieux.

c) ellipticum Gren. et Godr. — Feuilles radicales et caulinaires oblongues obtuses : revers méridional du Mont-Blanc et Pavillon de Bellevue.

d) cordatum Gren. et Godr. — Prairies du col de Balme où je l'ai cueillie en août 1857.

1067 (6) — *Michelii All., — scorzonerœfolium Vill.* (R. de Micheli.) — Pâturages de la région supérieure du nord-est de notre circonscription : au bord de la Mer de Glace, au Montanvert. Murith l'indique au val Champey et aux Combes du Saint-Bernard, près de la cascade de Pradaz. Elle est signalée encore dans une prairie de la vallée du Trient, entre la bifurcation du chemin de Tête-Noire et celui du col de Balme et à la base du Bois-Magnin (M. Chatin). Juillet-août.

1068 (7) — *betonicœfolium Vill.* (R. à feuilles de Bétoine.) — Fréquente dans toutes les prairies des limites de ce *Guide,* entre 1000 et 1500 m. : Aiguille à Bochard; montagne de la Corne; Bocher; les Chauderons; tous les pâturages autour de Chamonix, etc. Juin-juillet.

1069 (8) — *spicatum L.* (R. en épi.) — Fréquente dans les prairies buissonneuses de la région moyenne : la Corne; la Paraz; vallée du Trient; la Combe de Martigny; le Brocard; Bovernier; la Pierraz près du grand Saint-Bernard, etc.; entre 1000 et 1800 m. Mai-juillet.

b) album. — A fleurs parfaitement blanches : montagnes de la Corne, des Pèlerins et du Dard, entre 1200 et 1500 m.

1070 (9) — *Halleri All.* (R. de Haller.) — Cette espèce a été cueillie par M. Chatin dans une prairie fertile au grand Saint-Bernard, à gauche de la route, entre cette dernière et la Dranse. Juillet-août.

3. **Specularia** Heist. (Spéculaire.)

1071 (1) — *Speculum Alph. DC.*, — *Prismatocarpus Speculum L'Hérit.* (Sp. Miroir-de-Vénus.) — Commune dans les moissons de la région inférieure. Juin-juillet.

4. **Campanula** L. (Campanule.)

1072 (1) — *barbata L.* (C. barbue.) — Les pâturages incultes de la région moyenne : aux environs de Chamonix; à la Coudraz; à Hortaz; aux Tines; très-fréquente entre 1050 et 1500 m.; elle monte jusqu'à 2000 m. Juillet-août.

b) flore alba. — Abondante dans les prés du Planet, du Rocher, de Blaitière et du Mont-Lachat; au bord de la grande route en sortant de Chamonix pour se diriger vers les Nants; aux Plançades; aux Combes.

c) uniflora. — La Parsaz; le Bonhomme; l'Allée-Blanche, etc.

Obs. Haller signale la *C. Allionii Vill.* au col de Ferret, mais on ne l'y a pas retrouvée depuis.

1073 (2) — *glomerata L.* (C. agglomérée.) — Les prés et les pâturages de la région moyenne : Argentière, au bord de la grande route entre Liœutraz et l'église; à Sembrancher; au val d'Essert; en montant au Cramont. Juin-juillet.

1074 (3) — *spicata L.* (C. en épi.) — Coteaux rocheux de la région moyenne du nord-est et du sud-est de la chaîne : les Marques au-dessus de la Bâtiaz; en montant depuis Bovernier au val Champey; Sembrancher; Orsières; vallon du Chapi sur Courmayeur, à la base de la Saxe; col de Coux (Puget); entre 500 et 1200 m. Juin-juillet.

1075 (4) — *thyrsoidea L.* (C. thyrsoïde.) — Les pâturages graveleux de la région subalpine : entre le col de Voza et le Pavillon de Bellevue, sur les pentes tournées vers Bionnassay et le Prarion; Mont-Lachat; Bovenaz près de Catogne; chalets de Balme près du col; à la Forclaz sur Trient; entre Liddes et Saint-Pierre; à l'Ardifagoz du grand Saint-Bernard et aux cols d'Anclave et des Fours; entre 1200 et 2000 m. Juin-juillet.

1076 (5) — *latifolia L.* (C. à larges feuilles.) — Endroits rocailleux de la région inférieure des limites du nord-est de notre circonscription : indiquée au Brocard près de Martigny; dans le vallon de la Combe et au col de Coux. Juin-juillet.

1077 (6) — *Trachelium L.* (C. gantelée.) — Les bois rocailleux et buissonneux des régions inférieure et moyenne :

Saint-Gervais, en allant aux pyramides des Fées; au Chatelard sur le chemin de la Tête-Noire. Juillet-août.

b) dasycarpa Gr. et Godr. — Calice hérissé. Sainte-Marie; cascade du Fouilly; les Montées et Bocher.

1078 (7) — *rapunculoides L.* (C. à feuilles de Raiponce.) — Bois rocailleux des deux régions inférieures : bassin moyen de l'Arve, entre le Chatelard et Sallanches; aux environs de Chamonix, au Fouilly, à la Coudraz, etc. Juillet-août.

1079 (8) — *bononiensis L.* (C. de Bologne.) — Collines chaudes de la région inférieure : Sembrancher près de la galerie. Juillet-août.

1080 (9) — *rhomboidalis L.* (C. rhomboïdale.) — Très-abondante dans les prés de la région moyenne, mais principalement entre Chamonix et la partie supérieure de la vallée, aux Tines, au cimetière, etc., etc., entre 1000 et 1500 m. On trouve assez fréquemment dans les mêmes localités une variété à fleurs blanches. Juin-juillet.

1081 (10) — *linifolia Lam.* (C. à feuilles de lin.) — Prairies des régions moyenne et supérieure de toute notre circonscription : flancs de l'Aiguille à Bochard; col de Balme; toute la chaîne des Aiguilles-Rouges; chalets de Barberine; Jardin de la Mer de Glace; chalets d'Entre les Eaux; la Pendant; le Bois-Magnin; le col de Fenêtre près du grand Saint-Bernard; entre 1050 et 2000 m. Juillet-août.

1082 (11) — *rotundifolia L.* (C. à feuilles rondes.) — Assez commune dans les prés, les bois et sur les rochers des régions inférieure et moyenne, entre 500 et 1500 m. d'altitude. Juin-août.

1083 (12) — *pennina Reuter,* bull. Soc. hallér. (C. pennine.) — Voisine de la *C. rotundifolia L.*, dont elle ne diffère que par ses tiges plus basses, diffuses; les feuilles radicales petites, à peine en cœur à la base, obscurément crénelées; la corolle largement campanulée, à lobes plus courts et moins profonds : limites du nord-est de la chaîne, entre la cantine de Proz et Bourg-Saint-Pierre, à côté du chemin (Reuter). Juin-août.

1084 (13) — *Scheuchzeri Vill.* (C. de Scheuchzer.) — Pâturages de la région supérieure : col de Balme; Bois-Magnin; vallon d'Entre les Eaux; Aiguilles-Rouges; grand Saint-Bernard; col de Fenêtre, etc. Juillet-août.

a) glabra Gr. et Godr. — Bouchet de Chamonix; source de l'Arveyron.

b) hirta Gr. et Godr. — Plante poilue sur toutes ses parties; elle habite principalement les régions élevées de notre circonscription, notamment sur le terrain calcaire : au Buet; au col du Bonhomme.

c) albiflora. — Rocailles sur les pentes du Velan, entre 2000 et 2200 m. (E. Favre.)

1085 (14) — *cæspitosa Scop.* (C. gazonnante.) — Indiquée par M. l'abbé Chevalier au col du Bonhomme, dans les éboulis calcaires qui dominent les chalets de la Balme. (Voir le rapport de la Société botanique de France sur une herborisation au col du Bonhomme, août 1866.)

1086 (15) — *pusilla Hœnk.* (C. fluette.) — Rocailles dans les régions moyenne et supérieure de notre champ d'exploration : toute la vallée de Chamonix, le long de la grande route jusqu'au village du Tour; le col de Balme; en montant au Pavillon de Bellevue; pentes du Buet; col de Salenton; Bionnassay. C'est une des plantes dont l'aire verticale est le plus étendue, sans altération des caractères typiques. Entre 400 et 2400 m. Juillet-août.

b) albiflora Gaud. — En traversant depuis le col de Voza sous le Bois-Rond, au glacier de Bionnassay.

1087 (16) — *subramulosa Jord.* (C. rameuse.) — Tiges nombreuses, hautes de 2 à 3 décimètres, hispides, terminées par une grappe subpaniculée; corolle arrondie. On la trouve assez communément sur les rochers ombragés et humides : éboulis du Brevent; Montanvert; Chapeau; Voirons, etc.; entre 1050 et 1500 m. Juillet-août.

1088 (17) — *gracilis Jord.* (C. grêle.) — Indiquée dans les débris schisteux, entre Proz et Bourg-Saint-Pierre. Juin-août.

1089 (18) — *Rapunculus L.* (C. Raiponce.) — Les prés et les champs des régions inférieure et moyenne, en particulier autour de Chamonix; au Bouchet; au Fouilly; à la Coudraz, etc., entre 450 et 1500 m. Juin.

1090 (19) — *patula L.* (C. étalée.) — Lieux ombragés de la région inférieure : bassin inférieur de l'Arve près de Bonneville et d'Aranthon; à Saint-Gervais, en allant aux Pyramides des Fées et à l'est de la chaîne au bas de la Combe de Martigny et près du Brocard; entre 450 et 600 m Juillet-août.

1091 (20) — *persicifolia L.* (C. à feuilles de Pêcher.) — Commune dans les bois du bassin moyen de l'Arve et de la Dranse d'Entremont; sur Martigny; au Brocard; à la base du Mont-Chemin; dans le val Champey. Juin-juillet.

1092 (21) — *cenisia* L. (C. du Cenis.) — Escarpements de la région supérieure des vallées situées au nord de la chaîne : au Buet, depuis le col de Salenton à la cime; vallon d'Entre les Eaux; autour des chalets de Barberine; col du Bonhomme (M. l'abbé Mermoud); au torrent du Velan; sous le glacier des Fortzons (E. Favre). Juillet-août.

Obs. Murith indique la *C. sibirica* au-dessus des vignes de Bovernier, sur le versant sud-est du Mont-Chemin, mais cette localité n'a pas été confirmée par les botanistes actuels.

52ᵉ famille — VACCINIÉES

1. Vaccinium L. (Airelle.)

1093 (1) — *Myrtillus* L. (A. Myrtille.) — Très-commune dans les régions moyenne et supérieure. Elle est la compagne inséparable du Rhododendron. Juin-juillet.

1094 (2) — *uliginosum* L. (A. des marais.) — Dans les tourbières et les endroits humides des régions moyenne et supérieure; moins fréquente que la précédente : autour de Chamonix; chemin du Mont-Blanc sous la Paraz; aux Pozettes; au Bouchet; près du chemin du Montanvert. Par exception, on la trouve sur les sables siliceux des moraines de la Mer de Glace ainsi qu'aux Mélèzes de Valorsine, au pied des Montets. Mai-juillet.

1095 (3) — *Vitis idæa.* (A. ponctuée.) — Très-abondante dans toute notre circonscription, en suivant la zone des sapins : sur les montagnes des environs de Chamonix, au Bouchet, aux Chauderons, aux Pèlerins, etc.; toutes les vallées comprises dans nos limites, entre 1000 et 1500 m. Juin-juillet.

2. Oxycoccos Tournef. (Canneberge.)

1096 (1) — *vulgaris Pers.* — *Vaccinium Oxycoccos L.,* (C. commune.) — Très-rare dans notre circonscription; on ne la trouve que sur un point, au nord-est de la chaîne : au bord du lac de Champey, au pied du Catogne. Juin-juillet.

53ᵉ famille — ERICINÉES

1. Arctostaphylos Adans. (Arbousier.)

1097 (1) — *alpina Spreng.,* — *Arbutus alpina L.* (A. des Alpes.) — Lieux rocailleux de la région supérieure : en montant du col de Voza au Pavillon de Bellevue; sommet de Taconnaz; à Pierre-Ronde; sur le plateau de l'Are, près du glacier de Bionnassay; toute la crête du Mont-Lachat; les deux versants des Aiguilles-Rouges; l'arête qui sépare le Parchat du couloir de Lachat sous Plampraz, en face de Pierre à Berard; le col de Balme; au bord du lac de Catogne où il est extrèmement abondant; la Croix de Fer; au-dessus des chalets d'Amosson; vallon de Barberine; en allant des Montets aux Aiguilles de la Loriaz; aux Pozettes; grand Saint-Bernard près des glaciers de Proz et de Menouve. Il est plus rare au nordest et au sud-est de la chaîne, où il n'existe que sur un point dans l'Allée-Blanche. Entre 1500 et 2200 m. Juillet-août.

1098 (2) — *officinalis Wimm. et Grab.*, — *Arbutus uva ursi L.* (A. officinal.) — Beaucoup plus commun que le précédent, dans les endroits arides, pierreux ou graveleux des terrains calcaires et plus rarement sur le cristallin : le long de la grande route à Servoz; aux Ayers jusqu'aux rochers sous le Platet; Mont-Lachat du côté de Bionnassay; moraine terminale du glacier du Tour; rochers du Keyzet entre le Parchat et Lachat; au bord du glacier d'Argentière; entre 500 et 2000 m. Mai-juin.

1099 (3) — *angustifolia Mihi.* (A. à feuilles étroites.) — Cette forme diffère de l'Arbousier officinal par ses baies plus petites, globulaires, âpres au goût; ses feuilles sont très-étroites, lancéolées, profondément ridées et portées sur un pétiole presque sessile, fortement laineuses sur leurs bords, presque glauques en dessous, obovées, obtuses et moins coriaces; tiges de 1 à 2 décimètres, rampantes. Cette plante se reconnaît à première vue : aux Cès Blancs près du col de Balme, vers le haut de la région des sapins, à la limite du canton du Valais et de la France. Juillet-août.

2. **Calluna Salisb.** (Callune.)

1100 (1) — *vulgaris Salisb.*, — *Erica vulgaris L.* (C. commune). Très commune dans les trois régions, sur les terres arides, par exemple aux Chauderons sur Chamonix, jusqu'à la base du Brevent. Elle varie à fleurs blanches. Entre 500 et 2500 m. Juillet-septembre.

3. **Erica L.** (Bruyère.)

1101 (1) — *carnea L.* (B. incarnate.) — Dans les bois de sapins des régions inférieure et moyenne. On la rencontre en assez grande quantité sous le rocher d'Andey à l'entrée de la vallée du petit Bornand au pied du Bois-Noir; sur Rumilly près Bonneville; aux environs de Saint-Maurice (Valais). Avril-mai.

4. Loiseleuria Desv. (Loiseleurie.)

1102 (1) — *procumbens Desv.*, — *Azalea procumbens L.* (L. couchée.) — Les pelouses sablonneuses de la région supérieure : très-abondante sur le sommet du Mont-Lachat où ses jolies fleurs roses produisent un effet magnifique; sur les deux moraines latérales de la Mer de Glace; au col de Balme et sur toutes les sommités avoisinantes; en montant au Brevent; à Lachat; dans la vallée de Montjoie; au grand Saint-Bernard, etc., entre 1500 et 2000 m. Juillet-août.

5. Rhododendron L. (Rosage.)

1103 (1) — *ferrugineum L.* (R. ferrugineux.) — Ce joli arbuste est tellement abondant sur la chaîne des Alpes qu'il forme une zone appelée la zone des Rhododendrons. Il est commun dans la région supérieure des sapins de toute notre circonscription. Juin-juillet.

b) albiflorum. — Se rencontre çà et là au milieu de ces immenses étendues de fleurs pourprées. Je le possède de plusieurs points de la vallée, du Keyzet, d'Argentière, de la Pendant et de Charamillon; sous le plateau de Plantaluc au Saint-Bernard (C. Carron).

Obs. Je n'ai pu. jusqu'ici, constater la présence des *R. hirsutum* et *R. intermedium* dans les limites assignées à ce *Guide,* bien qu'ils soient signalés sur leurs confins.

54ᵉ famille — PYROLACÉES

1. Pyrola L. (Pyrole.)

1104 (1) — *rotundifolia L.* (P. à feuilles rondes). — Lieux rocailleux ombragés de la région moyenne : au bois de Joux, en allant à la Charbonnière sous le Platet; aux Jœurs sous Tête-Noire; à Notre-Dame de la Gorge ; dans les bois des Pèlerins, entre la moraine du glacier des Bossons et la Cascade. Entre 600 et 1200 m. Juin-juillet.

1105 (2) — *arenaria Rapin.* (P. des sables.) — Le long de la moraine des glaciers des Bossons et de Taconnaz; au Mont (Rapin); à Songenaz. Juin-juillet.

1106 (3) — *chlorantha Sw.* (P. verdâtre.) — Dans la région supérieure des sapins ; elle diffère de la précédente par son calice et de la suivante par son style. On la trouve parmi les genévriers au-dessus du Chapeau ; en descendant depuis les Fins de Blaitière au Biolet; au bas de la forêt près du village du Mont; en allant du col de Balme aux chalets de Petoude; en montant au Pavillon de Bellevue par les Houches; forêt des Pèlerins, entre les chalets et le glacier; le long de l'Arve vers les moulins des Bossons; aux Cès Blancs; entre 600 et 1500 m. Juin-juillet.

1107 (4) — *media Sw.* (P. intermédiaire.) — Parmi les genévriers, en traversant le flanc de l'Aiguille à Bochard sur le Mauvais-Pas, par le sentier du Pas de l'Ours et des Chys. Juillet-août.

1108 (5) — *minor L.* (P. mineure.) — Même région que les précédentes : bois de Joux à Servoz; aux Pèlerins; pied de Coupeau; à Hortaz en allant à la source d'Arveyron; dans les bois près du glacier des Bossons; à Songenaz; au Greppon en face de Chamonix. Juin-juillet.

1109 (6) — *secunda L.* (P. unilatérale.) — Très-commune dans notre circonscription sur les deux versants de la chaîne; elle est surtout abondante dans toutes les forêts des terrains siliceux, où elle semble chercher de préférence les alluvions glaciaires de transport : le Bouchet; les Bossons; Taconnaz; les Faux; gorges de la Dioza; bois de Joux; les Pèlerins; le bois du Planet au pied de l'Aiguille du Greppon; en montant à Plampraz; au Larzet; en face du glacier de la Brenva près de la chapelle de Berryer; près de Courmayeur et au-dessus de Domancy près de Sallanches; entre 650 et 2000 m. Juin-juillet.

1110 (7) — *uniflora L., Moneses grandiflora Salisb.* (P. uniflore.) — Assez fréquente dans les régions moyenne et supérieure, spécialement sur le terrain jurassique : aux environs de Chamonix; à Argentière; dans la forêt en face du hameau des Iles et jusqu'aux Chozalets; en montant au Pavillon de Bellevue par les bois du Lavouet; au Trouleroz sous Tête-Noire, au bord de l'Eau-Noire; aux Ayers sur Servoz; au Catogne de Sembrancher; à la Combe de Martigny; forêt de Bossaz, vis-à-vis de Saint-Rémy, versant sud du Saint-Bernard; dans un bois de sapins à Notre-Dame-de-la-Gorge, à l'extrémité des prés de Veni contre la Brenva; entre 1050 et 1500 m. Juin-juillet.

55ᵉ famille — MONOTROPÉES

1. Monotropa L. (Monotrope.)

1111 (1) — *Hypopitys L.* (M. Sucepin.) — Dans les bois de sapins et de hêtres des régions inférieure et moyenne : au bois de Joux près Servoz; le Grand-Bois près de Chamonix; Andey près Bonneville; Leytroz en face de Tête-Noire; Sembrancher, etc. Juillet-août.

TROISIÈME CLASSE : COROLLIFLORES

56ᵉ famille — JASMINÉES

1. Ligustrum. (Troène.)

1112 (1) — *vulgare L.* (T. commun, vulg. Fresillon.) — Très-commun dans les haies et les buissons de la région inférieure, entre 500 et 700 m. Juin.

Obs. On rencontre dans les jardins et les bosquets de la région inférieure les espèces suivantes qui appartiennent à cette famille :
Jasminum fruticans L. (Jasmin frutescent.)
Jasminum officinale L. (J. officinal.)
Syringa vulgaris L. (Lilas commun.)

2. Fraxinus L. (Frêne.)

1113 (1) — *excelsior L.* (F. commun.) — Assez fréquent dans les endroits incultes et rocailleux de la région moyenne, par exemple autour de Chamonix et dans toutes les vallées comprises dans ce *Guide.* Avril-mai.

b) australis Gren et Godr. — Aux Chauderons; aux Plans; aux Nants.

c) monophylla Gren. et Godr. — Servoz; environs de Chamonix; Argentière; Valorsine, etc.

57ᵉ famille — ASCLÉPIADÉES

1. Cynanchum L. (Cynanque.)

1114 (1) — *Vincetoxicum R. Br.,* — *Vincetoxicum officinale Mœnch.* (C. Dompte-venin.) — Commune dans la région moyenne, surtout aux Chauderons et dans les vallées situées autour de la chaîne, entre 1000 et 1200 m. Juin-juillet.

58ᵉ famille — APOCYNÉES

1. Vinca L.   (Pervenche.)

1415 (1) — *minor L.* (P. mineure.) — Dans les bois et les haies de la région inférieure : vallée de l'Arve, jusqu'à l'altitude de 800 m. Avril-mai.

1416 (2) — *major L.* (P. majeure.) — Moins fréquente que la précédente; elle aborde à peine nos limites du sud-ouest, à Héry sur Ugine (Delavay) et celles du nord-est, à Ravoire sur Martigny. Avril–mai.

59ᵉ famille — GENTIANÉES

1. Menyanthes L.   (Ményanthe.)

1417 (1) — *trifoliata L.* (M. trifoliolée, vulg. Trèfle de marais.) — Les marais et les tourbières des régions inférieure et moyenne de notre circonscription, par exemple aux Chavans et dans le val de Montjoie, entre 450 et 1000 m. Mai-juin.

2. Chlora L.   (Chlore.)

1418 (1) — *perfoliata L.* (C. perfoliée.) — Marais de la région inférieure : vallée de l'Arve près de Bonneville et de Veyrier; à Vernayaz, dans le Bas-Valais. Juillet-septembre.

1419 (2) — *serotina Koch.* (C. tardive.) — Mêmes stations que sa congénère : bassin inférieur de l'Arve près de Veyrier; à Aranthon au bord de la route, le long de l'Arve. Cette forme ne diffère de la précédente que par son port plus grêle et ses feuilles plus étroites. Juin-octobre.

3. Gentiana L.   (Gentiane.)

1420 (1) — *lutea L.* (G. jaune.) — Commune dans les pâturages de la région moyenne : aux Ayers sur Servoz; dans la vallée du Trient; à Bourg-Saint-Pierre dans le val d'Entremont; vallée de Ferret et les environs de Courmayeur; val de Montjoie jusqu'au col de Voza. On en trouve çà et là quelques pieds dans la vallée de Chamonix. Entre 800 et 1200 m. Juillet-août.

1421 (2) — *Thomasii Gillab.*, — *hybrida Schleich.* (G. de Thomas.) — Hybride des *G. lutea* et *G. purpurea;* on la rencontre rarement dans les limites géographiques de ce *Guide* et seulement sur le terrain calcaire : vallon d'Entre les Eaux;

col du Genèvrier. Elle est indiquée au Brezon, au Mont Méry, au Reposoir et au Vergy et sur le revers méridional de la chaîne, près des chalets de l'Allée-Blanche; entre 2000 et 2500 m. Août.

1122 (3) — *purpurea L.* (G. rouge.) — Assez fréquente dans les pâturages de la région supérieure et notamment au col de Balme; à la base du Platet; aux Ayers; à Pormenaz et dans le vallon de la Dioza; val de Montjoie; à Tré le Chosal; au mont Catogne d'Entremont; au grand Saint-Bernard et dans le val Ferret; entre 1800 et 2500 m. Juillet-août.

b) nana. — Variété à tige courte. Col de Balme; Pormenaz et dans le voisinage de la Mer de Glace.

1123 (4) — *Charpentieri Thomas., — punctato* $\times$ *lutea Griseb.* G. de Charpentier.) — Hybride entre les *G. lutea* et *G. punctata;* indiquée vers les limites sud-ouest de notre circonscription : au Reposoir et au Mont Méry d'où elle m'a été envoyée plusieurs années de suite; mais je ne l'ai jamais rencontrée sur aucun autre point de la chaîne du Mont-Blanc. Août.

1124 (5) — *punctata L.* (G. ponctuée.) — Dans tous les pâturages de la région supérieure : vallées de la Mer de Glace et de la Dioza; Entre les Champs; abondante autour des chalets de Catogne, des Herbagères, de Charamillon et de Balme, sous le col de ce nom; grand Saint-Bernard, sur toutes les pentes autour de l'hospice et au col de Ferret; entre 1200 et 2200 m. Juillet-août.

1125 (6) — *Gaudiniana Thomas., — pannonica Gaud., — punctato* $\times$ *purpurea Griseb.* (G. de Gaudin.) — Hybride des *G. punctata* et *G. purpurea.* Elle diffère de cette dernière par son calice campanulé, tronqué, et sa corolle jaune, ponctuée : Pâturages en allant d'Entre les Champs aux Pozettes, à 1500 m. d'altitude. C'est la seule localité où je l'aie rencontrée jusqu'ici. Juillet-août.

1126 (7) — *cruciata L.* (G. croisette.) — Dans la région moyenne; elle est rare dans notre circonscription et ne se trouve guère que sur les collines couvertes de buissons et dans les prés incultes en montant au Platet depuis Servoz et Passy. Signalée aussi près de la Porte du Scex, Valais. Juin-août.

1127 (8) — *asclepiadea C.* (G. asclépiade.) — Pâturages buissonneux de la région moyenne : au Biolet en face de Chamonix; autour des chalets de Barberine et d'Anterne (Personnat); au Clapey sous la Pierre du Ventre Blanc; dans les gorges de la Dioza, à Servoz; au Chapiu, etc.; entre 650 et 2000 m. Août-septembre.

1128 (9) — *Pneumonanthe L.* (G. Pneumonanthe.) — Les prairies marécageuses de la région inférieure : à Vernayaz près des gorges du Trient, seule localité connue dans les limites de ce *Guide*. Août-septembre.

1129 (10) — *acaulis L.* (G. acaule.) — Pâturages de la région moyenne : abondante sur tous les pâturages incultes des vallées comprises dans les limites géographiques de ce *Guide;* entre 800 et 1500 m. Mai-juillet. On a établi aux dépens du type plusieurs espèces dont nous ne faisons, avec la plupart des botanistes sérieux, que de simples variétés de la Gentiane acaule. Il serait difficile à l'explorateur de nos Alpes de trouver des caractères bien tranchés qui lui permissent de distinguer ces formes, tandis qu'il lui est facile d'observer tous les passages intermédiaires.

a) angustifolia Vill. — Assez fréquente autour de Chamonix; cascades des Pèlerins et du Dard; Bois-Rond; Ayers sur Servoz; pentes du Pavillon de Bellevue tournées vers Bionnassay; sous la Grand-Lui près de la Léchère, etc.

b) excisa Presl. — Partout avec le type.

c) Kochiana Perr. et Song. — Vallées de Chamonix et de Montjoie.

d) Clusii Perr. et Song. — Pormenaz; Forclaz; col de Balme; pentes de Catogne; Moncoutant; Vergy; Granges de Salaison; sous le glacier des Fortzons.

1130 (11) — *alpina Vill., — acaulis c) parviflora Gren. et Godr.* (G. des Alpes.) — Voici une espèce parfaitement caractérisée, qu'on rencontre en abondance sur plusieurs points du col de Balme, au-dessus de Charamillon et du Mont Catogne avec les *G. Kochiana* et *G. angustifolia*; au Buet; au grand Saint-Bernard; col de la Seigne, etc. Juillet. Cette forme présente toujours les caractères d'une bonne espèce; elle diffère des précédentes par sa souche très-grêle, sa tige très-courte, ses feuilles ovales, petites, en rosette, son calice à lobes ovales et sa corolle de moitié plus courte que celle de la *G. acaulis.*

b) albiflora, — albescens Auct. — Au col de Balme, vers les Becs-Rouges.

1131 (12) — *bavarica L.* (G. de Bavière.) — Gazons et pâturages humides de la région supérieure : col de Salenton; toute la vallée de la Dioza; vallon d'Entre les Eaux; entre les cols d'Anterne et de Leschaux; entre le col de Fenêtre au grand Saint-Bernard et celui de Ferret et dans tous les pâturages élevés des vallées du sud-ouest de la chaîne; Montjoie, etc. Elle n'est nulle part aussi abondante qu'autour du col de Balme, d'où elle descend jusqu'au village du Tour et même jusqu'à Argentière. Juillet-août.

b) imbricata Schleich. — Tige très-courte; feuilles imbriquées, ovales arrondies : à la Chenalettaz, entre le grand Saint-Bernard et le col de Fenêtre. Alt. 2500 à 2700 m.

1132 (13) — *verna L.* (G. printanière.) — Commune dans les régions inférieure et moyenne : Plaine de Passy; Domancy et tout le bassin de l'Arve; cours inférieur de la Dranse, du Buttier, etc.; entre 450 et 1200 m. Avril-septembre.

b) œstiva Rœm. et Schultz. — Tube du calice ventru. Assez fréquente dans la région moyenne.

1133 (14) — *brachyphylla Vill.* (G. brachyphylle.) — Forme plus petite que la précédente, de laquelle elle se rapproche le plus, mais dont elle diffère par ses feuilles petites, ovales, courtes, épaisses, et par le tube du calice qui est grêle. Pâturages de la région supérieure, souvent en compagnie de la *G. verna* : col de Balme; grand Saint-Bernard; cols de Fenêtre et de Ferret; sommet de la Saxe; combe de la Hyoulaz au Cramont; col de la Seigne; plateau des Rognes ou de l'Are, sur le glacier de Bionnassay, moraines du glacier d'Anolet, vallée de Berard; Pierre à l'Echelle, sous l'Aiguille du Midi, chemin du Mont-Blanc; autour du Pavillon du col de Balme; montagne de la Côte; Aiguille du Tour; col des Fours; Mont-Joly, cols du Bonhomme et d'Anclave. Juin-juillet.

b) albiflora. — Lieux plus humides. Col de Balme; Plançades au grand Saint-Bernard.

c) elongata. — Tiges de 7 à 8 centimètres; feuilles plus petites, calice plus court que dans la forme typique. Endroits sablonneux ou rocailleux des Becs-Rouges sur le col de Balme et à Barberine.

1134 (15) — *nivalis L.* (G. des neiges.) — Pelouses de la région supérieure : col de Balme; vallon d'Entre les Eaux; marécages du Chapeau sur le Mauvais Pas; Pierre-Ronde sous l'Aiguille du Goûté; Pierre à Berard; Pormenaz; sommet de la Griaz; toute l'arête des Pozettes; à la Croix de Fer près du col de Balme; la Baux du grand Saint-Bernard; plaine de Lavachet; la Saxe sur Courmayeur; Tré le Chosal; Tré la Tête; cols du Bonhomme, des Fours et d'Anclave, etc., etc., entre 1500 et 2500 m. Juillet-août.

1135 (16) — *utriculosa L.* (G. utriculée.) — Pâturages secs et buissonneux de la région supérieure des sapins : en montant au Cramont, entre 1800 et 2000 m. Juillet.

1136 (17) — *ciliata L.* (G. ciliée.) — Prairies arides des régions moyenne et supérieure : derrière le Pavillon de Bellevue au Mont-Lachat; montagnes de Sâles; en montant au col de Balme; au Tour; à Ferret; à Ceresay sous Saint-Rémy, etc. C'est une des espèces dont l'aire verticale est la plus étendue; entre 450 et 2500 m. Août-septembre.

1137 (18) — *germanica Willd.,* — *amarella Vill.,* non *L.* (G. d'Allemagne.) — Prairies et pâturages de la région moyenne et s'élevant jusqu'à la supérieure : Argentière; col de Balme; Pissevache, etc. Juillet-septembre.

1138 (19) — *campestris L.* (G. champêtre.). — Commune dans les pâturages de la région moyenne et s'élevant jusqu'à la supérieure : en allant au col de Balme; au village des Bois; côte du Piget; aux Chezerys des Frasserants en allant au Brevent; aux Chauderons; au Keyzet; autour du lac du Brevent; à Pormenaz; à la combe de la Floriaz, etc. Juin-septembre.

b) albiflora. — En allant au Brevent; à Plampraz; au col de Balme, etc.

c) nana. — Tige acaule, uniflore, à feuilles plus larges, les inférieures oblongues. En montant au col de Balme; au Tour et au-dessus du Pavillon du col.

1139 (20) — *tenella Rottb.,* — *glacialis Abr. Thomas.* (G. fluette.) — Pâturages de la région supérieure, aux limites nord et sud de la chaîne : autour du Pavillon français du col de Balme; rare au grand Saint-Bernard; elle l'est moins dans la vallée de Ferret, en face des chalets du Lavachet et dans les prés avant d'arriver à Proz de Bard; près du glacier du Bonhomme; entre 2000 et 2300 m. Juillet-août.

4. Erythræa Pers. (Erythrée.)

1140 (1) — *Centaurium Pers.* (E. Centaurée, vulg. Petite-Centaurée.) — Commune dans la région inférieure du bassin de l'Arve et de la Dranse, ainsi que dans le bassin supérieur de la Doire : environs de Bonneville (Dumont); entre 450 et 1050 m. Juillet-août.

1141 (2) — *pulchella Fries.* (E. joliette.) — Lieux secs après la moisson, dans les régions inférieure et moyenne du revers méridional de la chaîne : en montant au Cramont et aux environs de Bonneville (Dumont); elle est aussi indiquée à Martigny, entre la ville et le Guercet. Juillet-septembre.

60ᵉ famille — CONVOLVULACÉES

1. Convolvulus L. (Liseron.)

1142 (1) — *arvensis L.* (L. des champs.) — Commun dans la région des cultures. Juin-août.

1143 (2) — *sepium L.* (L. des haies.) — Commun dans les haies des régions inférieure et moyenne. Juillet-août.

61ᵉ famille — CUSCUTACÉES

1. Cuscuta L. (Cuscute.)

1144 (1) — *europœa L.,* — *major DC.* (C. d'Europe.) — Assez fréquente sur l'Ortie dioïque dans les régions inférieure et moyenne : autour de Chamonix; à Servoz et dans tout le bassin inférieur de l'Arve. Juillet-août.

1145 (2) — *epilinum Weih.* (C. du lin.) — Parasite sur le lin cultivé : autour de Chamonix; au Bouchet, etc. Juillet-août.

1146 (3) — *epithymum L.,* — *minor DC.* (C. du Thym.) — Très-commune dans les prés arides des régions inférieure et moyenne : autour de Chamonix; aux Chauderons; à Hortaz; dans le val d'Entremont, etc. Juillet-août.

1147 (4) — *trifolii Babingt.* (C. du Trèfle.) — Commune dans les champs de trèfle de la région inférieure; plus rare dans la région moyenne. Juillet-septembre.

62ᵉ famille — BORRAGINÉES

1. Cerinthe L. (Mélinet.)

1148 (1) — *alpina Kit.,* — *glabra DC.* (M. des Alpes.) — Pâturages de la région supérieure : vallée du Reposoir, en montant au Méry sur Sallanches. Murith l'indique à Trient et à Bovenaz. Juin-juillet.

2. Borrago L. (Bourrache.)

1149 (1) — *officinalis L.* (B. officinale.) — Commune sur les décombres et près des habitations dans les régions inférieure et moyenne de notre circonscription. Juin-juillet.

3. Symphytum L. (Consoude.)

1150 (1) — *officinale L.* (C. officinale.) — Prairies humides et le long des fossés de la région inférieure : bassins de l'Arve

et de la Dranse d'Entremont, près de Martigny, au Brocard.
etc. Mai-juillet.

4. **Anchusa L.** (Buglosse.)

1151 (1) — *officinalis L.* (B. officinale) — Le long de la
route d'Entremont sous le Brocard, autour de Martigny, sur
la rive droite de la Dranse. Juin-juillet.

1152 (2) — *italica Retz.* (B. d'Italie.) — Dans les champs
du bassin inférieur de l'Arve, autour de Bonneville (Dumont),
et derrière Bossaz près de Saint-Rémy. Mai-juillet.

5. **Lycopsis L.** (Lycopsis.)

1153 (1) — *arvensis L.* (L. des champs.) — Les lieux cultivés et les décombres de la région inférieure : entre le Brocard et Bovernier; sous Saint-Rémy, etc. Juin-septembre.

6. **Onosma L.** (Orcanette.)

1154 (1) — *echioides L.* (O. fausse-Vipérine.) — Lieux secs
et arides au nord-est des limites de ce *Guide :* les rochers
entre la Croix et la Bâtiaz, à gauche de la Dranse; aux Marques et dans l'Entremont. Mai-juin.

1155 (2) — *stellulatum W. et K.* (O. à poils étoilés.) —
Ne semble pas différer beaucoup du type précédent. Il s'en
distingue par des feuilles plus longues et plus étroites et par
la présence de poils étoilés sur la tige et les feuilles : en montant au Cramont depuis Saint-Didier; aux Marques et près de
la Bâtiaz à Martigny. Juin-juillet.

7. **Lithospermum L.** (Grémil.)

1156 (1) — *arvense L.* (G. des champs.) Commun dans les
champs des régions inférieure et moyenne. Mai-juin.

1157 (2) — *officinale L.* (G. officinal.) — Moins fréquent
que le précédent : bassin inférieur et moyen de l'Arve et de
la Dranse de Martigny; à Chamonix; au Bouchet, etc. Mai-
juin.

1158 (3) — *purpureo-cœruleum L.* (G. violet.) — Dans
les lieux ombragés et rocailleux du vallon de Servoz, à Sainte-
Marie et dans la vallée de l'Arve, entre Servoz et Bonneville;
aux Evouettes et de Vouvry à Chavallon (E. Favre.) Mai-juin.

8. **Echium L.** (Vipérine.)

1159 (1) — *vulgare L.* (V. commune.) — Commune dans
les lieux arides, bord des chemins et des champs. Juin-août.

b) Wierzbickii Hab. — Corolle une fois plus longue que le calice et plus petite que dans le type; fréquente.

9. **Pulmonaria L.** (Pulmonaire.)

1160 (1) — *officinalis L.* (P. officinale.) — Lieux ombragés de la région inférieure des bassins de l'Arve et de la Dranse : Servoz; les prés aux environs de Pissevache et à Chamonix; entre 500 et 1000 m. Avril-mai.

1161 (2) — *angustifolia L., — azurea Bess.* (P. à feuilles étroites.) Les bois ombragés, depuis la région inférieure jusqu'à la moyenne, dans toute l'étendue de notre circonscription. Abondante à Servoz. Mai-juin.

1162 (3) — *tuberosa Schrank.* (P. tubéreuse.) — Les bois humides de la région moyenne, vers les limites nord de notre domaine floral; entre Vacheresse et Bonnevaux (Puget). Avril-mai.

10. **Myosotis L.** (Myosotis.)

1163 (1) — *palustris Withg.* (M. des marais.) — Fossés inondés, prés humides des régions inférieure et moyenne : au Bouchet; aux Gaillands, etc. Mai-juillet.

b) albiflora. — Les prairies spongieuses à Hortaz; les Parties de Sembrancher.

c) strigulosa Rchb. — Tige à poils très courts et appliqués.

1164 (2) — *cœspitosa Schultz., — lingulata Lehm.* (M. touffue.) — Marais et fossés inondés de la région moyenne : plaine de Passy jusqu'au Bouchet de Servoz et à celui de Chamonix. Mai-juillet.

1165 (3) — *stricta Link.* (M. roide.) — Lieux arides des régions inférieure et moyenne : en montant au Cramont; aux Marques sur la rive gauche de la Dranse. Avril-mai.

1166 (4) — *versicolor Pers.* (M. changeante.) — Les collines arides de la région inférieure : bassin de l'Arve et près de Martigny. Mai-juin.

1167 (5) — *hispida Schlecht.* (M. hispide.) — Lieux arides de la région inférieure : bassin de la Dranse près de la Bâtiaz et à Sembrancher; à Saint-Rémy, versant sud du Saint-Bernard. Avril-mai.

1168 (6) — *sylvatica Hoffm.* (M. des bois.) — Dans les bois herbeux de la région moyenne : autour de Chamonix; au Biolet, etc., etc. Mai-juillet.

b) albiflora. — Dans les bois du Greppon en montant à Blaitière.

1169 (7) — *intermedia Link*. (M. intermédiaire.) — Dans les lieux incultes, les champs et les prés de la région inférieure : à Coupeau; à Servoz; au Tour; aux Gras, etc., etc. Mai-août.

1170 (8) — *alpestris Schmidt*. (M. alpestre.) — Commun dans les prés incultes des régions moyenne et supérieure : Ayers sur Servoz; col de Balme; Montanvert; toute la vallée de la Mer de Glace; Entre les Champs; les deux versants de la chaîne des Aiguilles-Rouges; Pierre à l'Echelle, chemin du Mont-Blanc; partout enfin entre 1200 et 2500 m. Juin-juillet.

b) albiflora. — Seulement sur le terrain calcaire : vallon d'Entre les Eaux; Mont-Lachat; Combe de la Hyoulaz au Cramont; base de la Saxe sur Courmayeur et la Baux au grand Saint-Bernard.

11. **Eritrichium Schrad.** (Eritriche.)

1171 (1) — *nanum Schrad.*, — *Myosotis nana Vill.* (E. naine.) — Sur les rochers calcaires de la région supérieure : pentes nord du Buet tournées vers la combe de Sixt (l'abbé Delavay). Juillet-août.

12. **Echinospermum Swartz.** (Echinosperme.)

1172 (1) — *Lappula Lehm.* (E. lappacé.) — Dans les champs des régions inférieure et moyenne, par exemple à Chamonix, à Servoz, aux Nants, etc. Juin-août.

13. **Cynoglossum Mœnch.** (Cynoglosse.)

1173 (1) — *officinale L.* (C. officinal.) — Dans les lieux incultes et le long des chemins depuis la région inférieure jusqu'à la moyenne : Bouchet de Chamonix; les Nants; Servoz; près de Saint-Rémy. Mai-juillet.

14. **Asperugo L.** (Rapette.)

1174 (1) — *procumbens L.* (R. couchée.) — Dans la région inférieure des limites nord-est de la chaîne : bassin de la Dranse aux environs du Brocard et aux Ivoués d'Orsières. Mai-juillet.

15. **Heliotropium L.** (Héliotrope.)

1175 (1) — *europæum L.* (H. d'Europe.) — Dans les lieux cultivés, les vignes; indiquée seulement à la Croix près de Martigny (E. Favre). Août.

63ᵉ famille — SOLANÉES

1. Solanum L.   (Morelle.)

1176 (1) — *nigrum L.* (M. noire.) — Commune dans les cultures et les décombres des régions inférieure et moyenne : tout le bassin de l'Arve et de la Dranse. Juillet–septembre.
a) A baies noires.
b) *chlorocarpum Spenn.* — A baies vertes à la maturité.
c) *humile Bernh.* — A baies vert jaunâtre.

1177 (2) — *tuberosum L.* (M. tubéreuse, vulg. Pomme de terre.) — Généralement cultivée dans les deux régions inférieures. Originaire de l'Amérique méridionale. Juin–juillet.

1178 (3) — *Dulcamara L.* (M. Douce-amère.) — Dans les lieux ombragés des régions inférieure et moyenne : au Bouchet de Servoz et à celui de Chamonix; aux Nants; à Hortaz, etc. Juillet-août.

2. Physalis L.   (Coqueret.)

1179 (1) — *Alkekengi L.* (C. Alkékenge.) — Le long des haies et dans les lieux ombragés de la région inférieure des bassins de l'Arve et de la Dranse : Bonneville; Martigny et val d'Entremont. Juin–juillet.

3. Atropa L.   (Atrope.)

1180 (1) — *Belladona L.* (A. Belladone.) — Clairières des bois dans les régions inférieure et moyenne : Saint-Laurent; Bonneville (Dumont); autour de la carrière d'ardoises du Mont Duvillard sur Sallanches (Personnat). Alt. 500 à 1500 m. Juin-août.

4. Datura L.   (Datura.)

1181 (1) — *Stramonium L.* (D. Stramoine, vulg. Pomme-épineuse.) — Cultures et décombres du bassin moyen de l'Arve, au Fayet et dans le bassin de la Dranse à Martigny et au Brocard. Juillet-août.

5. Hyosciamus L.   (Jusquiame.)

1182 (1) — *niger L.* (J. noire.) — Bord des chemins de la région inférieure; plus rare dans la région moyenne : Servoz; les Plagnes; bois de Joux; Bourg-Saint-Pierre; Saint-Rémy. Mai–juin.

Les espèces suivantes, qu'on rencontre çà et là dans les jardins, sont exotiques. On les cultive généralement pour l'usage culinaire ou comme plantes d'ornement.

Lycopersicum esculentum Mill. (Tomate comestible.)
Capsicum annuum L. (Piment annuel, vulg. Poivron.)
Nicandra physaloides Gœrtn. (Nicandre faux-Coqueret.)
Lycium barbarum L. (Lyciet de Barbarie.)
Nicotiana Tabacum L. (Nicotiane Tabac.)

64e famille — SCROFULARIACÉES

1. Verbascum L. (Molène.)

1183 (1) — *Thapsus L.* (M. de Schrader.) — Lieux incultes, clairières des bois de la région moyenne : au Biolet; au pied des cascades du Fouilly et du Greppon; les Rappes; la Combe de Martigny; la Forclaz; entre 800 et 1500 m. Juillet-août.

1184 (2) — *montanum Schrad.* (M. de montagne.) — Lieux incultes et rocailleux, aux limites nord-est de cette florule : les Rappes; la Combe de Martigny; entre la Bâtiaz, les Marques et Bovernier. Juin-juillet.

1185 (3) — *thapsiforme Schrad., — crassifolium Hoffm.* (M. grandiflore.) — Lieux incultes et rocailleux des régions inférieure et moyenne : aux Chauderons; aux Tines; à Servoz; au Chatelard. Juillet-août.

1186 (4) — *pulverulentum Vill.* (M. poudreuse.) — Commun dans les lieux incultes et au bord des chemins des régions inférieure et moyenne; on le reconnaît au tomentum blanc, floconneux et caduc qui recouvre la plante. Juin-août.

1187 (5) — *Lychnitis L.* (M. Lychnite.) — Commun dans les lieux incultes et le long des chemins des deux régions inférieures. Juillet-août.

1188 (6) — *nigrum L.* (M. noir.) — Commun au bord des chemins et des bois dans les mêmes régions que le précédent : Chatelard de Bonneval; Chapiu, etc. Juin-août.
b) albiflorum Murith. — Martigny; la Verrerie (Stassner).

1189 (7) — *nigro-Thapsus Fries.* — Hybride des *V. nigrum* et *V. Thapsus.* Çà et là au bord des routes du bassin de l'Arve : Cluses. Juillet-août.

1190 (8) — *Thapso-Lychnitis Mert. et Koch.* — Hybride des *V. Thapsus* et *V. Lychnitis.* Observé dans les environs de Cluses. Juillet-août.

2. **Scrophularia L.** (Scrofulaire.)

1191 (1) — *nodosa L.* (S. noueuse.) — Lieux ombragés, humides, bord des eaux dans les régions inférieure et moyenne : fréquente au Bouchet de Chamonix et à Servoz. Juillet-août.

1192 (2) — *Ehrharti Stev., — aquatica Koch.* (S. de Ehrhart.) — Lieux humides de la région inférieure des limites nord de notre circonscription : au bord de la Dranse du Biot, près d'Armoy (Puget). Juin-juillet.

1193 (3) — *aquatica L.* (S. aquatique.) — Lieux humides, bord des eaux des régions inférieure et moyenne : le Fayet; les Plagnes; le Chatelard; Servoz, etc., entre 450 et 800 m. Juin-juillet.

1194 (4) — *canina L.* (S. canine.) — Endroits graveleux des rivages du Léman entre Thonon et la pointe de Ripaille (Puget). Juin-août.

3. **Antirrhinum L.** (Muflier.)

1195 (1) — *majus L.* (M. majeur.) — Plante originaire du midi de la France; elle est cultivée dans les jardins, d'où elle s'est répandue sur les vieux murs. Juin-septembre.

1196 (2) — *Orontium L.* (M. rubicond.) — Commun dans les vignes et les champs après la moisson, vers les limites nord-est de notre circonscription : aux Marques et à la Croix près de Martigny. Juillet-septembre.

1197 (3) — *latifolium DC.* (M. à larges feuilles.) — Espèce des Alpes maritimes et qui remonte jusqu'aux murs du château d'Annecy, sa limite septentrionale. Juin-septembre.

4. **Linaria L.** (Linaire.)

1198 (1) — *Cymbalaria Mill.* (L. Cymbalaire.) — Plante d'origine étrangère et introduite chez nous; elle s'est propagée sur les vieux murs autour des habitations du bassin de l'Arve, par exemple à Bonneville (Reuter). Mai-octobre.

1199 (2) — *spuria Mill.* (L. bâtarde.) — Commune dans les moissons des régions inférieure et moyenne des bassins de l'Arve et de la Dranse. Juillet-septembre.

1200 (3) — *Elatine Desf.* (L. Elatine.) — Commune dans les moissons du bassin de l'Arve. Juillet-octobre.

1201 (4) — *vulgaris Mœnch.* (L. commune.) — Commune dans les endroits pierreux et au bord des chemins des régions inférieure et moyenne de toute notre circonscription. Juillet-septembre.

1202 (5) — *italica Trev.* (L. d'Italie.) — Endroits pierreux et bord des champs. Seulement à l'est et au sud-est de la chaîne : Cluse de Bovernier; la Fory; vers la limite entre Sembrancher et Bovernier; Bourg-Saint-Pierre (Murith): à Bossaz et au-dessous de Saint-Rémy, versant sud du grand Saint-Bernard (E. Favre). Juillet-août.

1203 (6) — *simplex DC.* (L. simple.) — Au bord des champs du bassin inférieur de l'Arve : à Frangy, Haute-Savoie (Puget); près du village de Chède (Personnat). Juin-septembre.

1204 (7) — *striata DC.* (L. striée.) — Bord des chemins de la région moyenne. Indiquée par le chanoine E. Favre au-dessus d'Orsières, en montant par la vieille route. Juillet.

1205 (8) — *alpina DC.* (L. des Alpes.) — Commune dans les lieux pierreux, le long des torrents de la région supérieure et descendant quelquefois jusqu'à la région inférieure : col de Balme; le Tour; Argentière; source d'Arveyron et le long du torrent jusqu'à Chamonix. Elle descend le long de l'Arve jusqu'à Genève. Juillet-août.

1206 (9) — *petræa Jord.* (L. des rochers.) — Diffère de la précédente par ses tiges dressées, plus allongées, à grappes fructifères plus longues et plus lâches, à feuilles plus étroites, mais plus longues : rochers de la cascade d'Arpennaz, entre Maglan et Sallanches (Personnat). Juin-juillet.

1207 (10) — *minor Desf.* (L. mineure.) — Commune dans les champs et les lieux sablonneux de toute notre circonscription. Juin-septembre.

5. Gratiola L. (Gratiole.)

1208 (1) — *officinalis L.* (G. officinale.) — Lieux inondés de la région inférieure des limites nord et nord-ouest de notre circonscription : fossés entre Saint-Maurice et Martigny (Murith); bassin de la Menoge (Puget). Juin-juillet.

6. Digitalis L. (Digitale.)

1209 (1) — *lutea L.,* — *parviflora All.* (D. jaune.) — Lisière des bois de la région moyenne : les Gaillands; Chamonix; en allant au Montanvert; au Brevent; toutes les vallées du revers nord de la chaîne; Salvan; la Forclaz; entre Bovernier et Sembrancher. Elle ne dépasse guère 1500 m. Juillet-août.

1210 (2) — *grandiflora Lam.* (D. à grandes fleurs.) — Même station que la précédente, mais beaucoup plus rare.

Elle n'est connue que sur quelques points : à Servoz et à la base de Pormenaz; entre Sallanches et la chapelle de Combloux; à Plan-y-bœuf sur Orsières, dans l'Entremont; entre 800 et 1000 m. Juillet-août.

1211 (3) — *media Roth.* (D. intermédiaire.) — Hybride des deux espèces précédentes : signalée entre Sallanches et la chapelle de Combloux, dans le bassin moyen de l'Arve (Personnat). Juillet-août.

7. **Erinus L.** (Erine.)

1212 (1) — *alpinus L.* (E. des Alpes.) — Lieux pierreux et fissures de rochers des régions moyenne et supérieure : Barberine; Servoz; toute la chaîne des Fys; col d'Anterne; Pormenaz. Elle descend avec les torrents jusqu'à Cluses dans le bassin inférieur de l'Arve. Mai-juillet.

8. **Limosella L.** (Limoselle.)

1213 (1) — *aquatica L.* (L. aquatique.) — Dans les eaux stagnantes, les mares; s'élève jusqu'à la région supérieure : au Pavillon de Bellevue, 1600 m.; au Bouchet de Chamonix, 1050 m. Juillet-octobre.

9. **Veronica L.** (Véronique.)

1214 (1) — *spicata L.* (V. en épi.) — Lieux arides de la région inférieure, s'élève à peine jusqu'à la moyenne : Sainte-Marie; Bocher; Servoz; val d'Entremont et Courmayeur. Juillet-septembre.

1215 (2) — *Teucrium L.* (V. Teucriette.) — Coteaux buissonneux et rocailleux des régions inférieure et moyenne, sur les deux versants de la chaîne et dans les mêmes localités que la précédente : Courmayeur, base de la Saxe; Sainte-Marie; Bocher; Servoz; Coupeau; Argentière; la Joux, etc.; entre 650 et 850 m. Mai-juillet.

b) latifolia. — Feuilles ovales ou oblongues; larges, faiblement échancrées en cœur à la base : environs de Sainte-Marie; aux Houches; à la Joux et à Argentière.

1216 (3) — *Chamædrys L.* (V. Germandrée.) — Commune le long les bois de la région inférieure, mais atteint à peine la moyenne; fréquente dans toute notre circonscription, aux mêmes localités que les précédentes. Mai-juin.

1217 (4) — *urticæfolia L. fil.* (V. à feuilles d'ortie.) — Commune dans les forêts de sapins et sur les rocailles de la

région moyenne : fréquente autour de Chamonix; entre 800 et
1500 m. Juin-juillet.

1218 (5) — *Beccabunga L.* (V. Beccabunga.) — Commune
dans les fossés et les eaux stagnantes des régions inférieure et
moyenne : très-fréquente au Bouchet de Chamonix, etc., etc.
Juin-juillet.

1219 (6) — *Anagallis L.* (V. Mouron.) — Très-commune
dans les fossés inondés, le long des chemins de la région inférieure : bassin de l'Arve, etc. Juin-juillet.

1220 (7) — *scutellata L.* (V. scutifère.) — Marécages et
lieux inondés des régions inférieure et moyenne : commune
au Bouchet de Chamonix et à celui de Servoz, etc. Juin-juillet.

1221 (8) — *montana L.* (V. de montagne.) — Bois de sa-
pins de la région moyenne : vallée de Chamonix; Bocher;
Coupeau, en face des Houches; bassin moyen de l'Arve, à
Aranthon près Bonneville; val d'Entremont, vers la galerie de
Sembrancher sur la rive gauche de la Dranse; entre 450 et
1050 m. Mai-juin.

1222 (9) — *aphylla L.* (V. naine.) — Pelouses gazonnées
de la région supérieure : en montant au Pavillon de Bellevue;
au Buet; au Lavouet, en allant au col de Balme par les Pozettes et le sentier ordinaire; sur le Tour; Pissevache; Trient;
grand Saint-Bernard, au bas du col de Fenêtre; col du Bonhomme; Plan des Dames. Sur les terrains jurassiques, entre
1250 et 2200 m. Juin-août.

1223 (10) — *officinalis L.* (V. officinale.) — Clairières des
bois des régions inférieure et moyenne : Chamonix; les Houches; en allant de Chamonix au Montanvert; à Hortaz; au Bouchet; aux Tines; à Bocher et à Sainte-Marie. Juin-août.

1224 (11) — *fruticulosa L.* (V. fruticuleuse.) — Lieux rocheux des régions moyenne et supérieure : autour de Chamonix; Entre les Champs; Montanvert; en allant au Brevent; à la
Flégère; au col de Balme; Trient et sur le versant méridional
de la chaîne : col du Bonhomme, du Chapiu aux Mottets; entre
1050 et 1800 m. Juillet-août.

1225 (12) — *saxatilis Jacq.* (V. des rochers.) — Débris de
rochers dans la région supérieure, autour de la chaîne : Servoz, vers le pont de Pellissier; Bocher; Chamonix; Finhauts;
Tête-Noire; Mégève; val de Montjoie, etc. Elle diffère de la
précédente par ses tiges (5-8 centimètres) plus courtes; par
ses feuilles un peu dentées, oblongues, sa grappe pauciflore,
courte, etc. Juillet-août.

1226 (13) — *bellidioides L.* (V. à feuilles de Pâquerette.)
—Pelouses de la région supérieure : abondante autour du col
de Balme; Mont Catogne; au-dessus de Charamillon; aux
Pozettes; base de l'Aiguille du Tour; la Tapiaz; Mont-Lachat;
toute la chaîne du Brevent; Montanvert; Mer de Glace; Pierre
à l'Echelle; aux Rassaches; montagne de la Saxe; le Cramont;
le Bonhomme et le grand Saint-Bernard. Entre 1500 et 2200
m. Juillet-août.

1227 (14) — *alpina L.* (V. des Alpes.) — Lieux frais près
des neiges de la région supérieure : Montanvert et toute la
vallée de la Mer de Glace; les deux versants de la chaîne du
Brevent; les Fys; toute la chaîne d'Anterne; col de Balme;
entre le hameau et le glacier du Tour; toute la vallée de Montjoie jusqu'au Bonhomme; la Seigne; l'Allée-Blanche; le Cramont, à la Combe de la Hyoulaz; entre 1500 et 2400 m. Juillet-août.

1228 (15) — *serpyllifolia L.* (V. à feuilles de Serpolet.) —
Commune dans les régions inférieure et moyenne, le long des
haies et des champs humides : bassin moyen de l'Arve; Passy;
Chatelard; Servoz; Bouchet de Chamonix, etc. Mai-juillet.

b) nummularioides Lecoq et Lehm., — *serpyllifolia b.
nummulariæfolia Gaud.* —Feuilles arrondies, grappe courte.
Rocailles de la région supérieure, au nord-ouest des limites de
ce *Guide :* chaîne des Fys; le Vergy; la Tapiaz en face de
Chamonix; moraines de la Mer de Glace; entre 1050 et 2300 m.

1229 (16) — *arvensis L.* (V. des champs.) — Commune au
bord des champs et dans les lieux incultes des deux régions
inférieures : autour de Chamonix, etc., etc. Mai-juin.

1230 (17) — *verna L.* (V. printanière.) — Coteaux secs de
la région moyenne : aux Chauderons; au Bois-Prints et aux
environs de Chamonix; à Gueuroz au-dessus de Vernayaz;
près de Saint-Rémy. Avril-mai.

1231 (18) — *acinifolia L.* (V. à feuilles d'Acinos.) — Les
champs sablonneux de la région inférieure, montant parfois
jusqu'à la moyenne : bassin moyen de l'Arve, Passy, etc. Mai-
juin.

1232 (19) — *triphyllos L.* (V. trilobée.) — Les champs sablonneux du bassin inférieur et moyen de l'Arve et de la
Dranse d'Entremont : Passy; les Marques de Martigny, entre
la Combe et la Bâtiaz; elle est aussi dans les environs de
Saint-Rémy. Avril-mai.

1233 (20) — *præcox All.* (V. précoce.) — Les champs sablonneux du bassin de l'Arve, entre Bonneville et Sallanches

et de Passy jusqu'à Chamonix où elle est rare; bassin inférieur de la Dranse d'Entremont et sous Saint-Rémy. Avril-mai.

1234 (21) — *Buxbaumii Ten.* (V. de Buxbaum.) — Lieux cultivés des régions inférieure et moyenne : aux Chauderons. dans le bois de la Mollard et les cultures autour du village; sur Chamonix, etc. Avril-juin.

1235 (22) — *agrestis L.,* — *polita Fries.* (V. rustique.) — Commune dans les champs et les lieux cultivés des deux régions inférieures : bassins de l'Arve et de la Dranse; coteaux de Passy·(Personnat). Mai-octobre.

1236 (23) — *hederæfolia L.* (V. à feuilles de Lierre. — Commune dans les lieux cultivés des régions inférieure et moyenne; elle s'élève même jusqu'à la région supérieure : Chamonix et toutes les vallées situées autour de la chaîne du Mont-Blanc. Avril-mai.

10. **Tozzia L.** (Tozzie.)

1237 (1) — *alpina L.* (T. des Alpes.) — Lieux frais et ombragés de la région supérieure, sur le versant septentrional de la chaîne : assez fréquente derrière le Brevent; Combe de la Floriaz; flanc de Pormenaz sur les Ayers et les galeries de la Sourde; Dent d'Oche (Puget); col de Jouly, entre Abondance et Châtel; Roc d'Enfer près des chalets de Sardonnière; entre Morzine et les Gets, sur le plateau de l'alpage (Delavay) entre les Gets et les cols de Jourplane et de Golèze; au fond de la Combe de Sixt sur la Vœuzalle à 2400 m. (Delavay); la Dent du Midi (Venetz); haut de Véron; sous l'Aiguille de Varens; Cornettes de bise, à 2300 m.; rochers crevassés de Flaine, à 2100 m. Alt. 1500 à 2500 m. Juin-août.

11. **Melampyrum L.** (Mélampyre.)

1238 (1) — *arvense L.* (M. des champs.) — Commun dans les champs et les moissons des régions inférieures : bassin de l'Arve et de la Dranse d'Entremont. Juin-juillet.

1239 (2) — *nemorosum L.* (M. des forêts.) — Dans les forêts calcaires et rocailleuses des régions inférieure et moyenne : au bois de Joux; entre Chède et Servoz, le long de l'ancienne route. Juin-juillet.

1240 (3) — *pratense L.* (M. des prés.) — Commun dans les bois herbeux de la région inférieure du bassin de l'Arve. Juin-juillet.

1241 (4) — *sylvaticum L.* (M. des bois.) — Très-commun dans les forêts de sapins de la région moyenne. On le trouve partout dans la vallée de Chamonix sur le terrain siliceux, entre 1000 et 1500 m. Juin-août.

12. **Pedicularis L.**   (Pédiculaire.)

1242 (1) — *verticillata* L (P. verticillée.) — Prairies de la région supérieure, sur les deux versants de la chaîne : moraines de la Mer de Glace, du Montanvert jusqu'à l'Angle; toute la chaîne des Aiguilles-Rouges; cime du Brevent; Plampraz; très-abondante autour du Pavillon de Bellevue; col de Balme; val Montjoie jusqu'au col du Bonhomme; la Seigne; l'Allée-Blanche; col de Ferret; grand Saint-Bernard. Juillet-août.

b) albiflora. — Pavillon de Bellevue; col de Voza et col de Balme.

1243 (2) — *foliosa* L. (P. feuillée.) — Prairies escarpées et rocheuses de la région supérieure : en montant aux Ayers par le flanc ouest de Pormenaz sur Servoz; vallée de Ferret; Proz sous le Saint-Bernard; la Baux, 2360 m.; vers le haut de la vallée d'Essert, entre les cols de Fenêtre et de Ferret; les pâturages de la base des Fys sur Servoz; Dent d'Oche; Cornettes de Bise, à 2200 m.; Hautigny, sur la pointe située au-dessus de Bellegarde; en face de Bonnevaux sur le mont des Granges, 2134 m.; sur la montagne des Cornettes qui domine la Chapelle d'Abondance, à 2000 m.; sur la pointe des Agneaux, à 2297 m.; chalets de Sardonnière, au col de Golèze sur Sixt. Juillet-août.

1244 (3) — *palustris* L. (P. des marais.) — Très-commune dans les marécages des régions inférieure et moyenne : Bouchet de Chamonix; Hortaz; les Praz et tout le bassin de l'Arve ainsi que les vallées comprises dans nos limites. Mai-juillet.

1245 (4) — *sylvatica* L. (P. des bois.) — Pâturages et bois de la région inférieure du bassin moyen de l'Arve : en descendant de Cordon sur Sallanches; sur Christomet; prairies tourbeuses du pont d'Arvillon près Combloux (Personnat). Mai-juillet.

1246 (5) — *comosa* L. (P. à toupet.) — Pâturages de la région supérieure des limites du nord-ouest de la chaîne : très-abondante au Pavillon de Bellevue, jusqu'au sommet du Mont-Lachat, et depuis le col de Voza jusqu'au Prarion; autour du Pavillon du col de Balme jusqu'aux rochers de la Croix de Fer. Juillet-août.

1247 (6) — *incarnata Jacq.* (P. incarnate.) — Les pâturages de la région supérieure : au col du Bonhomme (Dumont, Grand); pentes rocheuses à droite du glacier d'Argentière (1877); à la Baux, sous le lac du Saint-Bernard; aux Cornettes de Bise sur la Chapelle d'Abondance ou de Vacheresse (Puget); entre le col des Fours et celui d'Anclave. Indiquée par M. l'abbé Chevallier au col de Balme, où il m'a été impossible de la trouver. Entre 2000 et 2300 m. Juillet-août.

1248 (7) — *recutita L.* (P. déprimée.) — Les pâturages de la région supérieure : au grand Saint-Bernard, à la Baux et entre le lac et la cantine d'Aoste; à Bovenaz près de la Guraz (E. Favre). Indiquée aussi au col de Balme, vers les chalets des Herbagères; malgré de patientes recherches, je ne l'y ai pas encore rencontrée. Juillet.

1249 (8) — *atrorubens Schleich.,* — *pennina Gaud.* (P. pennine.) — Les pâturages frais et humides de la région supérieure. Rare : à la Baux sous le lac du Saint-Bernard; vallée de Ferret, au-delà des chalets du Lavachet, avant de commencer la montée (fleurs et fruits 30 juin 1858). Cette forme est probablement une hybride de *P. incarnata* et *P. recutita*. 1800 à 2300 m. Juin-août.

1250 (9) — *gyroflexa Vill.,* — *cenisia Gaud.* (P. gyroflexée.) — Les pâturages rocailleux de la région supérieure : en descendant du Bonhomme et du col des Fours au Chapiu, sur les rochers à gauche de la Rageat; à la Tour du col des Fours (E. Perrier); dans le vallon du Chapi sur Courmayeur; au-dessus des bains de la Saxe et en descendant le Trocet-Blanc; en montant au Cramont sur Pallevieux; col de la Seigne sur les Mottets; sous le glacier des Fortzons au grand Saint-Bernard (E. Favre); à la Grand-Lui près de la Léchère d'Orsières; à Bella-Comba; entre 1200 et 2600 m. Juillet-août.

1251 (10) — *fasciculata Bell.,* — *gyroflexa Gaud.* (non *Vill.*). (P. fasciculée.) — Les pâturages rocheux de la région supérieure : près de Crey-Baudin au Chapiu (l'abbé Grand); vers les lacs du col de Fenêtre près du grand Saint-Bernard (E. Favre). Juillet-août.

1252 (11) — *rostrata L.* (P. rostrée.) — Dans les pâturages secs de l'extrême limite de la végétation : Montanvert, sur les deux moraines latérales de la Mer de Glace; sommet de l'Aiguille du Tour; Aiguille de Charmoz; la Tapiaz; la Griaz; la moraine du glacier du Greppon; moraines d'Anolet dans la vallée de Berard; autour du pavillon du col de Balme; toute la chaîne des Aiguilles-Rouges; col de Miage; le Bourgeat; Marengo, versant nord du Saint-Bernard, où l'on trouve la variété à fleurs blanches (E. Favre). Elle descend accidentellement avec les torrents jusqu'au pied des montagnes, par exemple au Lavancher. Son aire verticale est une des plus étendues : de 1050 à 3000 m. Juillet-août.

b) Letourneuxii Personnat. — Forme extra-alpine, un peu plus velue que le type.

1253 (12) — *tuberosa L.* (P. tubéreuse.) — Pâturages de la région supérieure : autour du Pavillon de Bellevue; col de Voza; col de Balme; val de Montjoie jusqu'au Bonhomme et autour du Chapiu, entre 1400 et 2200 m. Juillet-août.

1254 (13) — *Vulpii Solms-Laub.; — tuberoso* ✕ *incarnata Vulpius.* (P. de Vulpius.) — Hybride des *P. tuberosa* et *P. incarnata.* Indiquée seulement à la Baux et aux Combes du grand Saint-Bernard (E. Favre). Juillet.

1255 (14) — *Murithiana Arvet-Touvet*, Bull. de la Soc. Murith. du Valais, X, p. 40-42. (P. de Murith.) — Hybride des *P. tuberosa* et *P. recutita.* Forme voisine du *P. atrorubens Schleich*, dont elle diffère entre autres par sa corolle d'un blanc jaunâtre, simplement colorée de pourpre; son épi plus court; sa tige plus grêle, moins élevée, et par sa teinte d'un vert gai, ne noircissant pas ou noircissant peu par la dessication. Indiquée, comme la précédente, aux Combes du grand Saint-Bernard (E. Favre). Juillet.

1256 (15) — *Barrelieri Rchb.* (P. de Barrelier.) — Pâturages de la région supérieure : Aiguille de Varens, vers la Croix des Fours et depuis le lac des Fours à la Croix, versant tourné vers Sallanches, 2450 m. (Personnat); vallon d'Entre les Eaux sur Valorsine; col de Balme; Pavillon de Bellevue; pentes du Mont-Lachat; sommet de la Dent-d'Oche; Cornettes de Bise; pointe d'Ugine; pointe de Hautigny, au-dessus de Bellegarde en face de Bonnevaux; Mont Ardin; chaîne des Cornettes, sur la Chapelle; crête orientale du Mont Chalune; sous le Roc d'Enfer, au-dessus de Saint-Jean-d'Aulph; sur la Pointe aux Agneaux; entre les chalets de Sardonnière et le col de Golèze, etc.; entre 1850 et 2500 m. Juillet-août.

13. **Rhinanthus L.** (Cocriste.)

1257 (1) — *major Ehrh.* (C. grandiflore.) — Très-commune dans les prés secs des régions inférieure et moyenne. Juin-juillet.

b) glacialis Personnat. — Forme alpine de la précédente, qui ne diffère du type que par la petitesse de tous ses organes : base du Couvercle; à Mimont sur Pierre-Pointue, contre le glacier des Bossons.

1258 (2) — *minor Ehrh.* (C. à petites fleurs.) — Commune dans les prés un peu humides des régions inférieure et moyenne. Mai-juin.

1259 (3) — *angustifolius Gmel.* (C. à feuilles étroites.) — Pâturages boisés de la région moyenne : commune dans la vallée de Chamonix, etc. Juillet.

b) nana. — Feuilles très-étroites : région supérieure de la chaîne des Aiguilles-Rouges.

14. **Bartsia L.** (Bartsie.)

1260 (1) — *alpina L.* (B. des Alpes.) — Pâturages frais et humides des régions moyenne et supérieure : autour de Chamonix; à Hortaz; à Entre les Champs; au-dessus d'Argentière; au col de Balme; au Pavillon de Bellevue, et sur toutes nos montagnes, entre 1050 et 2000 m. Juin-juillet.

* 15. **Euphrasia L.** (Euphraise.)

1261 (1) — *Odontites L.,* — *Odontites rubra Pers.* (E. dentée.) — Les champs et les pâturages du bassin moyen de l'Arve et de la Dranse : à Orsières et Sembrancher dans l'Entremont, etc. Juin-juillet.

1262 (2) — *verna Bell.* (E. printanière.) — Commune dans les moissons des régions inférieure et moyenne. Juin-juillet.

1263 (3) — *serotina Lam.* (E. tardive.) — Au bord des chemins et des champs de la région inférieure des limites nord-est de la chaîne et du bassin inférieur de l'Arve : Passy; les Marques près de Martigny. Juillet-août.

1264 (4) — *lutea L.* (E. jaune.) — Dans les champs de la région moyenne des limites du sud-est de çe *Guide :* environs de Courmayeur, entre ce village et celui de Dologne, etc., etc. Août-septembre.

1265 (5) — *lanceolata Gaud.* (E. lancéolée.) — Rare : seulement dans les champs aux alentours de Courmayeur. Juin-juillet.

1266 (6) — *officinalis L.* (E. officinale.) — Commune dans toutes les prairies des régions inférieure et moyenne, entre 450 et 1500 m. Juin-octobre.

b) montana Jord. — Tige simple ou peu rameuse; corolle ordinairement grande. Commune.

c) campestris Jord. — Plante rameuse, violacée; feuilles médiocres, corolle grande : vallée de Chamonix et montagnes environnantes.

d) ericetorum Jord. — Tige ordinairement rameuse, grêle, noirâtre ou rougeâtre, couverte d'une pubescence fine et appliquée : vallée de Servoz et bassin de l'Arve entre le Chatelard et Mégève.

1267 (7) — *hirtella Jord.* (E. poilue.) — Plante toute couverte d'une pubescence étalée grisâtre, mêlée de poils glanduleux à la partie supérieure et sur les feuilles : entre le hameau d'Argentière et celui du Tour, jusqu'aux chalets de Balme; plateau de Pradaz et Fourtz au grand Saint-Bernard (E. Favre). Juillet-août.

1268 (8) — *salisburgensis Funk.* (E. de Salzbourg.) — Pâturages rocailleux de la région moyenne : très-abondante en allant d'Argentière au hameau du Tour, le long du chemin et sur les pentes éboulées; Mont-Cubit; Plançades; Cantine de Proz et Combes du grand Saint-Bernard (E. Favre); entre 1200 et 1500 m. Août-septembre.

b) alpina Lam. — Lieux rocailleux, moraines des glaciers : Montanvert; Mer de Glace; la Pierraz et Pradaz au grand Saint-Bernard (E. Favre).

1269 (9) — *minima Schleich.* (E. naine.) — Très-commune dans toute la région supérieure, surtout au Montanvert; au col de Balme; à la Flégère; à Plampraz; au Brevent; entre 1500 et 2400 m. Août-septembre.

65e famille — OROBANCHÉES

1. Orobanche L. (Orobanche.)

1270 (1) — *cruenta Bert.* (O. du Genêt tinctorial.) — Commune sur les genêts des trois régions, dans toute l'étendue de notre circonscription : flanc de l'Aiguille à Bochard; le Keyzet; le Chapeau et le Mauvais-Pas; en traversant les Chys par le Pas de l'Ours; sur les coteaux en montant à Bionnay, au col de Voza et à Bionnassay; en descendant le Platet; au bord de la Dranse (Puget) au nord-est de la chaîne. Juin-juillet.

1271 (2) — *Galii Vauch.* (O. du Gaillet.) — Les prés, le bord des chemins : parasite sur le gaillet, le long de l'Arve, dans les régions inférieure et moyenne : plaine de Passy; bord de la Dranse (Puget); près des Evouettes. Juin-juillet.

1272 (3) — *epithymum DC.* (O. du Serpolet.) — Lieux in-

cultes et pâturages rocailleux du bassin moyen de l'Arve et de
la Dranse de Martigny : entre Sembrancher et Vince (Stassner);
entre les Combes et l'Ardifagoz au grand Saint-Bernard;
en allant aux cascades des Pèlerins et du Dard sous le Grand
Bois; au Crey-Baudin; au Chapiu (Grand). Juin-juillet.

1273 (4) — *Teucrii F.-W. Schultz.* (O. de la Teucriette.)
— Lieux rocailleux, arides, des régions inférieure et moyenne
du bassin de l'Arve et de la Dranse : Larzettaz de Sembrancher; bords de la Dranse d'Abondance (Puget); aux Ayers sur
Servoz. Parasite sur le *Teucrium Chamœdrys* et le *T. montanum.* Juin.

1274 (5) — *Artemisiœ Vauch.,* — *loricata Rchb.* (O. de
l'Armoise.) — Collines arides; parasite sur les Armoises dans
les régions inférieure et moyenne du bassin de l'Arve et de la
Dranse : entre Rumilly et Frangy (Reuter); collines d'Entre les
Champs près d'Argentière; au Biolay de Sembrancher (E. Favre). Juin.

1275 (6) — *Hederœ Vauch.* (O. du Lierre.) — Seulement
dans la région moyenne, sur le versant oriental de la chaîne :
flancs du Mont-Chétif, sur Dologne et les bains de la Saxe.
Juin-juillet.

1276 (7) — *minor Sutton.* (O. du Trèfle.) — Dans les prés
des régions inférieure et moyenne du bassin de l'Arve et de
la Dranse. Parasite sur le trèfle. Juillet-août.

2. **Phelipæa C. A. Meyer.** (Phélipée.)

1277 (1) — *cœrulea C. A. Meyer.,* — *Orobanche cœrulea
Vill.* (P. bleue.) — Parasite sur l'Achillée Millefeuille. Coteaux
de la région inférieure : entre Sembrancher et Vince (Stassner); au pied du Platet sur Servoz. Juin-juillet.

1278 (2) — *arenaria Walp.,* — *Orobanche cœrulea Gaud*
(non *Vill.*). (P. des sables.) — Coteaux de la région inférieure :
les Marques de Martigny, entre la Combe et la Bâtiaz; les bois
d'Allinges (Puget). Juin-juillet

1279 (3) — *ramosa C. A. Meyer.,* — *Orobanche ramosa
L.* (P. du Chanvre.) — Parasite sur le chanvre dans la région
moyenne : derrière le hameau de Mont-Roch; près d'Argentière. Août-septembre.

3. **Lathræa L.** (Lathrée.)

1280 (1) — *squamaria L.* (L. écailleuse.) — Parasite sur
les racines du sapin, du hêtre et du noyer, dans les régions

inférieure et moyenne : Bois de Joux; plaine de Passy; au
Grand Bois près de Chamonix; à Pissevache; près de Port-
Valais; au tertre de Vougy dans le bassin moyen de l'Arve.
Mai-juin.

66ᵉ famille — LABIÉES

1. Mentha L. (Menthe.)

1281 (1) — *rotundifolia* L. (M. à feuilles rondes.) — Lieux
humides, le long des chemins de la région inférieure des bassins de l'Arve et de la Dranse : Veyrier et Ripaille (Puget).
Juillet-août.

1282 (2) — *sylvestris* L. (M. sauvage.) — Très-commune
dans les lieux humides et au bord des fossés, dans les trois régions de notre circonscription : au Bouchet de Servoz et à celui de Chamonix; aux Praz Conduits; aux Barats. Juillet-septembre.

1283 (3) — *viridis* L. (M. verte.) — Le long des chemins
et des fossés dans les régions inférieure et moyenne du bassin
de l'Arve : entre Cluses et Sallanches; environs de Thonon
(Puget). Juillet-août.

1284 (4) — *candicans Crantz.*, — *viridis b. canescens
Fries.* (M. blanchâtre.) — Assez commune dans la région
moyenne : Chamonix; Hortaz; les Praz; les Gouilles, et en général dans toute l'étendue de notre champ d'étude autour de
la chaîne du Mont-Blanc; entre 500 et 1500 m. Juillet-août.

1285 (5) — *intermedia Beck.* (M. intermédiaire.) — Le
long des chemins de la région inférieure, rentrant à peine dans
les limites de notre champ d'exploration : dans les bois d'Allinges près de Thonon, vallée d'Abondance (Puget). Août.

1286 (6) — *aquatica* L., — *hirsuta DC.* (M. aquatique.)—
Commune dans les marais des régions inférieure et moyenne
des bassins de l'Arve et de la Dranse d'Entremont. Juillet-
août.

1287 (7) — *sativa* L., — *aquatico* × *arvensis Wirtg.* (M.
des cultures.) — Commune dans les fossés inondés, le long
des chemins et des champs humides. Août-septembre.

1288 (8) — *arvensis* L. (M. des champs.) — Très-commune
dans les champs humides des régions inférieure et moyenne.
Août-septembre.

1289 (9) — *Pulegium* L., — *Pulegium vulgare Mill.* (M.
Pouliot.) — Dans les fossés et au bord des étangs du bassin
de l'Arve et dans la vallée d'Entremont. Août-septembre.

2. **Lycopus L.** (Lycope.)

1290 (1) — *europœus L.* (L. d'Europe.) — Dans les fossés inondés et au bord des cours d'eau du bassin inférieur de l'Arve, par exemple à Bonneville (Dumont). Juillet-août.

3. **Origanum L.** (Origan.)

1291 (1) — *vulgare L.* (O. commun.) — Rocailles buissonneuses, haies, dans les régions inférieure et moyenne de tout notre champ d'étude : Servoz; dans l'Entremont, depuis les Marques jusqu'à Orsières. Juillet-septembre.

a) vulgare L. — Epillets ovoïdes.
b) prismaticum Gaud. — Epillets prismatiques, allongés. Les lieux incultes sur la lisière des bois : les Marques sur Martigny.

1292 (2) — *Majorana L.* (O. Marjolaine.) — Originaire de l'Afrique méditerranéenne, mais cultivé à peu près partout dans les jardins de notre circonscription. Juillet-août.

4. **Thymus L.** (Thym.)

1293 (1) — *vulgaris L.* (T. commun.) — Coteaux du versant méridional de la chaîne, dans les régions inférieure et moyenne du bassin supérieur de la Doire et jusqu'aux environs de Courmayeur; rochers de la Saxe au-dessus des Bains, etc. Juin-juillet.

1294 (2) — *Serpyllum L.* (T. Serpolet.) — Très-commun sur les rochers herbeux et les prairies rocailleuses dans toute l'étendue de notre champ d'étude : aux Gaillands; aux Chauderons; autour de Chamonix; au Greppon, etc., etc. Juin-septembre.

b) Chamœdrys Fries. — Rameaux florifères pubescents, allongés, disposés en touffe; feuilles peu ciliées. Les Gaillands.
c) pannonicus All. — Rameaux florifères fortement tétragones, velus, plus robustes que dans les formes précédentes. Coteaux secs des Marques; Bovernier; val de Champey; Entremont; près de Saint-Rémy; environs de Courmayeur dans le bassin supérieur de la Doire.
d) lanuginosus Schk. — Feuilles velues sur les deux faces. Rochers herbeux au pied du couloir du col Joly sur le Nant Bourant; au torrent du sommet de Proz au grand Saint-Bernard (E. Favre).

5. **Hyssopus L.** (Hysope.)

1295 (1) — *officinalis* L. (H. officinale.) — Coteaux secs et rocailleux de la région inférieure : à Servoz; à Bocher; à Sainte-Marie; dans le val d'Entremont, entre Martigny et Orsières. Juillet-août.

6. **Satureia L.** (Sariette.)

1296 (1) — *hortensis* L. (S. des jardins.) — Cultivée et subspontanée dans les jardins d'Habère-Lullin (Puget). Juin-août.

7. **Calamintha Mœnch.** (Calament.)

1297 (1) — *Acinos Clairv.*, — *Thymus Acinos L.* (C. des champs.) — Lieux incultes et arides dans tout le domaine de cette flore, notamment aux alentours de Courmayeur. Juin-septembre.

1298 (2) — *alpina Lam.*, — *Thymus alpinus L.* (C. des Alpes.) — Lieux secs et rocailleux des régions moyenne et supérieure : en montant au Brevent; à la Flégère; toute la chaîne des Aiguilles-Rouges et dans le fond des vallées autour de la chaîne du Mont-Blanc; Entremont; val de Montjoie. Juillet-août.

1299 (3) — *officinalis Mœnch.* (C. officinal.) — La lisière des bois dans les régions inférieure et moyenne : autour de Courmayeur; cours inférieur de l'Arve entre Chède et Servoz; sur Passy; sous le Platet, etc. Août-septembre.

1300 (4) — *menthœfolia Host.* (C. à feuilles de Menthe.) — Endroits pierreux exposés au soleil et le long des chemins, depuis la région inférieure jusqu'à la moyenne : cours inférieur et moyen de l'Arve : Servoz, etc., et vers les limites nord-est de notre circonscription : Combe d'Arba au vallon de Champey. Juillet-août.

1301 (5) — *nepetoides Jord.* (C. faux-Népéta.) — Endroits graveleux et buissonneux du cours moyen de l'Arve, entre Sallanches et Servoz. Août-septembre.

1302 (6) — *grandiflora Mœnch.*, — *Thymus grandiflorus Scop.* (C. à grandes fleurs.) — Endroits rocailleux et sablonneux de la région moyenne du revers occidental de la chaîne, vers les limites sud-ouest de cette florule : bois du Pont du Flon, entre Flumet et Héry, à 1000 m. (Personnat); entre Servoz et Mégève (Puget). Juillet-août.

8. **Clinopodium L.** (Clinopode.)

1303 (1) — *vulgare L.,* — *Calamintha Clinopodium Benth.* (C. commun.) — Commun le long des haies et des bois rocailleux, dans les régions inférieure et moyenne. Juillet-août.

9. **Melissa L.** (Mélisse.)

1304 (1) — *officinalis L.* (M. officinale.) — Originaire du Midi. Cultivée dans les jardins, d'où elle se répand autour des habitations : Martigny; les Marques. Juin-août.

10. **Rosmarinus L.** (Romarin.)

1305 (1) — *officinalis L.* (R. officinal.) — Originaire du Midi de l'Europe. Cultivé dans les jardins, où il atteint jusqu'à un mètre de hauteur. Avril-mai.

11. **Salvia L.** (Sauge.)

1306 (1) — *pratensis L.* (S. des prés.) — Très-commune dans les prés secs et au bord des chemins des régions inférieure et moyenne de notre circonscription. Mai-juillet.

1307 (2) — *glutinosa L.* (S. glutineuse,) — Buissons et lieux ombragés de la région moyenne, dans tout notre domaine floral : toutes les vallées autour de la chaîne; Chamonix; Courmayeur; Sainte-Marie; Bocher; abondante entre Chède et Servoz; au Roc-Percé près de Sembrancher (E. Favre). Juillet-septembre.

1308 (3) — *verticillata L.* (S. verticillée.) — Le long des chemins dans la vallée d'Abondance; vers les chalets de Sardonnière; la Vernaz au Biot (Puget). Juillet-août.

12. **Nepeta L.** (Chataire.)

1309 (1) — *Cataria L.* (C. commune.) — Le long des haies et des chemins de la région inférieure : Servoz; la Combe de Martigny; entre le Brocard et Martigny et le long de la Dranse d'Entremont, entre Bovernier, Sembrancher et Orsières. Juin-août.

1310 (2) — *nuda L.* (C. nue.) — Indiquée entre Orsières et Liddes par le chanoine E. Favre et entre les deux villages de Soulalex dans la vallée d'Entremont (Delasoie). Juin-juillet.

13. **Dracocephalum L.** (Dracocéphale.)

1311 (1) — *Ruyschiana L.* (D. de Ruysch.) — Pâturages escarpés de la région supérieure : flanc de l'Aiguille à Bochard qui domine la Mer de Glace; sur le Mauvais-Pas, au-dessus du passage des Chys et de l'Ours; sur le Nantau, à 2287 m. (Puget); Salanfe sous la Dent du Midi; à la Grand-Lui près de la Léchère d'Orsières (E. Favre); près de la montagne du révérend curé d'Orsières à Ferret (C. Carron). Juillet-août.

14. **Glechoma L.** (Gléchome.)

1312 (1) — *hederacea L.* (G. commune, vulg. Lierre terrestre.) — Très-commune le long des haies, dans les champs et les bois des régions inférieure et moyenne. Avril-mai.

15. **Lamium L.** (Lamier.)

1313 (1) — *amplexicaule L.* (L. embrassant.) — Commun le long des murs, dans les régions inférieures de notre champ d'étude; monte jusqu'à Servoz et à Chamonix. Avril-octobre.

1314 (2) — *incisum Willd.,* — *hybridum Vill.* (L. incisé.) — Commun dans les lieux cultivés des bassins de la Dranse et de l'Arve : entre la Combe et le Brocard; Bovernier; Servoz, etc. Avril-octobre.

1315 (3) — *purpureum L.* (L. pourpre.) — Commun dans les cultures des régions inférieure et moyenne de notre circonscription. Avril-octobre.

1316 (4) — *maculatum L.* (L. tachoté.) — Très-commun dans les haies et dans les mêmes limites que le précédent : Saint-Gervais; Contamines; Chamonix; Argentière; Pavillon de Bellevue; la Parsaz, etc. Avril-octobre.

1317 (5) — *album L.* (L. blanc.) — Le long des murs et des haies, près des villages du bassin inférieur de l'Arve : Bonneville (Dumont), etc. Mai-juin.

1318 (6) — *Galeobdolon Crantz.,* — *Galeobdolon luteum Huds.* (L. Galéobdolon, vulg. Ortie jaune.) — Assez fréquent dans les lieux ombragés et frais des bassins de l'Arve et de la Dranse : Trient; Chemin-Neuf; vallée de Chamonix; Hortaz; cascade du Fouilly en face de Chamonix; cascade des Pèlerins; Biolet, etc. Mai-juin.

. 16. **Galeopsis L.** (Galéope.)

1319 (1) — *angustifolia Ehrh.,* — *Ladanum Vill.* (G. à feuilles étroites.) — Commun dans les champs après la moisson et parmi les rocailles de la base des Aiguilles-Rouges; à Chamonix; au Fouilly; aux Gaillands, etc. Juin-septembre.

b) canescens Schultz. — Plante blanchâtre et souvent glanduleuse dans le haut. Bord de la route entre Maglan et Cluses, dans le bassin moyen de l'Arve.

1320 (2) — *intermedia Vill.* (G. intermédiaire.) — Dans les champs de la région moyenne : près des chalets de montagne à la cascade du Fouilly en face de Chamonix; aux Gaillands; à Argentière. Juillet-août.

1321 (3) — *Tetrahit L.* (G. Tetrahit.) — Commun dans les champs des régions inférieure et moyenne : fréquent aux environs de Chamonix; aux Chauderons; au Fouilly, etc.; entre 450 et 1500 m. Juillet-août.

1322 (4) — *Reichenbachii Reut.* (G. de Reichenbach.) — Lieux fertiles près des chalets des régions moyenne et supérieure de notre circonscription : au bord du torrent des Pèlerins; combe de Taconnaz; Bouchet; Contamines; Crey Baudin; Chapiu; la Pierraz au grand Saint-Bernard; Dent d'Òche (Puget). Juillet.

1323 (5) — *præcox Jord.* (G. précoce.) — Dans les champs de la vallée de Chamonix; à Argentière; au Trient; entre Proz et Fourtz, versant nord du grand Saint-Bernard et dans toutes les vallées du revers nord de la chaîne; vallée d'Abondance; Araches et Pernant sur la Balme, etc. Juin-juillet.

b) Verloti Jord. — Endroits rocailleux du bassin inférieur du Giffre : Mont Forchat, au-dessus d'Habère-Poche (Puget.

17. **Stachys L.** (Epiaire.)

1324 (1) — *germanica L.* (E. d'Allemagne.) — Au bord des chemins et le long des haies; coteaux secs du bassin inférieur de l'Arve et de la Dranse : Ripaille, au bord de la Dranse d'Abondance (Puget). Juin-juillet.

1325 (2) — *alpina L.* (E. des Alpes.) — Coteaux boisés de la région moyenne : au bord de la Dioza; versant nord des Aiguilles-Rouges; flanc de Pormenaz tourné vers la Dioza; en montant de Sembrancher vers le Psot de Catogne; entre le Borgeaud et Bovenettaz (E. Favre). Juillet-août.

1326 (3) — *sylvatica L.* (E. des bois.) — Commune dans les bois de la région moyenne : autour de Chamonix; au Biolet; aux Gaillands; au Mont; à Tête-Noire; à Argentière; à Trient; à la Joux; entre 1000 et 1500 m. Juin-août.

1327 (4) — *ambigua Sm.,* — *palustri-sylvatica Schiede.* (E. ambiguë.) — Lieux ombragés des régions inférieure et moyenne : val Montjoie; Contamines; près de Sembrancher. Juin–juillet.

1328 (5) — *palustris L.* (E. des marais.) — Commune dans les prés humides des régions inférieure et moyenne de toute notre circonscription : autour de Chamonix; Servoz; le Chatelard et tout le bassin de l'Arve. Juin–septembre.

1329 (6) — *arvensis L.* (E. des champs.) — Dans les champs après la moisson : bassin supérieur de l'Arve, entre Chamonix et le hameau du Tour; bassin inférieur, près de Bonneville (Dumont). Juillet-août.

1330 (7) — *annua L.* (E. annuelle.) — Très-commune dans les champs après la moisson; extrèmement abondante dans la vallée de Chamonix. Août-octobre.

1331 (8) — *recta L.* (E. droite.) — Commune dans les lieux incultes, arides et pierreux des régions inférieure et moyenne : Servoz et tout le bassin de l'Arve; Bocher et Sainte-Marie; Aiguille à Bochard, etc. Juin-août.

b) *alpina Gren. et Godr.* — Lieux herbeux et rocailleux de la région moyenne : Pormenaz; hameau de la Joux; Licutraz; plaine de Passy; bois de Joux à Servoz et au Campo sur Pormenaz; au fond des Combes du Saint-Bernard et sur le plateau de Pradaz.

18. **Betonica L.** (Bétoine.)

1332 (1) — *hirsuta L.* (B. hérissée.) — Pentes herbeuses de la région supérieure : Mont-Lachat; en descendant du col du Bonhomme sur le Chapiu; Pormenaz; en montant du Keyzet au Brevent; rochers de la Croix de Fer au col de Balme; montagne de Taconnaz; aux Rognes sous l'Aiguille du Goûté; Combe de la Floriaz aux Aiguilles-Rouges; Pradaz et au-dessous de la Baux; aux Combes du grand Saint-Bernard; à Bella-Comba; à la Grand-Lui; au Gramont, au-dessus de Vouvry, Bas-Valais; entre 1500 et 2300 m. Juillet-août.

1333 (2) — *officinalis L.* (B. officinale.) — Commune dans les bois rocailleux et les prés secs des régions inférieure et moyenne : Servoz et tout le bassin de l'Arve; en montant au Platet depuis Servoz et le bois de Joux; bassin de la Dranse d'Entremont. Juin-août.

19. **Ballota L.** (Ballotte.)

1334 (1) — *fœtida Lam.,* — *nigra Sm.* (B. fétide.) — Le long des chemins et des haies dans la région inférieure : environs de Courmayeur, sur les bains de la Saxe; environs de Bonneville; Martigny et vallée d'Entremont, entre Bovernier, Sembrancher et Orsières (E. Favre). Juin–septembre.

20. **Marrubium L.**   (Marrube.)

1335 (1) — *vulgare* L. (M. commun.) — Décombres et bord des chemins de la région inférieure, au sud et au nord-est de la chaîne : au-dessus des bains de la Saxe; à Courmayeur; entre Saint-Maurice et le hameau de Vulmix, sous le Chapiu; à Orsières dans l'Entremont. Juillet–septembre.

21. **Sideritis L.**   (Crapaudine.)

1336 (1) — *hyssopifolia* L. (C. à feuilles d'Hysope.) — Endroits rocailleux des régions moyenne et supérieure : Pormenaz; base des Fys sur Servoz et au Reposoir. Juillet–août.

22. **Melittis L.**   (Mélitte.)

1337 (1) — *melissophyllum* L. (M. à feuilles de Mélisse.) — Dans les taillis du bassin inférieur de l'Arve et les bois ombragés du Reposoir; abondante autour de Salvan. Mai–juillet.

23. **Brunella L.**   (Brunelle.)

1338 (1) — *vulgaris* L. (B. commune.) — Commune dans les pâturages et les bois rocailleux des régions inférieure et moyenne : Servoz; au bois de Joux; Pormenaz; base du Mont Chétif sur Courmayeur; monte jusqu'à l'Allée-Blanche. Juin-août.

1339 (2) — *grandiflora Jacq.* (B. à grandes fleurs.) — Assez commune dans les pâturages rocailleux de la région moyenne : pentes de Pormenaz; Allée-Blanche; base du Mont Chétif sur Courmayeur, etc., etc. Juillet-août.

24. **Scutellaria L.**   (Toque.)

1340 (1) — *alpina* L. (T. des Alpes.) — Pentes dénudées de la région supérieure : vallon d'Entremont entre Sembrancher et Vince; au Biolay de Sembrancher; entre Orsières et Liddes, sur le chemin du Saint-Bernard; au bas des Plançades; près de Saint-Rémy; en descendant le col Ferret près du Mont-Dolent; environs de Courmayeur; base de la Saxe et en montant au Cramont; rocailles sous le Platet; entre 600 et 1500 m. Juillet-août.

1341 (2) — *galericulata* L. (T. Tertianaire.) — Marais de la région inférieure : bassin de l'Arve; vallon du Chatelard; au

Lac, à Servoz (Personnat); à Ponchy près Bonneville. Juillet-août.

25. **Ajuga L.** (Bugle.)

1342 (1) — *reptans L.* (B. rampante.) — Commune dans les prairies humides des régions inférieure et moyenne : très-abondante dans la vallée de Chamonix; au Bouchet; à Servoz et dans tout le bassin de l'Arve. Mai-juin.

1343 (2) — *pyramidalis L.* (B. pyramidale.) — Commune dans les pâturages des vallées qui descendent de la chaîne du Mont-Blanc; fréquente aux Gaillands, près de la route; aux Chauderons; la Baux et la Pierraz au grand Saint-Bernard, etc.; entre 1000 et 1500 m. Mai-juillet.

b) albiflora. — Col de Balme; Catogne de Sembrancher; Saint-Bernard, etc.

1344 (3) — *genevensis L.* (B. de Genève.) — Les prés rocailleux des régions inférieure et moyenne : commune au Nant du Fouilly; à Chamonix; à Argentière; à Servoz, etc. Mai-juin.

b) albiflora. — Chamonix.

1345 (4) — *Chamæpitys Schreb., — Teucrium Chamæpitys L.* (B. Yve.) — Dans les prés secs et les moissons du bassin moyen de l'Arve et du bassin inférieur de la Dranse : Servoz; les Ayers; les Marques de Martigny, etc. Avril-octobre.

26. **Teucrium L.** (Germandrée.)

1346 (1) — *Scorodonia L.* (G. des bois.) — Fréquente dans les bois et les taillis rocailleux des régions inférieure et moyenne : commune dans tout le bassin de l'Arve; sa limite supérieure est au pied du Fouilly, en face de Chamonix, à 1050 m. Juillet-août.

1347 (2) — *Botrys L.* (G. Botryde.) — Dans les champs graveleux de la région des cultures : tout le bassin de l'Arve; les Marques de Martigny; Biolay de Sembrancher; en allant au Grand-Ravin du Chatelard; près du Chapiu, etc. Juin-septembre.

1348 (3) — *Chamædrys L.* (G. Petit-Chêne.) — Lieux secs et rocailleux des régions inférieure et moyenne : commune à Servoz; à Chamonix, etc. Juin-août.

1349 (4) — *montanum L.* (G. de montagne.) — Endroits rocailleux et buissonneux des régions inférieure et moyenne de toute notre circonscription : bois de Joux; à Servoz. au bord de la grande route; Mont-Roch; sous le Platet; aux Ayers; à Salvan; près de Saint-Rémy, etc. Juin-août.

67ᵉ famille — VERBÉNACÉES

1. Verbena L. (Verveine.)

1350 (1) — *officinalis* L. (V. officinale.) — Commune le long des chemins et dans le voisinage des habitations des régions inférieure et moyenne : Bovernier; Sembrancher; Orsières; Servoz; Passy, etc. Juin-août.

68ᵉ famille — LENTIBULARIÉES

1. Pinguicula Tournef. (Grassette.)

1351 (1) — *vulgaris* L. (G. commune.) — Marécages et prairies tourbeuses des régions inférieure et moyenne : au Bouchet; à Hortaz, etc., etc. Mai-juin.

b) *longifolia* Rap. — Diffère du type par sa corolle plus grande, se rapprochant par sa dimension de la *P. grandiflora*. On ne la rencontre que dans les régions moyenne et supérieure.

1352 (2) — *grandiflora* Lam. (G. à grande fleur.) — Caractères de la *P. vulgaris*, dont elle diffère par sa corolle plus grande, à lobes ovales et à éperon plus long par rapport à la fleur. Rochers humides et moussus, dans la région supérieure : au-dessus des Tronchets près du grand Saint-Bernard; vallées d'Essert et de Ferret; versant nord des Aiguilles-Rouges; entre 2000 et 2300 m. Juin-juillet.

1353 (3) — *alpina* L. (G. des Alpes.) — Lieux humides et moussus, depuis la région moyenne jusqu'à la supérieure : en montant au Pavillon de Bellevue; au Lavouet; à Argentière; au Montanvert; au col de Balme, etc. On la rencontre principalement sur le terrain jurassique. Mai-juillet.

2. Utricularia L. (Utriculaire.)

1354 (1) — *vulgaris* L. (U. commune.) — Dans les eaux stagnantes des régions inférieure et moyenne : au Bouchet; plaine de Servoz; au Chatelard; tout le bassin de l'Arve; le Fayet; la Verrerie de Martigny, etc. Juin-août.

1355 (3) — *minor* L. (U. fluette.) — Dans les eaux stagnantes des mêmes régions : à la Verrerie de Martigny, avec la précédente; en montant au Pavillon de Bellevue; au Bouchet de Chamonix; les Praz, au-delà des moulins; au bord de la grande route à Bonneville. Juin-août.

69ᵉ famille — PRIMULACÉES

1. Primula L. (Primevère.)

1356 (1) — *acaulis Jacq.*, — *grandiflora Lam.* (P. acaule.) — Commune dans la région inférieure de notre circonscription : Servoz et tout le bassin inférieur de l'Arve. Mars-mai.

1357 (2) — *elatior Jacq.* (P. élevée.) — Les bois ombragés et humides des régions inférieure et moyenne du bassin de l'Arve : Servoz; Passy; Sallanches. Avril-mai.

1358 (3) — *officinalis Jacq.* (P. officinale.) — Vergers et prairies dans les mêmes régions que la précédente : Servoz; autour de Chamonix; aux Nants; aux Frasses. Avril-mai.

1359 (4) — *elatiori* ✕ *officinalis Muret.* — Hybride des deux espèces précédentes. Çà et là avec les parents : à Servoz; au Mont, etc. Avril-mai.

1360 (5) — *farinosa L.* (P. farineuse.) — Prairies marécageuses de la région moyenne : autour de Chamonix où elle est abondante; les Frasses; les Nants; les Couverets; Hortaz; cascades du Dard et de Berard; marais de Valorsine et dans toute l'étendue de nos limites. Mai-juillet.

1361 (6) — *Auricula L.* (P. Auricule). Lieux frais et rocailleux près des neiges; fentes de rochers dans la région supérieure : sous le Platet et aux Ayers sur Servoz; rochers de la cascade d'Arpennaz. Alt. 1400 à 1800 m. Mai-juillet.

1362 (7) — *viscosa Vill.*, — *hirsuta All.* (P. visqueuse.) — Rochers frais des régions inférieure et moyenne : autour de Chamonix, de Servoz, et dans toutes les vallées autour de la chaîne du Mont-Blanc, entre 500 et 2000 m. On la trouve indifféremment sur le calcaire et sur le cristallin. Avril-juin.

b) villosa Jacq. — Cette forme est admise comme espèce par quelques auteurs. Elle ne diffère du type que par une plus grande villosité; elle est moins visqueuse et moins développée que la précédente. Sur les plus hautes sommités, jusqu'à 2700 m., comme au Jardin de la Mer de Glace. Juillet-août.

2. Androsace L. (Androsace.)

1363 (1) — *helvetica Gaud.*, — *Aretia helvetica L.* (A. helvétique.) — Fissures de rochers dans la région supérieure : rochers calcaires au-dessus des chalets des Herbagères près du col de Balme; Croix de Fer du col de Balme; vallon d'Entre les Eaux sur Valorsine; col de Salenton près du Buet; les Tours de Sâles; arête de la chaîne d'Anterne sous le Buet; sur le Catogne d'Entremont. Exclusivement sur le calcaire dans toutes les localités citées. Juillet-août.

1364 (2) — *pubescens DC.*, — *alpina Lap.* (A. pubescente.) — Rochers fissurés de la région supérieure, dans tout le domaine de cette flore ; autant la précédente recherche le calcaire, autant celle-ci a soin de l'éviter et préfère le cristallin : base de l'Aiguille du Tour, à droite et au-dessus du glacier; base de l'Aiguille du Midi; l'Aiguille à Bochard, sur la cime et sur le versant tourné vers la Mer de Glace; base de l'Aiguille du Greppon; sommet des Grands près du col de Balme; Becs-Rouges; sommet des Aiguilles-Rouges; sur la Floriaz; cols de Taneverge et de Salenton près du Buet; cascades du Praz et de Berard; les hautes Authannes et les ravins du Buet; base de la Glière sur la Flégère; au grand Saint-Bernard; entre 2000 et 2700 m. Juillet-août.

1365 (3) — *pennina Gaud.*, — *glacialis Hoppe.*, — *alpina Lam.* (A. des Alpes pennines.) — Débris de rochers et graviers humides de la région supérieure : sur le versant nord du Mont-Mort, au-dessus du lac du grand Saint-Bernard; pentes de la Chenalettaz; cols de Fenêtre et de Ferret; sommet de la moraine du glacier de la Tapiaz; passage du Praz; torrent sur la Flégère; sommet de la montagne de Taconnaz; sous les Grands-Mulets; col d'Anclave près du Bonhomme; au haut du col du Géant, à l'altitude de 3436 m.; cols de la Seigne, des Fours et du Bonhomme, entre 2000 et 3000 m. d'altitude moyenne. On la trouve principalement sur le calcaire jurassique. Juillet-août.

1366 (4) — *imbricata Lam.*, — *tomentosa Schleich.* (A. imbriquée.) — Fissures de rochers dans la région supérieure de la chaîne : les deux versants du massif des Aiguilles-Rouges; à la Flégère; au lac Blanc et au lac Cornu, ainsi qu'aux rochers qui séparent la combe de la Floriaz de la Balme; au col du lac Blanc sur la Flégère; col de Berard; au mont Catogne sur Sembrancher; à Orney sur Orsières (Delasoie); rochers du Bonhomme (Mermoud). Sur le terrain cristallin; entre 2000 et 2400 m. Juillet-août.

1367 (5) — *villosa L.* (A. velue.) — Pâturages de la région supérieure. Indiquée au Plan de la Chaux, sur le Catogne d'Entremont (Delasoie). Juillet.

1368 (6) — *Chamœjasme Host.* (A. trompeuse.) — Pâturages de la région supérieure du versant nord-est de la chaîne : grand Saint-Bernard. Juillet.

1369 (7) — *obtusifolia All.* (A. à feuilles obtuses.) — Les pâturages de la région supérieure : Charamillon sur le hameau du Tour; autour du Pavillon du col de Balme; arête des Chézerands sur le col de Balme; vallon d'Entre les Eaux; Mont Jovet dans la vallée de Montjoie; le Bonhomme; la Seigne; entre les chalets de l'Allée-Blanche; montagne de la Saxe sur Courmayeur; col de Fenêtre; à Mont-Cubit; au Plan de Jupiter et autour du lac du Saint-Bernard; le Catogne dans l'Entremont. etc. Juillet-août.

1370 (8) — *carnea L.* (A. carnée.) — Les pâturages de la région supérieure : en montant au col de Balme par Charamillon; les Becs-Rouges; les hautes Authannes sur le hameau du Tour, entre les chalets des Herbagères et le mont Catogne près du col de Balme; en traversant le col de Ferret depuis les chalets de Proz de Bard; au Cramont et à la combe de la Hyoulaz; la montagne de la Saxe sur Courmayeur; Saint-Bernard; l'Arpettaz d'Orsières; le Catogne dans le val d'Entremont. Juin-juillet.

1371 (9) — *obtusifolio* × *glacialis Reut.*, Bull. Soc. Hallér. — Hybride des *A. obtusifolia* et *A. glacialis*, indiquée par M. Reuter sur le grand Saint-Bernard, au-dessus du lac, à la base du Mont-Mort. Juillet-août.

3. **Cyclamen L.** (Cyclamen.)

1372 (1) — *europæum L.* (C. d'Europe.) — Dans les bois de hêtre et sur les rocailles entre le hameau de Maglan et la cascade d'Arpennaz; les bosquets de la Ripe à Maglan; Doran les Ciez; Saint-Roch; tout le bassin moyen de l'Arve entre Cluses et Sallanches; bois de Bray sur Sallanches et au bord de la Dranse d'Abondance (Puget); forêt des Evouettes dans le Bas-Valais (E. Favre). Cette espèce monte jusqu'à l'altitude de 1000 m. Juillet-octobre.

4. **Soldanella L.** (Soldanelle.)

1373 (1) — *alpina L.* (S. des Alpes.) — Commune dans les prés et les pâturages élevés. près des neiges fondantes, dans toute notre circonscription : en montant au col de Balme depuis Charamillon; sur le col et dans toutes les prairies autour du Pavillon; Mont-Lachat; Pavillon de Bellevue; col de Voza; derrière le hameau des Chozalets; à Argentière; à la Paraz, chemin de Pierre-Pointue ; Pormenaz ; le Platet ; autour du lac et à la Baux du grand Saint-Bernard, etc. Mai-juillet.

5. **Lysimachia L.** (Lysimachie.)

1374 (1) — *vulgaris L.* (L. commune.) — Commune dans les prés humides et sur le bord des ruisseaux des régions inférieure et moyenne : Bouchet de Chamonix ; Bouchet de Servoz ; Sainte-Marie, à Bocher et les Montées ; les Parties de Sembrancher. Juin-juillet.

1375 (2) — *Nummularia L.* (L. Nummulaire.) — Commune dans la région inférieure de notre domaine floral : Vernayaz ; le bord de la Dioza à Servoz et dans le bassin de l'Arve. Juillet.

1376 (3) — *nemorum L.* (L. des forêts.) — Les bois de sapins des régions inférieure et moyenne : à Coupeau ; au Fayet ; à Saint-Gervais ; au Chatelard ; à Servoz ; à Gueuroz et dans les forêts au-dessus de Salvan : pied de la Dent du Midi ; col de Coux, etc. Juin-juillet.

6. **Trientalis L.** (Trientale.)

1377 (1) — *europœa L.* (T. d'Europe.) — Cette jolie plante a été trouvée récemment par M. l'abbé Chevallier dans des bois de sapins à l'extrême limite de notre domaine floral, à Crévolant et Coheuroz au-delà du Grand Bornand, au lieu dit le Grand-Bois, à environ 1800 m. d'altitude. Juillet.

7. **Anagallis L.** (Mouron.)

1378 (1) — *phœnicea Lam.* (M. rouge.) — Fleurs rouges, ciliées, glanduleuses. Commun dans toute la zone des cultures, après la moisson. Juin-septembre.

1379 (2) — *cœrulea Schreb.* (M. bleu.) — Fleurs bleues, ordinairement non ciliées, glanduleuses. Commun dans la zone des cultures. Juin-septembre.

70ᵉ famille — GLOBULARIÉES

1. **Globularia L.** (Globulaire.)

1380 (1) — *vulgaris L.* (G. commune.) — Commune dans les lieux arides des régions inférieure et moyenne : bassins de l'Arve et de la Dranse ; Chamonix ; Chauderons ; bois de Joux ; à Servoz ; les coteaux de Passy ; cascade de Chède ; les Marques ; vallée d'Entremont ; Courmayeur. Mai-juin.

1381 (2) — *nudicaulis L.* (G. à tige nue.) — Pâturages pierreux de la région supérieure : aux Ayers sur Servoz; sous le Platet; vers les chalets de la Charbonnière, spécialement sur le calcaire jurassique. Juin-août.

1382 (3) — *cordifolia L.* (G. à feuilles en cœur.) — Rochers des régions moyenne et supérieure : abondante dans tout le bassin de l'Arve; à Servoz; à Passy. On la trouve avec les deux précédentes le long de l'ancienne route entre Chède et la Dioza; grand Saint-Bernard. Mai-juillet.

71ᵉ famille — PLANTAGINÉES

1. Plantago L. (Plantain.)

1383 (1) — *major L.* (P. majeur.) — Très-commun au bord des chemins et dans les pâturages, depuis la plaine jusqu'à la région moyenne. Mai-juillet.

a) maxima. — A feuilles amples, brusquement contractées en pétiole; hampe de 20-30 centimètres; épi occupant la moitié de la longueur de la hampe. Commun dans les pâturages autour de Chamonix.

b) — Plante de 5-10 centimètres; feuilles ovales ou oblongues, atténuées en pétiole; épi court. Champs humides après la moisson.

c) minima DC. — Plante de 3-4 centimètres; feuilles petites; épi arrondi ou oblong, pauciflore. Champs après la moisson : Chauderons.

1384 (2) — *media L.* (P. moyen.) — Très-commun dans les pâturages secs et au bord des chemins des régions inférieure et moyenne : tout le bassin de l'Arve; Chamonix; Argentière; pâturages sous les Fys. Mars-juillet.

1385 (3) — *lanceolata L.* (P. à feuilles lancéolées.) — Très-commun dans les régions inférieure et moyenne : base de la Saxe, au-dessus des bains; aux Chauderons; à Chamonix; au Bouchet; aux Pâquis; à Argentière; au pied du Fouilly; Entre les Champs. Avril-septembre.

1386 (4) — *montana Lam.,* — *atrata Hoppe.* P. de montagne.) — Abonde dans les pâturages des régions moyenne et supérieure : au bois de Joux; aux chalets de la Charbonnière sous le Platet; pâturages du col de Balme; au grand Saint-Bernard, le long de l'aqueduc, à la Baux, à la Combaz près du Jardin du Valais. Altitude supérieure, 2300 m.; spécialement sur le terrain jurassique. Juillet-août.

b) pilosus Nob. — Feuilles et tiges couvertes de longs poils laineux et serrés. Au Trocet-Blanc sur Courmayeur.

1387 (5) — *alpina L.* (P. des Alpes.) — Commun dans les pâturages de la région supérieure : abondant à Entre les Champs; sur Argentière et la route de Martigny; à Charamillon; au col de Balme; au Chozalet et au Biolet; au pied du Nant du Fouilly en face de Chamonix; en montant au Cramont et à la Saxe sur Courmayeur; au grand Saint-Bernard. Juin-août.

1388 (6) — *incana Ram.* (P. blanchâtre.) — Diffère du précédent, dont quelques auteurs en font une variété, par ses feuilles très-étroitement linéaires, aussi longues que la hampe (2 à 3 décimètres), blanchâtres, noircissant par la dessication; épi très-allongé, cylindrique; racine longue, beaucoup plus que dans le *P. alpina.* Depuis le col du Bonhomme jusqu'à Courmayeur où il est assez abondant; en montant au Cramont et sur la montagne de la Saxe. Juillet-août.

1389 (7) — *serpentina Vill.,* — *integralis Gaud.* (P. serpentant.) — Les terres argileuses dans le bassin inférieur de l'Arve et dans le bassin supérieur de la Dranse d'Entremont : à la Pierraz; près de la chapelle de Lorette à Bourg-Saint-Pierre; entre 1500 et 1740 m. Juillet-octobre.

b) graminea Schleich., — *bidentata Murith.* — Cette forme, suivant Reuter, varie à feuilles dentées ou à feuilles entières. Pelouses herbeuses et pâturages pierreux à Fourtz et à la Pierraz près du grand Saint-Bernard; près de la chapelle de Lorette à Bourg-Saint-Pierre (Gaudin); grèves de la Dranse d'Abondance, au-dessus du pont de Bioge (Puget).

72ᵉ famille — PLUMBAGINÉES

1. Armeria Willd. (Armérie.)

1390 (1) — *alpina Willd.* (A. des Alpes.) — Graviers, éboulis de rochers calcaires de la région supérieure : depuis le col du Bonhomme jusqu'aux environs de Courmayeur, dans toute l'Allée-Blanche; toute la chaîne des Fys sur Servoz; le Platet; montagnes de Sâles; Cornettes de bise (Puget); sur le calcaire seulement. Juillet-août.

1391 (2) — *plantaginea Willd.,* — *Statice plantaginea All.* (A. plantain.) Pelouses herbeuses. Rare dans notre circonscription : indiquée seulement au bas du village de Saint-Rémy sur le versant sud du grand Saint-Bernard. Juillet-août.

QUATRIÈME CLASSE : MONOCHLAMYDÉES

73e famille — AMARANTACÉES

1. Amarantus L. (Amarante.

1392 (1) — *sylvestris Desf..* — *viridis L.* (A. sauvage.) —
Le long des murs, dans les lieux cultivés, sur les décombres
et au bord des fumiers dans les régions inférieure et moyenne
de tout le bassin de l'Arve : à la Mollard ; aux Chauderons,
etc., etc. Juillet-septembre.

1393 (2) — *retroflexus L.,* — *spicatus Lam.* (A épiée.) —
Commune dans les décombres, les lieux cultivés autour et dans
l'intérieur des villages de toute l'étendue de notre circonscription : aux Moussons ; à Servoz ; au Fayet, etc. Juillet-septembre.

1394 (3) — *Blitum L.* (A. Blite.) — Mêmes stations que les
précédentes, autour des fumiers des régions inférieure et
moyenne de notre circonscription. Juillet-septembre.

2. Polycnemum L. (Polycnème.)

1395 (1) — *majus Al. Braun.* (P. majeur.) — Champs gra-
voleux du bassin inférieur de l'Arve et des limites sud-est de
notre champ d'étude : au Mont-Cenis d'Aoste sous le grand
Saint-Bernard. Juillet-septembre.

3. Kochia Roth. (Kochie.)

1396 (1) — *prostrata Schrad.,* — *Salsola prostrata L.*
(K. redressée.) — Les champs sablonneux de la région moyenne,
vers les limites du sud-est de notre circonscription : sous le
grand Saint-Bernard, au Mont-Cenis d'Aoste ; abondant entre
Saint-Rémy et Etroubles. Juillet-août.

74e famille — CHÉNOPODÉES

1. Chenopodium L. (Ansérine.)

1397 (1) — *Botrys L.* (A. Botride.) — Coteaux secs et arides de la région inférieure du nord-est de notre circonscription : les Marques de Martigny ; Biolay de Sembrancher. Juin-
juillet.

1398 (2) — *polyspermum L.* (A. polysperme.) — Commune
dans les lieux cultivés. Juillet-septembre.

1399 (3) — *Vulvaria L.*, — *fœtidum Lam.* (A. fétide.) — Le long des murs et sur les décombres de la région inférieure du bassin de l'Arve ; à Bovernier et à Sembrancher, dans la vallée d'Entremont. Juillet-septembre.

1400 (4) — *album L.* (A. blanche, vulg. Farineuse.) — Commune dans les cultures et autour des fumiers. Cette espèce varie considérablement. Juillet-septembre.

a) album L. — Feuilles poudreuses, grappes spiciformes.
b) viride L. — Feuilles peu poudreuses ; grappes à ramilles divergentes.
c) lanceolatum Gr. et Godr. — Feuilles peu dentées, nullement poudreuses; grappes lâches, interrompues. Régions inférieures du bassin de l'Arve et de la Dranse, entre Martigny, Sembrancher et Orsières.

1401 (5) — *hybridum L.* (A. hybride.) — Commune dans les cultures et les décombres. Juillet-août.

1402 (6) — *glaucum L.*, — *Blitum glaucum Koch.* (A. glauque.) — Dans les endroits humides et près des fumiers. Août-septembre.

1403 (7) — *Bonus-Henricus L.* (A. Bon-Henry.) — Lieux fertiles près des habitations et autour des chalets de montagne. Juin-septembre.

2. Beta L. (Bette.)

1404 (1) — *vulgaris L.* (B. commune.) — Plante étrangère et cultivée pour l'usage domestique. La Bette commune, la Bette à côtes, les Betteraves rouges, jaunes et blanches appartiennent à ce type. Juillet-août.

3. Spinacia L. (Epinard.)

1405 (1) — *spinosa Mœnch.* (E. épineux, vulg. E. d'hiver.) Plante cultivée pour l'usage domestique dans tous les jardins potagers. Juin-juillet.

1406 (2) — *inermis Mœnch.* (E. inerme, vulg. E. de Hollande.) — Cultivé, comme le précédent, dans tous les jardins potagers. Mai-juin.

4. Atriplex L. (Arroche.)

1407 (1) — *patula L.*, — *angustifolia Sm.* (A. étalée.) — Près des fumiers et dans les champs après la moisson dans la région moyenne des bassins de la Dranse d'Entremont et de l'Arve. Juillet-septembre.

75ᵉ famille — POLYGONÉES

1. **Rumex** L.   (Oseille.)

1408 (1) — *pulcher* L. (O. Violon.) — Commune au bord des chemins, sur les décombres et près des fumiers : aux Chauderons; à la Mollard; à Sainte-Marie; aux Houches; à Servoz; au Brocard et entre Sembrancher et Bovernier. Juillet-août.

1409 (2) — *obtusifolius* L. (O. à feuilles obtuses.) — Commune dans les endroits humides et gras, au bord des fossés et autour des chalets des régions moyenne et supérieure : au Planet des Houches et de Chamonix ; à Argentière, etc. Juin-juillet.

1410 (3) — *acutus* L., — *pratensis* M. et K. (O. à feuilles aiguës.) — Pâturages incultes des régions moyenne et supérieure : Pâquis des Chauderons; Hortaz; au pied de l'Aiguille à Bochard; Nant du Fouilly; col de Balme; autour des chalets de Proz de Bard; à la base de la Saxe dans le val de Ferret. Juillet-août.

1411 (4) — *crispus* L. (O. crépue.) — Les prés et les champs des régions inférieure et moyenne de notre circonscription : autour de Chamonix et de Valorsine; fossés de Vernayaz. Juillet-août.

1412 (5) — *Patientia* L. (O. Patience, vulg. Epinard-Oseille.) — Cultivée pour l'usage culinaire. Juillet-août.

1413 (6) — *Hydrolapathum Huds.* (O. aquatique.) — Dans les fossés profonds de la région inférieure des bassins de l'Arve et de la Dranse. Juillet-août.

1414 (7) — *alpinus* L. (O. des Alpes, vulg. Rhubarbe des moines.) — Dans les pâturages gras, autour des chalets des régions moyenne et supérieure : Entre les Champs; Charamillon; chalets de Balme et des Herbagères; à la Paraz, chemin du Mont-Blanc. Juillet-août.

1415 (8) — *arifolius All.* (O. à feuilles de Gouet.) — Commune dans les pâturages de la région moyenne, elle s'élève jusqu'à la région supérieure : Blaitière; col de Balme; Entre les Champs; Brevent; Plampraz; Pavillon de Bellevue, etc. Juin-juillet.

1416 (9) — *Acetosa* L. (O. commune.) — Très-commune dans les prés et les rocailles des régions inférieure et moyenne : autour de Chamonix; au Bouchet; aux Chauderons. etc., etc. Mai-juin.

1417 (10) — *Acetosella* L. (O. à petites feuilles.) — Abondante dans les champs sablonneux et incultes de la région moyenne : au Bouchet; aux Chauderons; autour de Chamonix; au Keyzet sous le Brevent. Juin-juillet.

1418 (11) — *scutatus* L. (O. à écusson.) — Débris de rochers de la région supérieure, sur le revers méridional de la chaîne du Mont-Blanc : à la Pierraz et à la Baux du grand Saint-Bernard; au Cramont. Juillet-août.

2. Oxyria Hill. (Oxyria.)

1419 (1) — *digyna Campd.*, — *Rumex digynus* L. (O. à deux styles.) — Abondante dans les lieux sablonneux des moraines de tous les glaciers qui descendent du Mont-Blanc : source d'Arveyron; Mer de Glace; glaciers d'Argentière et de Taconnaz; la Griaz, etc. Juillet-août.

3. Polygonum L. (Renouée.)

1420 (1) — *Bistorta* L. (R. Bistorte.) — Très-commune dans les prairies humides de la région moyenne : vallée de Valorsine; revers méridional de la chaîne; val de Ferret; aux Tines près de Chamonix; à Argentière et sur les montagnes de la Paraz, chemin du Mont-Blanc. Juin-juillet.

1421 (2) — *viviparum* L. (R. vivipare.) — Pâturages incultes des régions moyenne et supérieure, dans tout le domaine de cette flore : Hortaz; Lavancher; Chatelets, sur la grande route d'Argentière; depuis la plaine jusque sur les plus hautes sommités, entre 1050 et 2500 m. Juin-juillet.

1422 (3) — *Lapathifolium* L. (R. à feuilles de Patience.) — Commune dans les fossés, les cultures et près des habitations de toute notre circonscription. Juillet-septembre.

1423 (4) — *Persicaria* L. (R. Persicaire.) — Commune dans les lieux humides, dans les cultures et sur les décombres des régions inférieure et moyenne : à la Mollard; aux Chauderons, etc. Juillet-août.

1424 (5) — *Mite Schrank.* (R. laxiflore.) — Très-commune le long des fossés humides et des ruisseaux, dans le bassin inférieur et moyen de l'Arve. Août-octobre.

1425 (6) — *minus Huds.* (R. fluette.) — Très-commune dans les prairies humides des régions inférieure et moyenne du bassin de l'Arve. Juillet-septembre.

1426 (7) — *Hydropiper* L. (R. Poivre-d'eau.) — Commune

dans les fossés humides, le long des chemins des régions inférieure et moyenne : Servoz; Chatelard, etc. Août-septembre.

1427 (8) — *aviculare L.* (R. des oiseaux.) — Très-commune dans les champs, surtout après la moisson. Juillet-août.

1428 (9) — *Convolvulus L.* (R. Liseron.) — Très-commune
dans les champs des vallées situées autour de la chaîne du
Mont-Blanc. Juillet-septembre.

1429 (10) — *dumetorum L.* (R. des buissons.) — Dans les
haies du bassin inférieur de l'Arve et de la vallée d'Entremont. Juillet-septembre.

1430 (11) — *Fagopyrum L.* (R. Sarrasin, vulg. Blé de Sarrasin, Blé noir.) — Plante originaire de l'Asie, cultivée dans
le bassin moyen et inférieur de l'Arve. Juillet-août.

76e famille — THYMÉLÉES

1. Daphne L.   (Daphné.)

1431 (1) — *Mezereum L.* (D. Bois-Gentil.) — Lieux rocailleux et buissonneux des régions inférieure et moyenne, dans
tout le domaine de notre flore : Argentière; à droite de la
route en allant au hameau du Tour et de ce hameau aux Pozettes, sous le col de Balme; à Pormenaz sur Servoz et sous
la cascade de Sallanches. Mai-juin.

1432 (2) — *alpina L.* (D. des Alpes.) — Dans les fentes de
rochers de la région moyenne, aux limites nord-est du bassin
de la Dranse : près du Roc-percé de Sembrancher et au Mont
Catogne (Favre, Murith). Mai-juin.

2. Passerina L.   (Passerine.)

1433 (1) — *annua Wickst.*, — *Stellera Passerina L.*
(P. annuelle.) — Commune dans les champs du bassin de l'Arve.
Juillet-août.

77e famille — SANTALACÉES

1. Thesium L.   (Thésion.)

1434 (1) — *intermedium Schrad.* (T. intermédiaire.) — Sur
la lisière des bois du bassin inférieur de l'Arve et au bord de
la route entre Chamonix et Argentière. Juin-juillet.

1435 (2) — *pratense Ehrh.* (T. des prés.) — Dans les prés
et les pâturages incultes du vallon de Servoz, sous Pormenaz;

aux Chauderons sur Chamonix; à Hortaz; aux Pâquis; en allant au Pavillon de Bellevue ; à Trient. Juin-juillet.

1436 (3) — *alpinum L.* (T. des Alpes.) — Pâturages et pelouses herbeuses de toute notre circonscription : chaîne du Brevent et toutes les montagnes avoisinantes ; Montanvert; col de Balme; Pavillon de Bellevue; Mont-Lachat; Bionnassay. etc. Juin-juillet.

78ᵉ famille — ELÉAGNÉES

1. Hippophaë L.   (Argousier.)

1437 (1) — *rhamnoides L.* (A. faux-Nerprun.) — Extrêmement abondant dans les alluvions des rivières et des torrents qui descendent des montagnes : le long de l'Arve et de l'Arveyron, entre Chamonix, Argentière et le Tour; Servoz et dans toute la plaine de Passy. Avril-mai.

79ᵉ famille — ARISTOLOCHIÉES

1. Asarum L.   (Asaret.)

1438 (1) — *europæum L.* (A. d'Europe.) — Rocailles. lieux ombragés et buissonneux de la région inférieure: arrive à peine à la moyenne : Bouchet de Servoz; vallée du Chatelard près de Servoz; tout le bassin inférieur et moyen de l'Arve; pied du Brezon; Aranthon près de Bonneville; val d'Illiez. Avril-mai.

80ᵉ famille — EMPÉTRÉES

1. Empetrum L.   (Camarine.)

1439 (1) — *nigrum L.* (C. noire.) — Commune dans les éboulis de rochers de la région supérieure : grand Saint-Bernard; col de Balme; mont Catogne, au-dessus du lac; dans la traversée du Montanvert aux Charmoz; en montant au Brevent par les Invarssins et le couloir de Lachat et de Parchat; mais nulle part aussi abondante qu'entre les chalets de la Pendant et ceux de Lognan : sur une étendue de plus d'une lieue, on ne marche que sur cette plante et l'*Azalea procumbens*. Juin-juillet.

81ᵉ famille — EUPHORBIACÉES

1. Euphorbia L.   (Euphorbe.)

1440 (1) — *Helioscopia L.* (E. Hélioscope.) — Très-com-

mune dans les jardins et les lieux cultivés des régions inférieure et moyenne. Mai-septembre.

1441 (2) — *platyphylla* L. (E. à larges feuilles.) — Commune le long des champs et des chemins, surtout dans le bassin de l'Arve. Juillet-septembre.

1442 (3) — *stricta* L. (E. dressée.) — Commune le long des
haies du bassin moyen et inférieur de l'Arve, dans les champs
et au bord des chemins à Servoz, Passy, Domancy, etc. Mai-
septembre.

1443 (4) — *dulcis* L. (E. douce.) — Commune dans les bois
des régions inférieure et moyenne : Servoz, en allant sous le
Platet; autour de Chamonix et de Courmayeur; grand Saint-
Bernard, dans la forêt au-delà du plateau de Plantaluc. Mai-
juin.

1444 (5) — *Gerardiana Jacq.* (E. de Gérard.) — Bords des
chemins dans la région inférieure : les Marques de Martigny;
entre Bovernier et Sembrancher. Juin-juillet.

1445 (6) — *amygdaloides* L., — *sylvatica Jacq.* (E. à
feuilles d'Amandier.) — Commune dans les haies et les bois
ombragés des régions inférieure et moyenne du bassin de
l'Arve : Megève; Hery; entre Arpennaz et Bonneville. Mai-
juin.

1446 (7) — *Cyparissias* L. (E. petit-Cyprès.) — Très-commune le long des chemins et des champs dans les régions inférieure et moyenne : autour de Chamonix; aux Chauderons;
sur les deux versants du grand Saint-Bernard. Mai-juin.

1447 (8) — *Esula* L. (E. Esule.) — Lieux rocailleux de la
région moyenne : vallon du Chatelard près de Tête-Noire; Valorsine. Juillet-août.

1448 (9) — *Peplus* L. (E. Peplus.) — Commune dans les
lieux cultivés et les haies de la région inférieure des bassins
de l'Arve et de la Dranse ; Martigny; Brocard; Servoz; plaine
de Passy, etc. Juin-octobre.

1449 (10) — *falcata* L. (E. en faux.) — Indiquée au Mont-
Cenis d'Aoste par le chanoine E. Favre. Juillet-septembre.

1450 (11) — *exigua* L. (E. fluette.) — Très-commune
après la moisson dans les champs des régions inférieure et
moyenne : autour de Chamonix; au Bouchet, etc. Juin-octobre.

1451 (12) — *Lathyris* L. (E. Epurge.) — Plante étrangère,
subspontanée dans les vignes de la région inférieure du bassin

de la Dranse : aux Marques, près de la Bâtiaz de Martigny; au pied des rochers du Platet sur Servoz. Juin-juillet.

2. **Mercurialis L.**   (Mercuriale.)

1452 (1) — *perennis L.* (M. vivace.) — Les bois ombragés, humides et rocailleux de la région inférieure, ne s'élevant qu'accidentellement à la région moyenne : au bord de la Dioza, à Servoz; au val d'Illiez. Avril-mai.

1453 (2) — *annua L.* (M. annuelle.) — Très-commune dans les cultures de la région inférieure. Juin-septembre.

3. **Buxus L.**   (Buis.)

1454 (1) — *sempervirens L.* (B. toujours vert.) — Collines buissonneuses et rocailleuses de la région inférieure du bassin de l'Arve : au-dessus de Sallanches; sur Saint-Roch. Avril-mai.

82e famille — URTICÉES

1. **Urtica L.**   (Ortie.)

1455 (1) — *dioica L.* (O. dioïque.) — Commune dans les décombres, près des habitations, depuis la région inférieure jusqu'à la supérieure. Juillet-septembre.

1456 (2) — *urens L.* (O. brûlante.) — Commune autour de toutes les habitations, au pied des murs et le long des cultures des régions inférieure et moyenne. Juin-octobre.

2. **Parietaria L.**   (Pariétaire.)

1457 (1) — *erecta M. et K.,* — *officinalis L.* (partim.) (P. dressée.) — Lieux ombragés et décombres de la région inférieure : à Chamonix; au Bouchet de Servoz; à Passy; à Chêde. Juin-octobre.

83e famille — CANNABINÉES

1. **Cannabis L.**   (Chanvre.)

1458 (1) — *sativa L.* (C. cultivé.) — Originaire de l'Inde, cultivé dans les régions inférieure et moyenne. Juillet-août.

2. **Humulus L.**   (Houblon.)

1459 (1) — *Lupulus L.* (H. grimpant.) — Commun dans les

haies et les buissons du bassin inférieur de l'Arve; cultivé autour de Chamonix. Juillet-août.

84e famille — ULMACÉES

1. Ulmus L.   (Orme.)

1460 (1) — *campestris L.* (O. champêtre.) — Commun au bord des routes des régions inférieures des bassins de l'Arve et de la Dranse. Mars-avril.

1461 (2) — *montana Sm.* (O. des montagnes.) — Plus abondant que le précédent, dans les bois de la région moyenne des mêmes bassins : la Croix; Martigny, etc. Avril-mai.

85e famille — MORÉES

1. Ficus L.   (Figuier.)

1462 (1) — *Carica L.* (F. commun.) — Cultivé dans les jardins exposés au midi, vers les limites nord-est de notre circonscription; subspontané aux Marques sur Martigny. Juillet-août.

2. Morus L.   (Mûrier.)

1463 (1) — *nigra L.* (M. noir.) — Cultivé dans la région inférieure. Mai.

86e famille — JUGLANDÉES

1. Juglans L.   (Noyer.)

1464 (1) — *regia L.* (N. commun.) — Cultivé dans toute la région inférieure de nos limites. Mai.

87e famille — CUPULIFÈRES

1. Fagus L.   (Hêtre.)

1465 (1) — *sylvatica L.* (H. des forêts, vulg. Fayard.) — Dans les bois des régions inférieure et moyenne. Mai.

2. Castanea Tournef.   (Châtaignier.)

1466 (1) — *vulgaris Lam..* — *Fagus Castanea L.* (C. commun.) — Cultivé dans la région inférieure de toute notre circonscription. Juin-juillet.

3. Quercus L. (Chêne.)

1467 (1) — *pedunculata Ehrh.*, — *racemosa DC.* (C. à fruits pédonculés.) — Bois et forêts de la région inférieure; il s'élève à peine jusqu'à la région moyenne. Mai.

1468 (2) — *sessiliflora Sm.* (C. à fleurs sessiles.) — Dans les bois de la région inférieure. Mai.

1469 (3) — *pubescens Willd.* (C. pubescent.) — Dans le bassin inférieur de l'Arve. Mai.

4. Corylus L. (Coudrier.)

1470 (1) — *Avellana L.* (C. Noisetier.) — Très-commun dans toute l'étendue des régions inférieure et moyenne. Février-mars.

5. Carpinus L. (Charme.)

1471 (1) — *Betulus L.* (C. commun.) — Coteaux boisés de la région inférieure. Avril-mai.

88e famille — PLATANÉES

1. Platanus L. (Platane.)

1472 (1) — *orientalis L.* (P. d'Orient.) — Originaire de l'Orient et fréquemment planté sur les promenades de la région inférieure. Avril-mai.

89e famille — SALICINÉES

1. Salix L. (Saule.)

1473 (1) — *pentandra L.* (S. à cinq étamines.) — Dans les régions inférieures des limites sud-ouest et nord-ouest du domaine de notre flore : bassin inférieur de la Dioza, de l'Arve et de la Dranse. Mai-juin.

1474 (2) — *fragilis L.* (S. fragile.) — Dans la région inférieure du bassin de l'Arve : Domancy; bois de la Carbottaz: Passy; sous la Bâtiaz, à gauche de la Dranse. Avril-mai.

1475 (3) — *alba L.* (S. blanc.) — Commun au bord des torrents et des rivières de la région inférieure, s'élève à peine jusqu'à la région moyenne : abondant à Servoz, au bord de la Dioza et dans tout le bassin de l'Arve; le long du Rhône dans le Bas-Valais. Avril-mai.

1476 (4) — *babylonica L.* (S. pleureur.) — Cultivé dans le bassin inférieur de l'Arve et de la Dranse. Nous n'en possédons que l'individu femelle. Avril-mai.

1477 (5) — *amygdalina L.,* — *triandra L.* (S. à feuilles d'Amandier.) — Commun au bord des torrents et des rivières de la région inférieure : vallon de Servoz; Chamonix; depuis les Gaillands jusqu'à Argentière; aux Favrans en face des Gaillands; abondant entre Chède et Servoz; près de Saint-Maurice en Valais. Avril.

a) discolor. — Feuilles glauques en dessous.

b) concolor. — Feuilles vertes sur les deux faces.

1478 (6) — *incana Schrank.* (S. blanchâtre.) — Seulement dans la région inférieure : très-abondant sur les graviers des gorges de la Dioza et du bassin de l'Arve. Avril-mai.

1479 (7) — *purpurea L.,* — *monandra Hoffm.* (S. pourpre.) — Très-commun le long, des ruisseaux et des torrents des régions inférieure et moyenne : aux Tsours près Chamonix; en allant au Pavillon de Bellevue; le long de l'Arve; aux Gaillands; à la Fory de Sembrancher et dans toutes les vallées qui se rattachent à la chaîne du Mont-Blanc. Avril-mai.

1480 (8) — *Wimmeriana Gr. et Godr.,* — *Wimmeri Kern.,* — *purpureo × capræa Wimm.* (S. de Wimmer.) — Lieux sablonneux sur les alluvions de l'Arve : Servoz; Passy; bois de Joux; Chède. Mai

1481 (9) — *daphnoides Vill.* (S. faux-Daphné.) —Fréquent dans les régions inférieure et moyenne, depuis Chamonix aux Gaillands; aux Favrans, etc.; dans le Bas-Valais; ne dépasse pas l'altitude de 1050 m. Avril-mai.

1482 (10) — *viminalis L.* (S. à longues feuilles.) — Dans le bassin inférieur de l'Arve : Pringy (Puget). Mars-avril.

1483 (11) — *cinerea L.* (S. cendré.) — Assez fréquent dans les lieux humides de toute notre circonscription : autour de Chamonix; aux Gaillands; à la Forclaz; aux Pozettes et dans le bassin inférieur et moyen de l'Arve. Avril-mai.

1484 (12) — *grandifolia Scr.* (S. à grandes feuilles.) — Rochers herbeux de la région supérieure : au Keyzet, en montant au Brevent; entre les chalets inférieurs et les chalets supérieurs de Lognan près des grandes sources; à Tzaraire en allant au Saint-Bernard. Avril-mai.

1485 (13) — *Capræa L.* (S. Marceau.) — Commun dans les bois d'aunes des régions inférieure et moyenne : aux Gaillands; aux Favrans; aux Pèlerins près de Chamonix et dans tout le bassin moyen de l'Arve. Avril-mai.

1486 (14) — *aurita L.* (S. auriculé.) — Lieux humides, buissonneux et tourbeux des régions inférieure et moyenne : Hortaz; Bouchet de Chamonix; Bouchet de Servoz; plaine de Passy; aux Praz, etc. Avril-mai.

1487 (15) — *repens L.* (S. rampant.) — Prairies tourbeuses des régions inférieures, vers les limites nord-ouest de notre circonscription : bassin inférieur de la Dranse d'Abondance (Puget). Avril-mai.

1488 (16) — *hastata L.* (S. hasté.) — Assez fréquent dans les régions moyenne et supérieure : Mont-Lachat; col de Voza; Catogne près du col de Balme; col de Ferret; Allée-Blanche; descente du col d'Anclave sur les Mottets. Juin.

1489 (17) — *nigricans Fries.* (S. noirâtre.) — Le long des ruisseaux de la région moyenne : aux Chavans; en montant au Pavillon de Bellevue par les marais du Lavouet; chalets de la Charbonnière sous le Platet; bois de Joux à Servoz et les Rappes. Avril-mai.

1490 (18) — *Lapponum L.* (S. de Laponie.) — Lieux sablonneux de la région supérieure de notre champ d'exploration : entre les chalets de Catogne et ceux de Balme, en passant par les Cès Blancs; au-dessus des chalets supérieurs de Lognan et entre les deux glaciers sous l'Aiguille de Blaitière; sur la moraine gauche de la Mer de Glace, entre l'Angle et Entre la Porte; Catogne de Sembrancher; la Pierraz; sommet de Proz, au-dessus de la Laivraz ; pentes de la Chenalettaz; Mont-Cubit au grand Saint-Bernard. Cet arbuste croît aussi bien dans les lieux humides et fangeux que dans les terrains les plus arides. Juin-juillet.

1491 (19) — *cæsia Vill.* (S. bleuâtre.) — Pâturages rocailleux de la région supérieure, vers les limites sud-ouest de cette florule : au Brezon et au Vergy. Juin.

1492 (20) — *glauca L.* (S. glauque.) — Pâturages rocailleux et sablonneux du terrain glaciaire siliceux, entre les chalets d'Amosson et le col du Génevrier; dans le vallon d'Entre les Eaux; au-dessous des chalets de Catogne près du col de Balme; environs de Fonfrète sur Trient; au grand Saint-Bernard (Murith); dans l'Allée-Blanche. Juin-juillet.

1493 (21) — *arbuscula L.* (S. fétide.) — Lieux rocailleux et pâturages humides de la région supérieure : sous le Pavillon français du col de Balme; le long du petit ruisseau, à gauche des chalets de Catogne près du col de Balme; au Pavillon de Bellevue; éboulement des Fys sous l'Aiguille de la Portette; col de Voza; pied du Mont-Lachat vers Bionnassay; très-abondant entre les chalets de l'Allée-Blanche et le lac Combal; aux Ayers sur Servoz; en montant le col de Taneverge depuis le vallon de Barberine; sous les chalets de Proz de Bard et près de ceux de Lavachet dans la vallée de Ferret; vis-à-vis de la cantine de Proz. Croît indifféremment sur les terrains glaciaires, siliceux, sablonneux ou tourbeux. Juin-juillet.

1494 (22) — *myrsinites* L. (S. Myrte.) — Lieux sablonneux et rocailleux de la région supérieure : Ayers sur Servoz; montagne de la Saxe, près la tour de Malatra; en descendant le Trocet-Blanc sur Courmayeur; le mont Catogne près du col de Balme; à Barberine. Indiqué sur le grand Saint-Bernard par Gaudin, mais n'a pas été retrouvé depuis. Plante propre au terrain calcaire jurassique. Juin-juillet.

1495 (23) — *reticulata* L. (S. réticulé.) — Les pâturages sablonneux secs de la région supérieure : col de Balme; Mont-Lachat, en traversant les Rognes sous l'Aiguille du Goûté; vallée de Montjoie; le Bonhomme; la Seigne; le col de Ferret; vallée de la Mer de Glace; grand Saint-Bernard, etc. Juin-juillet.

1496 (24) — *retusa* L. (S. émoussé.) — Lieux graveleux et sablonneux de la région supérieure, sur les terrains cristallin et calcaire, mais principalement sur le terrain glaciaire siliceux : sous l'Aiguille de Blaitière; arête de la Griaz; au-dessus de Lognan; moraine du glacier Blanc sur les Aiguilles-Rouges; moraine du glacier des Grands Montets; à Bayer; au Pavillon de Bellevue; aux Ayers, sous l'éboulement des Fys; en traversant les Rognes sur Bionnassay; Aiguille à Bochard; col de Balme et autour des chalets de Catogne et de Balme; Allée-Blanche; dans le val de Ferret près des chalets de Proz de Bard; Mont-Cubit au grand Saint-Bernard. Juin-juillet.

b) angustifolia Nobis. — Feuilles étroitement lancéolées : moraine du glacier de Blaitière sur la Tapiaz.

1497 (25) — *herbacea* L. (S. herbacé.) — Lieux pierreux ou sablonneux de la région supérieure : alentours du col de Balme où il est abondant ainsi qu'à la base de l'Aiguille du Plan; moraine du glacier de Taconnaz; sur toute la chaîne des Aiguilles-Rouges; vallon du Vieux-Emousson; base de l'Aiguille de Charmoz sur Chamonix; les deux moraines latérales de la Mer de Glace; au-dessus de Lognan; grand Saint-Bernard. Juillet.

2. **Populus L.**   (Peuplier.)

1498 (1) — *alba L.* (P. blanc.) — Lieux humides du bassin inférieur de l'Arve, depuis Servoz; altitude extrême, 850 m. Mars-avril.

1499 (2) — *Tremula L.* (P. Tremble.) — Commun dans les bois des régions inférieure et moyenne. Mars-avril.

1500 (3) — *nigra L.* (P. noir.) — Le long des eaux et des routes du bassin de l'Arve. Avril.

1501 (4) — *pyramidalis Rosier.* (P. pyramidal, vulg. Peuplier d'Italie.) — Originaire d'Orient. Très-commun dans les lieux humides, au bord des routes et des ruisseaux, dans tout le domaine de cette florule et surtout dans le bassin de l'Arve. Mars-avril.

90ᵉ famille — BÉTULACÉES

1. **Betula L.**   (Bouleau.)

1502 (1) — *alba L.* (B. blanc.) — Extrêmement abondant dans les régions inférieure et moyenne, surtout dans la vallée de Chamonix. Avril-mai.

1503 (2) — *pubescens Ehrh.* (B. pubescent.) — Dans le lieux humides de la région moyenne. Avril-mai.

2. **Alnus Tournef.**   (Aune.)

1504 (1) — *viridis DC.* (A. vert.) — Il forme de vastes forêts autour de Chamonix et se rencontre dans toute la région moyenne, particulièrement sur l'alluvion glaciaire siliceux. Mai-juin.

1505 (2) — *incana DC.* (A. blanchâtre.) — Très-commun le long des rivières et des torrents du bassin de l'Arve : à la Coudraz en face de Chamonix, etc. Mars-avril.

1506 (3) — *glutinosa Gœrtn.* (A. glutineux.) — Très-commun dans les lieux humides des régions inférieure et moyenne de notre champ d'étude. Mars.

91ᵉ famille — CONIFÈRES

1. **Taxus L.**   (If.)

1507 (1) — *baccata L.* (If commun.) — Peu répandu dans les régions inférieure et moyenne de notre circonscription :

base des Aiguilles-Rouges, en face des Bossons; à Sainte-Marie; à Bocher; à Servoz; taillis de Balme; à Maglan; gorges du Durnand près de Bovernier, etc. Avril.

2. **Juniperus L.**   (Genevrier.)

1508 (1) — *communis L.* (G. commun.) — Commun dans les lieux arides et rocailleux des régions inférieure et moyenne. Avril-mai.

1509 (2) — *alpina Clus.*, — *nana Willd.* (G. des Alpes.) — Très-fréquent dans la région supérieure : sommet des Aiguilles-Rouges; Aiguillé à Bochard; Montanvert; Mer de Glace; col de Balme; grand Saint-Bernard, etc. Juillet.

1510 (3) — *Sabina L.* (G. Sabine.) — Très-répandu dans la région moyenne du domaine de cette flore : sur les rochers bien exposés à Barberine et dans plusieurs endroits de la vallée d'Entremont; Courmayeur. Avril-juin.

3. **Pinus L.**   (Pin.)

1511 (1) — *sylvestris L.* (P. sylvestre, vulg. Daille.) — Bois de la plaine, sur les alluvions de l'Arveyron et de l'Arve, ne dépassant pas l'altitude de 1000 m. Mai.

1512 (2) — *uncinata Ram.*, — *mughus Gaud.* (P. crochu.) — Tronc dressé, très-rameux, à rameaux allongés, très-étalés ou décombants, dépassant à peine 1 à 2 mètres. Il diffère du précédent par ses feuilles vertes, plus courtes, presque aiguës, acuminées, par ses cônes dressés, sessiles, prenant une direction oblique à mesure qu'ils se rapprochent de la maturité : marais tourbeux entre Sembrancher et Orsières (Venetz). Mai-juin.

1513 (3) — *Pumilio Hœnke.* (P. Pumilio.) — Tronc couché, tortueux, très-rameux dès la base ; il croît dans les tourbières des hautes montagnes, entre 1000 et 1500 m., sur le revers méridional de la chaîne du Mont-Blanc, dans le val de Ferret et dans l'Entremont. Juin.

1514 (4) — *Cembra L.* (P. Cembre.) — La région du *P. Cembra* commence où finit celle des Rhododendrons, soit entre 1800 et 2000 m. d'altitude. Rochers et endroits sablonneux, siliceux : Montanvert et moraines de la Mer de Glace, les Charmoz; sommet du Catogne de Sembrancher; Bovenaz; grand Saint-Bernard, etc. Juin.

4. Abies DC. (Sapin.)

1515 (1) — *pectinata DC.*, — *Pinus Picea L.* (S. blanc, S. argenté.) — Dans les forêts, mais infiniment moins abondant que le suivant. Mai–juin.

1516 (2) — *excelsa Lam.*, — *Pinus Abies L.* (S. commun, vulg. Pesse.) — Cette espèce forme de vastes forêts, surtout dans les régions inférieure et moyenne. Mai–juin.

5. Larix DC. (Mélèze.)

1517 (1) — *europœa DC.*, — *Pinus Larix L.* (M. d'Europe.) — Très-abondant dans les régions moyenne et supérieure du domaine de cette flore. Avril–juin.

2ME EMBRANCHEMENT : MONOCOTYLÉDONES

93e famille — ORCHIDÉES

1. Orchis L. (Orchis.)

1518 (1) — *Morio L.* (O. Bouffon.) — Prairies sèches des régions inférieure et moyenne : entre Chéde et Servoz; autour de Chamonix; hameau des Nants; coteaux de Passy; vallon de la Combe; Gueuroz. Avril-mai.

1519 (2) — *coriophora L* (O. punais.) — Prairies marécageuses du bassin moyen et inférieur de l'Arve : entre Cluses et Maglan; Sallanches. Mai–juin.

1520 (3) — *ustulata L.* (O. brûlé.) — Prairies incultes des régions inférieure et moyenne : abondant au Tour; aux Nants; aux Chauderons: les Parties, le Rozei et la Bayottaz près de Sembrancher. Mai-Juin.

1521 (4) — *militaris L.*, — *galeata Lam.* (O. militaire.) — Collines des régions inférieure et moyenne : autour de Chamonix; bois de Joux à Servoz; coteaux de Passy; autour de la Bâtiaz près de Martigny; Long-Dranse de Sembrancher. Mai-juin.

1522 (5) — *purpurea Huds.*, — *fusca Jacq.* (O. pourpre.) — Collines de la région moyenne : Servoz et bois de Joux; bois de Plombière; Chapiu. Mai-juin.

1523 (6) — *purpureo* × *militaris Gr. et Godr.,* — *galeato* × *fusca Godr.* — Çà et là avec les parents. Bois de Plombière; Chapiu (Grand). Mai-juin.

1524 (7) — *globosa L.* (O. globuleux.) — Les pâturages des régions moyenne et supérieure : à la côte du Piget près du hameau des Bois; col de Voza; Mont-Lachat; au Bois-Rond sous le Pavillon de Bellevue; au Liapet sur le hameau des Barats; aux Combes du Saint-Bernard et à Pradaz; les Jeurs; val d'Illiez; Cornettes de Vacheresse. Juin-juillet.

1525 (8) — *mascula L.* (O. mâle.) — Commun dans les bois, parmi les buissons : autour de Chamonix; hameau des Nants; les Praz Conduits; les Chauderons sur Chamonix; Hortaz; Servoz; les Chozalets; Pradaz, versant italien du Saint-Bernard, etc., etc. Mai-juin.

1526 (9) — *laxiflora Lam.* (O. laxiflore.) — Dans les prés marécageux du bassin inférieur de l'Arve, près de Bonneville (Dumont); bassin inférieur de la Dranse. Mai-juin.

1527 (10) — *sambucina L.* (O. Sureau.) — Pâturages des régions moyenne et supérieure du bassin de l'Arve et de la Dranse : Ayers sur Servoz; Reposoir; Mont-Chemin près Martigny; Gueuroz sous Salvan; Trient (Stassner); Cornettes de Vacheresse (Puget); grand Saint-Bernard, au-dessous de la cantine de Proz entre la Dranse et la Lettaz; au fond des Combes et sous la cabane de l'Ardifagoz. Avril-juillet.

1528 (11) — *latifolia L.* (O. à larges feuilles.) — Prés humides des régions inférieure et moyenne : commun autour de Chamonix; aux Praz Conduits; à Hortaz; aux Couverets; aux marais de Trient; à Pontais; aux Chauderons; autour des chalets de Lavachet dans la vallée de Ferret; à Proz sous le Saint-Bernard; environs de Martigny. Mai-juin.

1529 (12) — *maculata L.* (O. tacheté.) — Très-commun dans les prés et les bois des régions inférieure et moyenne, dans toute l'étendue de notre circonscription. Juin.

1530 (13) — *pyramidalis L.,* — *Aceras pyramidalis Rchb.,* — *Anacamptis pyramidalis Rich.* (O. pyramidal.) — Les prés et les bois de la région moyenne du bassin de l'Arve : au Reposoir (Reuter). Juin-juillet.

1531 (14) — *nigra Scop.,* — *Nigritella angustifolia Rich.* (O. noir.) — Gazons et pelouses de la région supérieure : au Mont-Lachat; sous le Bois-Rond; Valorsine; montagne de la Côte; autour des Pavillons du col de Balme; Aiguille à Bo-

chard; autour du Pavillon de Bellevue; grand Saint-Bernard.
Juin-juillet.

1532 (15) — *suaveolens Vill.,* — *Nigritella suaveolens
Koch.* (O. parfumé.) — A Pradaz, entre la Baux et l'Ardifagoz.
Rare (Métroz). Juillet-août.

1533 (16) — *conopsea L.,* — *Gymnadenia conopsea R. Br.*
(O. à long éperon.) — Commun dans les prés et les bois des
trois régions : autour de Chamonix; Aiguille à Bochard; les
Nants; dans les bois sous le Platet; aux Chauderons; à Bionnassay; au bois de Joux; aux Combes du Saint-Bernard; val
d'Issert; Catogne de Sembrancher. Juin-juillet.

1534 (17) — *odoratissima L.,* — *Gymnadenia odoratissima Rich.* (O. odorant.) — Les prés et les pâturages secs ou
marécageux des régions supérieures de notre domaine floral :
en allant au Platet depuis Passy; Clausey près du Chapiu,
sous le Bonhomme; Gueuroz; rochers de la Rappaz, près de
Sembrancher. Juin-juillet.

1535 (18) — *albida Scop.,* — *Gymnadenia albida Rich.*
(O. blanc.) — Pâturages gazonnés des régions moyenne et
supérieure : fréquent autour de Chamonix; montagne de la
Corne sur la cascade du Dard; Grand-Béchard; montagne des
Faux; Mont-Lachat; le Brevent; col de Balme, derrière le vil-
lage des Chozalets; côte du Piget derrière le hameau des Bois;
Entre les Champs; Pavillon de Bellevue; entre la Baux et l'Ar-
difagoz au grand Saint-Bernard; Trient. Juin-juillet.

1536 (19) — *viridis Crantz.,* — *Gymnadenia viridis Rich.*
(O. vert.) — Pelouses des régions moyenne et supérieure :
autour de Chamonix; aux Nants; à Hortaz; aux Couverets; au
Bouchet; base de la cheminée du Brevent; Pavillon de Bellevue; alluvion glaciaire de l'Arveyron; autour des pavillons du
col de Balme; Mont-Cubit; la Baux; Jardin du Valais au Saint-
Bernard; Combe de Martigny; vallée de Ferret et toutes celles
du revers méridional du Mont-Blanc. Juin-juillet.

1537 (20) — *bifolia L.,* — *Platanthera bifolia Rich.* (O. à
deux feuilles.) — Commun dans les bois rocailleux et les pâturages des régions inférieure et moyenne : au bois de Joux;
au Nant-Noir et au Nant-Charbon des deux côtés de l'ancienne
route; partout autour de Servoz; aux Combes du Saint-Bernard et à Pradaz; Mont-Chemin; sur Salvan. Juin-juillet.

1538 (21) — *montana Schmidt.,* — *virescens Zollik.,* —
Platanthera chlorantha Cust. (O. de montagne.) — Dans les
bois du bassin de l'Arve : Bretenon et le bois de Grenon sur

Saint-Juste; bois de la Chasse sur Sallanches (Personnat). Mai-juin.

1539 (22) — *pyramidalo* $\times$ *bifolia Nob.* — Hybride des *O. pyramidalis* et *O. bifolia.* Pâturages près du Pavillon de Bellevue. Juillet.

2. Aceras R. Br. (Acéras.)

1540 (1) —*anthropophora R. Br.* (A. Homme-pendu.) — Les bois et les prés secs des régions inférieure et moyenne du bassin de l'Arve et de la Dranse d'Abondance : en montant dans les bois, au pied des Gras du Platet; à Servoz; sur Passy. Mai-juin.

3. Chamæorchis Rich. (Chamæorchis.)

1541 (1) — *alpina Rich.,* — *Ophrys alpina L.* (C. des Alpes.) — Pelouses herbeuses des limites supérieures de notre champ d'étude : assez abondant en allant depuis les chalets à l'auberge du col de Balme; pentes occidentales du mont Catogne près du col; en montant le col de la Seigne, sur les Mottets; grand Saint-Bernard : col de Fenêtre, versant italien (Gaudin). Juillet-août.

4. Herminium R. Br. (Herminie.)

1542 (1) — *monorchis R. Br.,* — *clandestinum Gr. et Godr.* (H. monorchis.) — Pâturages humides de la région moyenne : autour de Chamonix; aux Nants; le long de l'Arve et au village des Tines; à la Joux; au pied du Bois-Rond sous le Pavillon de Bellevue; entre Contamines et Notre-Dame de la Gorge; abondant au Trouleroz sous la Tête-Noire; entre les verreries de Vernayaz et le Rhône; au bord de la route entre Vernayaz et la Bâtiaz. Juin-juillet.

5. Ophrys L. (Ophrys.)

1543 (1) — *aranifera Huds.* (O. Araignée.) — Collines et prés secs, depuis la région inférieure jusqu'à la moyenne : pelouses herbeuses de Passy; sur l'emplacement occupé autrefois par le lac de Chède; près du village du Lavouet; en allant aux chalets du Platet; sous la Charbonnière et dans le val d'Abondance. Mai-juin.

1544 (2) — *arachnites Reich.,* — *fuciflora Rchb.* (O. Bourdon.) — Collines des régions inférieure et moyenne des bassins de l'Arve, de la Dranse d'Abondance et de la Dranse d'Entremont : Bonneville; Catogne de Sembrancher; près du pont du Trient; bords de la Dranse d'Abondance (Puget); près du pont de la Bioge. Mai-juin.

1545 (3) — *apifera Huds.* (O. Abeille.) — Collines du bassin inférieur et moyen de l'Arve, dans les mêmes stations que le précédent, mais beaucoup plus rare : bords de la Bioge (Puget). Mai-juin.

1546 (4) — *muscifera Huds.*, — *myodes Jacq.* (O. Mouche.) — Collines herbeuses de la région inférieure, vers les limites nord-est de notre domaine : les vergers sous Chamoille de Sembrancher; Catogne de Sembrancher et au nord-ouest près du pont de la Bioge, dans le bassin de la Dranse d'Abondance (Puget). Mai-juin.

6. **Epipogium Gmel.** (Epipogon.)

1547 (1) — *Gmelini Rich.* (E. de Gmelin.) — Cette espèce rare se trouve dans les forêts de sapins des régions moyenne et supérieure : M. Michaud l'a cueillie sur un vieux tronc de sapin en montant le Bois-Magnin; bassin moyen de l'Arve dans la vallée du Reposoir, au-dessus du village du Brezon (Timothée); au-dessus de la Chartreuse du Reposoir (M. Gaudin et Mlle Dumont); Bovenaz sur le val Champey (Murith). Juillet.

7. **Corallorhiza Haller.** (Coralline.)

1548 (1) — *Halleri Rich..* — *innata R. Br.* (C. de Haller.) — Dans les bois de sapins, sur des troncs pourris, entre le pied de l'Aiguille de la Portette et les chalets de Joux; dans la forêt de hêtres, au bord de l'ancienne route du bois de Joux; entre les chalets du Lavouet; au bord du torrent qui descend du Mont-Lachat des deux côtés du chemin; dans un bosquet sur la rive gauche du Bonnant; à Notre-Dame de la Gorge (Société botanique de France); Soulalex près de Sembrancher. Juillet.

8. **Limodorum Tournef.** (Limodore.)

1549 (1) — *abortivum Swartz.* (L. à feuilles avortées.) — Dans les bois ombragés de la région inférieure du bassin de l'Arve, de la Dranse d'Abondance et de la Dranse d'Entremont : aux bois du Bon et de Saint-Étienne près de Bonneville; bois de la Dranse du Biot; près du pont de la Bioge (Puget); près d'Allinges; sous les rochers de l'Aromanet près de Sembrancher (Favre); aux Marques près de Martigny (Spiess); bords du Rhône à Saint-Maurice. Mai-juin.

9. **Neottia Rich.** (Néottie.)

1550 (1) — *Nidus-avis Rich.*, — *Ophrys Nidus-avis L.*
(N. Nid-d'oiseau.) — Les bois de sapins et de hêtres des ré-
gions inférieure et moyenne : au bois de Joux entre Chêde et
Servoz, au bord de l'ancienne route et en allant au Platet; aux
Jeurs sur Tête-Noire, entre Tête-Noire et Trient; Catogne.
au-dessus de Sembrancher. Mai-juin.

10. **Spiranthes Rich.** (Spiranthe.)

1551 (1) — *œstivalis Rich.* (S. d'été.) — Marécages de la
région inférieure du bassin de l'Arve : entre Annemasse et
Jussy (Reuter); au pied des Voirons (Rapin). Juillet-août.

11. **Goodyera R. Br.** (Goodyère.)

1552 (1) — *repens R. Br.* (G. rampante.) — Les bois ombragés des régions inférieure et moyenne du bassin de l'Arve :
Saint-Laurent et Rumilly; au Brezon sur Bonneville (Timothée); bassin de la Dranse d'Entremont; Soulalex; entre Orsières et Sembrancher: Champey (Murith); les bois de hêtres
à Joux; entre Servoz et l'ancien lac de Chêde; vers le Nant-
Charbon et dans les bois de sapins au bord du Nant-Noir, à
Servoz. Juillet-août.

12. **Listera R. Br.** (Listère.)

1553 (1) — *ovata R. Br.*, — *Neottia ovata Bluff et Fing.*
(L. ovale.) — Les pâturages et les bois des régions inférieure
et moyenne : fréquent dans toute la vallée de Chamonix, aux
Nants, à Hortaz; au Trouleroz sous la Tête-Noire; côte du Piget; près du glacier et du village des Bois; Pavillon de Bellevue: au-dessus des Barats: Trient; près de Martigny; Vallettes
près de Bovernier; près de la scierie de Saint-Oyex, versant
italien du Saint-Bernard. Mai-juin.

1554 (2) — *cordata R. Br.*, — *Neottia cordata Rich.*
(L. à feuilles en cœur.) — Lieux ombragés, forêts de sapins
parmi les mousses dans les régions moyenne et supérieure :
au Bouchet, en face des Couverets, à trois minutes de Chamonix; forêt des Pèlerins; entre les chalets supérieurs et le
glacier des Bossons; couloir entre la moraine de la Mer de
Glace et la forêt de la Jorasse; autour de la pierre aux Anglais
près de la Mer de Glace; en allant au Montanvert, dans les
bois de Fontanette et de Caillet; autour de la fontaine et de
la Pierre aux Veaux; au-dessus de la maison du Biolet près

de Chamonix; dans les bois de Mont Vautier; à Servoz; bois de Levettaz sur les Planards; au Bois-Magnin sous le col de Balme; aux Montées; aux Ayers sur Servoz. Juin-juillet.

13. **Epipactis Rich.** (Epipactis)

1555 (1) — *latifolia All.* (E. à larges feuilles.) — Dans les bois et les buissons des régions inférieure et moyenne, s'élevant jusqu'à la région supérieure : en montant au Chapeau et au Mauvais-Pas depuis le Lavancher; dans le bois entre la Pierre-Boly et le Chapeau; en allant au col de Balme par les Pozettes; en descendant Bocher par Sainte-Marie; aux Nants: au bois de Joux; à Pormenaz; en allant au Pavillon de Bellevue; au Lavouet; au Lavoussay sur les Tines; sous l'Aromanet; au Catogne de Sembrancher; à Liddes. Juillet-août.

1556 (2) — *rubiginosa Gaud.*, — *atrorubens Hoffm.* (E. rubigineux.) — Assez fréquent dans les bois des régions moyenne et supérieure : à Servoz et autour de Chamonix; en montant au Brevent; près de Fontanette et à la Flégère, dès l'entrée du bois jusqu'à Levettaz; sous l'Aromanet, près de Sembrancher. Juillet-août.

1557 (3) — *microphylla Sw.* (E. à petites feuilles.) — Région des hêtres, dans le bassin moyen de l'Arve : à Servoz et au Reposoir (Reuter). Juillet-août.

1558 (4) — *palustris Crantz.* (E. des marais.) — Dans les marais tourbeux des régions inférieure et moyenne : Bouchet de Chamonix; Hortaz; Servoz; Vernayaz (Stassner); les Parties de Sembrancher, etc. Juin-juillet.

14. **Cephalanthera Rich.** (Céphalanthère.)

1559 (1) — *grandiflora Babingt.*, — *pallens Rich.* (C. à grandes fleurs.) — Dans les bois de sapins et de hêtres : au bois de Joux, sous le Platet; en allant au Pavillon de Bellevue; sous l'Aromanet de Sembrancher (Favre); val d'Illiez. Juin-juillet.

1560 (2) — *ensifolia Rich.* (C. à feuilles ensiformes.) — Lieux herbeux, clairières des bois dans les régions inférieure et moyenne : sous le Platet; bords du Nant-Noir; environs de Bonneville, etc. Mai-juin.

1561 (3) — *rubra Rich.* (C. rouge.) — Dans les bois des régions moyenne et supérieure : bassin de la Dranse d'Entremont, sous l'Aromanet; entre les verreries de Vernayaz et le Rhône (Favre); aux Ayers sur Servoz. Juin-juillet.

15. **Cypripedium L.** (Cypripède.)

1562 (1) — *Calceolus L.* (C. commun, vulg. Sabot de Vénus.) — Dans les bois de sapins et les broussailles des régions moyenne et supérieure : au Brezon; près des Granges de Salaison et dans une prairie humide près de Sembrancher (Delasoie). Mai–juin.

93e famille — IRIDÉES

1. **Iris L.** (Iris.)

1563 (1) — *germanica L.* (I. germanique.) — Rochers et vieux murs du bassin moyen de l'Arve, le long de la grande route entre Sallanches et Cluses; bassin de la Dranse d'Entremont sur les rochers des Marques à Martigny, entre la Croix et la Bâtiaz. Mai.

1564 (2) — *pseudo-Acorus L.* (I. faux-Acore.) — Commun dans les marécages et au bord des eaux du bassin moyen de l'Arve : entre le Fayet et Bonneville. Juin–juillet.

2. **Gladiolus L.** (Glayeul.)

1565 (1) — *palustris Gaud.* (G. des marais.) — Commun dans les marais du bassin inférieur de l'Arve : entre Bonneville et Genève. Juin.

1566 (2) — *segetum Gawl.*, — *italicus Gaud.* (G. des moissons.) — Bassin inférieur de l'Arve : Archamp sous le Salève (Puget). Mai–juin.

3. **Crocus L.** (Safran.)

1567 (1) — *vernus All.* (S. printanier.) — Commun dans les pâturages et les prairies des régions moyenne et supérieure : aux Gaillands; autour de Chamonix; aux Chauderons; Entre les Champs. Fleurit aussitôt après la fonte des neiges et varie à fleur blanche ou violette. Avril–mai.

94e famille — AMARYLLIDÉES

1. **Narcissus L.** (Narcisse.)

1568 (1) — *pseudo-Narcissus L.* (N. faux-Narcisse.) — Dans les bois et les prés de la région inférieure : bassin de l'Arve entre le Fayet et Bonneville. Avril–mai.

b) bicolor Gr. et Godr. — A Saint-Martin près de Sallanches.

1569 (2) — *biflorus Curt.* (N. à deux fleurs.) — Dans les prés du bassin inférieur de l'Arve, seulement au pied du Salève (Rapin, Puget). Avril-mai.

1570 (3) — *poeticus L.* (N. des poètes.) — Dans les prés de la région inférieure du bassin de l'Arve, sous le Salève (Reuter); autour du village du Trient (Personnat). Probablement échappé des jardins. Mai.

2. Leucoium L. (Nivéole.)

1571 (1) — *vernum L.* (N. du printemps.) — Assez commune dans les prairies et les vergers du bassin inférieur et moyen de l'Arve : autour de Bonneville; entre Ponchy et Saint-Laurent; Bostan, aux environs de Samoëns; Sixt. Mars-Avril.

95e famille — ALISMACÉES

1. Alisma L. (Fluteau.)

1572 (1) — *Plantago L.* (F. Plantain-d'eau.) — Commun dans les fossés pleins d'eau des régions inférieure et moyenne des bassins de l'Arve et de la Dranse : depuis Genève jusqu'aux bains de Saint-Gervais et entre Vernayaz et la Bâtiaz. Juillet-août.

96e famille — JUNCAGINÉES

1. Triglochin L. (Troscart.)

1573 (1) — *palustris L.* (T. des marais.) — Commun dans les marais tourbeux des régions inférieure et moyenne : au Bouchet, à deux minutes de Chamonix, où il est très-abondant, ainsi qu'aux Gaillands et surtout aux abords du lac Combal, sur le revers méridional du Mont-Blanc. Juin-août.

97e famille — POTAMÉES

1. Potamogeton L. (Potamot.)

1574 (1) — *densus L.* (P. serré.) — Très-commun dans les ruisseaux et les eaux stagnantes des régions inférieure et moyenne : bassins de l'Arve et de la Dranse d'Entremont, par exemple à Martigny et à Bonneville. Juillet-août.

1575 (2) — *natans L.* (P. nageant.) — Commun dans les

étangs des régions inférieures du bassin de l'Arve, entre Saint-Gervais et Bonneville; Bas-Valais. Juin-juillet.

1576 (3) — *gramineus L.*, — *heterophyllus Schreb.* (P. à feuilles de graminée.) — Dans les eaux stagnantes et les marécages des bassins de l'Arve et de la Dranse : Martigny; Vernayaz; Maglan. Juillet-août.

1577 (4) — *rufescens Schrad.* (P. roussâtre.) — Dans les eaux stagnantes : au col du Joly, au val Montjoie. Juillet-août.

1578 (5) — *lucens L.* (P. luisant.) — Fossés d'eau stagnante du lac Beni au Brezon; au pied du mont Vergy (Reuter). Juillet-août.

1579 (6) — *perfoliatus L.* (P. embrassant.) — Dans les étangs des bassins de l'Arve et de la Dranse d'Entremont : entre Saint-Gervais et Maglan. Juin-juillet.

1580 (7) — *crispus L.* (P. crépu.) — Dans les eaux profondes des étangs et des marécages du bassin inférieur de l'Arve : à Aranthon près de Bonneville (Puget). Juin-août.

1581 (8) — *acutifolius Link.* (P. à feuilles acuminées.) — Dans les eaux stagnantes et peu profondes de la région moyenne : commun au Bouchet, à deux minutes de Chamonix. Juillet-août.

1582 (9) — *pusillus L.* (P. fluet.) — Dans les ruisseaux et les marécages des régions inférieures : bassin de l'Arve, aux environs de Bonneville; Vernayaz, dans le Bas-Valais. Juillet-septembre.

2. Zanichellia L. (Zanichelle.)

1583 (1) — *palustris L.* (Z. des marais.) — Dans les ruisseaux, les fossés et les eaux stagnantes peu profondes : le long de la grande route entre Maglan et Saint-Martin; très-abondante au Bouchet de Chamonix; à Vernayaz et près de la Bâtiaz. Juillet-septembre.

98e famille — LEMNACÉES

1. Lemna L. (Lenticule.)

1584 (1) — *minor L.* (L. exiguë.) — A la surface des eaux stagnantes des régions inférieure et moyenne : bord de la route au Bouchet de Chamonix; dans le bassin de l'Arve et dans celui de la Dranse, sous le Brocard et à Martigny. Avril-juillet.

99ᵉ famille — COLCHICACÉES •

1. Bulbocodium L. (Bulbocode.)

1585 (1) — *vernum L.* (B. printanier.) — Coteaux arides des limites du nord-est de la région inférieure : la Barma et près de Vernayaz. Mars-avril.

2. Colchicum L. (Colchique.)

1586 (1) — *autumnale L.* (C. d'automne.) — Dans les prés des régions inférieure et moyenne : très-abondant à Servoz; pâturages de Saint-Roch sur Sallanches; sous la cascade de la Sallanches (Personnat). Septembre-octobre.

1587 (2) — *alpinum DC.*, — *montanum All.* (C. des Alpes.) — Dans les prairies de la région moyenne : abondant au Nant-Bourant, ainsi qu'à Trient et à Barberine; à Ferret; entre Liddes et Bourg-Saint-Pierre; val Champey; montagne des Ars; au Clou, près de Bovernier; aux Mottets; au Bonhomme et à Bionnassay. Août-septembre.

3. Veratrum L. (Vérâtre.)

1588 (1) — *album L.* (V. blanc.) — Pâturages et prairies, autour des chalets de la région supérieure, dans toute l'étendue de notre domaine floral : montagnes de la Corne, de la Paraz, du Rocher en face de Chamonix; au Scez, sous le chemin du Montanvert. Juillet-août.

b) Lobelianum. — Mêlé avec le type, dont il ne diffère que par ses fleurs moins ouvertes et verdâtres : la Paraz, chemin du Mont-Blanc; au col de Balme.

4. Tofieldia Huds. (Tofieldie.)

1589 (1) — *calyculata Wahlg.*, — *palustris Huds.* (T. caliculée.) — Commune dans les marécages des régions moyenne et même supérieure : au bas du col de Fenêtre; entre la Cantine et Saint-Rémy et au-dessous de cette localité; Bouchet de Chamonix; les Praz; Hortaz; col de Balme; moraines du Nant-Blanc; en traversant les Rognes sous l'Aiguille du Goûté; sur Bionnassay; marécages de l'arête des Chézerands; Notre-Dame de la Gorge; hameau de Mont-Roch; Entre les Champs; la Joux. Juin-août.

100ᵉ famille — ASPARAGÉES

1. Ruscus L. (Fragon.)

1590 (1) — *aculeatus L.* (F. piquant.) — Rochers et coteaux buissonneux de la région inférieure des limites sud-ouest du bassin de l'Arve : au Petit-Salève (Reuter) et aux rochers de la cascade de Pissevache près Vernayaz. Avril-mai.

2. Asparagus L. (Asperge.)

1591 (1) — *officinalis L.* (A. officinale.) — Çà et là dans les lieux sablonneux du bassin inférieur et moyen de l'Arve et de celui de la Dranse : autour de Chamonix et de Martigny. Juin-juillet.

3. Maianthemum Wigg. (Maianthème.)

1592 (1) — *bifolium DC.*, — *Convallaria bifolia L.* (M. à deux feuilles.) — Commun dans les bois d'aunes, le long des vieux murs ombragés de la région moyenne : autour de Chamonix; au Bouchet; au Biolet; aux Chauderons, etc., etc. Mai-juin.

4. Convallaria L. (Muguet.)

1593 (1) — *verticillata L.*, — *Polygonatum verticillatum All.* (M. verticillé.) — Dans les pâturages buissonneux de la région moyenne : aux Chauderons, au lieu dit les Pâquis; à Entre les Champs; aux Nants; à Catogne; à Trient; à Leytroz en face de Tête-Noire; aux chalets de la montagne de la Corne; au-dessus de la cascade du Dard; à la Paraz, chemin du Mont-Blanc. Mai-juin.

1594 (2) — *Polygonatum L.*, — *Polygonatum vulgare Desf.* (M. Sceau-de-Salomon.) — Dans les pâturages buissonneux et rocheux des régions inférieure et moyenne : toute la rive gauche de l'Arve entre Chamonix et Servoz; aux Gaillands et à Sainte-Marie; au Bouchet de Servoz; dans les gorges de la Dioza et le long de l'Arve jusqu'à Cluses; au nord-est de la chaîne, autour de Bovernier et de Sembrancher. Mai-juin.

1595 (3) — *multiflora L.*, — *Polygonatum multiflorum All.* (M. multiflore.) — Dans les bois ombragés des régions inférieure et moyenne : bassin de l'Arve entre Cluses et Sallanches; autour des bains de Saint-Gervais, etc. Mai-juin.

1596 (4) — *majalis L.* (M. de Mai.) — Très-commun dans

les bois et sur les rochers herbeux des régions inférieure et moyenne : autour de Chamonix; bois de la Balme; Maglan; Servoz; au Bouchet, en allant à la Paraz; à Katrafort, etc. Mai-juin.

5. **Streptopus Mich.** (Streptope.)

1597 (1) — *amplexifolius DC.* (S. embrassant.) — Dans les pâturages buissonneux et ombragés des régions moyenne et supérieure : autour de Chamonix; les Chauderons; les Pâquis; Hortaz; au-dessus de la cascade du Dard; la Corne; Valorsine; sous la Loriaz; très-abondant près de la cascade de Berard; au-dessus du Liapet; aux Barats; à Leytroz, en face de Tête-Noire; forêt entre la Tête-Noire et Trient; vallée d'Entremont et val Champey. Juin-juillet.

6. **Paris L.** (Parisette.)

1598 (1) — *quadrifolia L.* (P. à quatre feuilles.) — Commune dans les bois herbeux et ombragés des régions inférieure et moyenne : autour de Chamonix; à Hortaz; aux Chauderons; à la cascade du Dard; aux gorges de la Dioza et en montant du Mont Vautier à Coupeau où il est très-abondant; au Brocard près Martigny, etc. Mai-juin.

101ᵉ famille — **LILIACÉES**

1. **Lilium L.** (Lis.)

1599 (1) — *Martagon L.* (L. Martagon.) — Assez commun dans les pâturages buissonneux ou boisés de la région moyenne; il s'élève même jusqu'à la région supérieure : montagne de la Corne; au-dessus de la cascade du Dard; à Hortaz; aux Couverets, etc. Juin-juillet.

1600 (2) — *bulbiferum L.,— croceum Chaix.* (L. bulbifère.) — Cette belle espèce est très-fréquente dans les prés et les moissons, à deux minutes au-dessus de Chamonix, entre la Mollard, les Chauderons et les Moussons; dans les derniers champs au-dessus du Mont, à droite du chemin qui conduit à la grotte des Bossons. Je ne connais aucune autre localité dans le rayon de cette florule. Juin.

2. **Lloydia Salisb.** (Lloydie.)

1601 (1) — *serotina Salisb., — Anthericum serotinum L.* (L. tardive.) — La seule localité indiquée dans notre circonscription est le grand Saint-Bernard. Juillet-août.

3. **Erythronium L.**   (Erythrone.)

1602 (1) — *Dens-canis L.* (E. Dent-de-chien.) — Cette jolie plante est assez abondante dans les vergers de la région inférieure du bassin de l'Arve : au bord de la grande route entre Vougy et Scionzier, près de Cluses. Mars-avril.

4. **Scilla L.**   (Scille.)

1603 (1) — *bifolia L.* (S. bifoliée.) — Très-commune le long des haies et dans les vergers buissonneux de la région inférieure : tout le bassin de l'Arve jusqu'à Chêde; environ de Bonneville: Cluses. Avril.

5. **Ornithogalum L.**   (Ornithogale.)

1604 (1) — *pyrenaicum L.* (O. des Pyrénées, vulg. Aspergette, Aspergine.) — Commun dans les haies et les vergers de la région inférieure : environs de Bonneville, de Ponchy (Dumont), de Martigny, etc. Juin.

1605 (2) — *umbellatum L.* (O. en ombelle, vulg. Dame-de-onze heures.) — Commun dans les champs et les prés du bassin inférieur de l'Arve : Sallanches; Scionzier, environs de Bonneville, etc. Mai-juin.

6. **Gagea Salisb.**   (Gagée.)

1606 (1) — *lutea Schult.*, — *Ornithogalum luteum L.* (G. jaune.) — Dans les prés ombragés, les haies, au bord des bois des régions inférieures : prairies entre le Fayet et Domancy; montée du Brocard; au bas du vallon de la Combe de Martigny. Avril-mai.

1607 (2) — *Liottardi Schultz.* (G. de Liottard.) — Pâturages gras autour des chalets des régions moyenne et supérieure, dans toute notre circonscription : très-abondant autour des chalets de Balme, de Charamillon, des Herbagères, de la Flégère, de Pormenaz, de l'Eau-Noire sur Valorsine, du grand Saint-Bernard, de Proz de Bard sous le col de Ferret, etc.; sous la cascade de la Sallanches (Personnat); sous les Fys. Juin.

1608 (3) — *minima Schult.* (G. naine.) — Pâturages gras autour des chalets : Charamillon; Balme, etc., etc. Mai-juin.

7. **Allium L.**   (Ail.)

1609 (1) — *Cepa L.* (A. Oignon.) — Plante étrangère, cultivée dans les jardins pour l'usage culinaire. Juin-juillet.

1610 (2) — *sphærocephalum* L. (A. sphérique.) — Lieux secs et rocailleux, dans les graviers des régions inférieure et moyenne, sur le calcaire : en montant au Platet par les coteaux de Passy; à Pormenaz; au Plâno; à Bocher près de Sainte-Marie; au Bouchet de Servoz; aux environs de Courmayeur; à Bourg-Saint-Pierre dans l'Entremont. Juin-juillet.

1611 (3) — *vineale* L. (A. des vignes.) — Très-commun dans les champs des régions inférieures du bassin de l'Arve. Juin-juillet.

1612 (4) — *Porrum* L. (A. Poireau.) — Plante étrangère, cultivée pour l'usage culinaire. Juillet.

1613 (5) — *sativum* L. (A. commun.) — Originaire de l'Europe méridionale; cultivé comme le précédent et pour le même usage. Juillet.

1614 (6) — *Schœnoprasum* L. (A. Civette, vulg. Branlettes.) — Cultivé pour l'usage culinaire. Juillet-août.

b) *alpinum* Koch., — *foliosum* Clar. — Plante plus élevée et plus forte; tige feuillée, croissant dans les pâturages humides de la région supérieure : bassin supérieur de la Dioza à Villy; éboulements de la Dioza sur les chalets de Balme et d'Arlevé, revers nord des Aiguilles-Rouges; Aiguille du Tour; Vieux Emousson, sur Valorsine; Pormenaz; arête des Chézerands; au-dessus du glacier du Tour; autour du pavillon du col de Balme; montagnes de Sâles; entre la Portette et le Platet; entre les chalets de Proz de Bard et ceux de Lavachet dans le val Ferret; à la Baux du grand Saint-Bernard. Elle s'élève dans les Alpes pennines jusqu'à l'altitude de 2000 à 2500 m.

1615 (7) — *rotundum* L. (A. rond.) — Dans la région inférieure, indiqué seulement aux environs de Thonon (Puget). Juin-août.

1616 (8) — *Scorodoprasum* L. (A. des sables.) — Endroits sablonneux du bassin inférieur de l'Arve : à Aranthon près de Bonneville. Juin-juillet.

1617 (9) — *fistulosum* L. (A. Ciboule.) — Cultivé pour l'usage culinaire. Juin-juillet.

1618 (10) — *oleraceum* L. (A. oléracé.) — Commun dans les prés, les vergers et le long des haies de la région inférieure : entre le Fayet et Sallanches et dans le bassin inférieur de l'Arve. Juillet-août.

1619 (11) — *carinatum* L., — *flexum* W. et K. (A. caréné.) — Commun dans les lieux frais et ombragés des régions inférieure et moyenne du bassin de l'Arve : à Berbret de Scez sur Passy; entre Bonneville et la frontière suisse; on le trouve aussi près du château de Bourg-Saint-Pierre (E. Favre). Juillet-août.

1620 (12) — *pulchellum Don.*, — *paniculatum Gaud.* (A. joliet.) — Indiqué par Gaudin sur les rochers calcaires du bassin inférieur de l'Arve, aux environs de Bonneville. Août-septembre.

1621 (13) — *montanum Schmidt.*, — *fallax Don.* (A. de montagne.) — Rochers calcaires des régions moyenne et supérieure du bassin de l'Arve : rocailles au-dessus de Doran; pentes herbeuses de Scez sur Passy, à 1460 m. (Personnat); au Brezon sur Bonneville. Août-septembre.

1622 (14) — *acutangulum Schrad.* (A. à angles aigus.) — Dans les prés marécageux des bassins de l'Arve et de la Dranse d'Entremont. Juillet-septembre.

1623 (15) — *Victorialis L.* (A. Victoriale.) — Dans les pâturages rocailleux de la région supérieure : en montant au Brevent à gauche du Parchat; sous le Grand-Bechard; au-dessus des chalets de la Flégère; à Pormenaz, en suivant le sentier qui conduit au Plâno; rochers du Mont-Lachat tournés vers Bionnassay; au bord du glacier de Triolet dans la vallée de Ferret; arête de rochers entre le Pertuis et Lachat sous Plampraz; aux Rognes, sous Pierre-Ronde; près de la cascade de Pradaz et au bas des Combes sous le grand Saint-Bernard; sur le Catogne d'Entremont; le Haut de Lui et le Mont Ardin; à Barberine sur Valorsine; au mont des Granges dans la vallée d'Abondance; Roc d'Enfer; au Mont Petitot; au Nantau (Puget); Combe de Sixt; Cornettes de Vacheresse; Pelloua; Ubine, etc. Juillet.

1624 (16) — *ursinum L.* (A. des ours.) — Dans les lieux ombragés, humides, le long des ruisseaux des régions inférieure et moyenne : entre le Fayet et Bonneville; abondant à Maglan et à Vougy; gorges du Trient. Mai.

8. **Muscari Tournef.** (Muscari.)

1625 (1) — *racemosum Mill.*, — *Hyacinthus racemosus L.* (M. à grappe.) — Très-commun dans les champs, les vergers et les vignes, surtout dans le bassin moyen et inférieur de l'Arve, entre Passy, Sallanches, Domancy et Bonneville. Avril-mai.

1626 (2) — *neglectum Guss.* (M. négligé.) — Dans les vignes et les jardins de la région inférieure, vers les limites du nord-ouest et du sud-ouest de notre champ d'étude : bassin inférieur de l'Arve sous le Salève; bassin de la Dranse d'Abondance, à Thonon et à Evian (Puget). Avril.

1627 (3) — *comosum Mill.,* — *Hyacinthus comosus L.* (M. à toupet.) — Très-commun dans les champs de la région inférieure : bassin de l'Arve jusqu'à Sallanches et au Fayet; au bas de la Combe de Martigny; aux Marques. Mai.

1628 (4) — *botryoides Mill.* (M. botride.) — Dans les vergers et les lieux arides des régions inférieure et moyenne : à Sembrancher; à Passy, en allant au Platet, etc. Avril-mai.

9. Anthericum L. (Anthéric.)

1629 (1) — *Liliago L.* (A. fleur de Lis.) — Coteaux secs des régions inférieure et moyenne : aux Chauderons où il est assez abondant ainsi qu'au Chatelard près de Tête-Noire; aux Marques entre la Croix et la Bâtiaz; val d'Entremont et environs de Courmayeur; base de la Saxe, dans le vallon du Chapi. Mai-juin.

1630 (2) — *ramosum L.* (A. rameux.) — Commun sur les collines de la région moyenne : coteaux de Passy, en montant au Platet depuis le lac de Chède; bassin moyen de l'Arve et val d'Entremont. Juin-juillet.

10. Paradisia Mazz. (Paradisie.)

1631 (1) — *Liliastrum Bert.,* — *Anthericum Liliastrum L.* (P. faux-Lis.) — Cette belle plante est assez fréquente dans les régions moyenne et supérieure : aux Chauderons; aux Pâquis; montagne de la Corne, entre les cascades du Dard et des Pèlerins; sous la Paraz, entre Pierre-Pointue et Pierre à l'Echelle; au col de Balme; aux Mélèzes de Valorsine; rochers herbeux sur l'arête entre Lachat et le Pertuis sous Plampraz; sous le Chenavie; au-dessus du hameau de Mont-Roch; à Entre les Champs; bord du torrent des Pèlerins; Passy; le Clou entre Bovernier et Sembrancher; val Champey; vallée d'Entremont et sur le grand Saint-Bernard. Mai-juin.

103e famille — JONCÉES

1. Juncus L. (Jonc.)

1632 (1) — *conglomeratus L.* (J. aggloméré.) — Lieux marécageux des régions inférieure et moyenne de notre circonscription : au Bouchet de Chamonix et à celui de Servoz; bassins de l'Arve et de la Dranse d'Entremont; près de Saint-Rémy. Juin-août.

1633 (2) — *effusus L.* (J. épars.) — Lieux humides et marécageux depuis la région inférieure jusqu'à la moyenne; assez fréquent au Bouchet; aux Gaillands; à Servoz, etc. Juin-juillet.

1634 (3) — *glaucus Ehrh.* (J. glauque.) — Très-commun dans les fossés, le long de la grande route entre le Fayet et Bonneville, dans le bassin de l'Arve; au bois de Joux sous le Platet, etc. Juin-juillet.

1635 (4) — *arcticus Willd.* (J. arctique.)— Lieux inondés, argileux de la région supérieure, sur le versant méridional de la chaîne du Mont-Blanc : au bord du lac Combal, entre le glacier de l'Allée-Blanche et le lac; sous Proz de Bard dans la vallée de Ferret (découverte en 1859). Juillet-août.

1536 (5) — *filiformis L.* (J. filiforme.) — Lieux marécageux et dans les tourbières des régions moyenne et supérieure : vallée de Chamonix; aux Couverets; à Hortaz; aux Pozettes; au Pavillon de Bellevue et dans les marécages d'Entre les Champs; sur Argentière; au grand Saint-Bernard, depuis la Combaz jusqu'à l'Hôpital. Juillet.

1637 (6) — *Jacquini L.* (J. de Jacquin.) — Lieux humides auprès des sources et dans les endroits marécageux de la région supérieure : à droite du glacier d'Argentière; base de l'Aiguille du Tour; Jardin de la Mer de Glace; flanc de l'Aiguille à Bochard; sous les chalets de Charamillon; sous le pavillon du col de Balme; au grand Saint-Bernard. Juillet-août.

1638 (7) — *triglumis L.* (J. à trois glumes.) — Lieux sablonneux secs et le plus souvent dans les tourbières de la région supérieure : sur les moraines latérales de la Mer de Glace et du glacier de l'Allée-Blanche; tourbières du col de Balme et de Catogne; vallon du Vieux Emousson; Combes du grand Saint-Bernard; Plan des Gouilles; Dronaz; l'Ardifagoz; vis-à-vis de la Pierraz; val de Ferret. Entre 2000 et 2400 m. Juillet-septembre.

1639 (8) — *trifidus L.* (J. trifide.) — Lieux sablonneux secs de la région supérieure; assez fréquent dans toute notre circonscription : moraines latérales de la Mer de Glace; les deux versants de la chaîne des Aiguilles-Rouges; au Brevent; aux Chézerys; au col de Balme; au grand Saint-Bernard et dans le bassin supérieur du Bonnant. Juillet-août.

1640 (9) — *lamprocarpus Ehrh.* (J. à fruits luisants.) — Très-commun dans les marécages et les fossés de notre circonscription : au Bouchet et dans tout le bassin de l'Arve; Allée-Blanche; sous Saint-Rémy, etc. Juillet-août.

1641 (10) — *acutiflorus Ehrh.*, — *sylvaticus Reich.* (J. à fleurs aiguës.) — Marécages du bassin de l'Arve : Servoz; Passy; les Gaillands; le Bouchet de Chamonix. Juillet-août.

1642 (11) — *alpinus Vill.*, — *ustulatus Hopp.* (J. des Alpes.) — Lieux marécageux des régions moyenne et supérieure : à Chamonix; au Bouchet, en allant à la source de l'Arveyron; à la Mer de Glace; dans les prairies marécageuses en allant au Pavillon de Bellevue; sous les chalets du Lavouet; au col de Balme; Entre les Champs; Bahyr; le Plâno; vallon d'Entremont; au grand Saint-Bernard; au Plan des Dames: dans les prés de Proz, au-dessus de la Cantine; près de Saint-Rémy. Juin-septembre.

1643 (12) — *obtusiflorus Ehrh.* (J. à fleurs obtuses.) — Dans les prés marécageux de la région moyenne : Servoz; Bouchet de Chamonix; les Gaillands; Valorsine; Salvan. Juin-août.

1644 (13) — *compressus Jacq.* (J. comprimé.) — Prairies marécageuses au Bouchet, en allant à la source de l'Arveyron; aux Gaillands; en allant au Pavillon de Bellevue; près de Saint-Rémy, etc. Juin-juillet.

1645 (14) — *bufonius L.* (J. des crapauds.) — Très-commun dans les prairies marécageuses des régions inférieure et moyenne. Juin-octobre.

b) ranarius Perrier. — Plante naine : au Bouchet.

2. Luzula DC. (Luzule.)

1646 (1) — *pilosa Willd.*, — *vernalis DC.* (L. poilue.) — Très-commune dans les bois des régions inférieure et moyenne : au Bouchet de Chamonix; aux Chauderons, etc. Avril-mai.

1647 (2) — *Forsteri DC.* (L. de Forster.) — Assez fréquente dans les bois graveleux de la région inférieure du bassin de l'Arve : à Entre les Champs; sur Argentière; aux Nants près de Chamonix; à la cascade des Pèlerins et à la Paraz, sur le chemin du Mont-Blanc. Juin-juillet.

1648 (3) — *flavescens Gaud.* (L. jaunâtre.) — Pâturages boisés de la région moyenne; elle s'élève jusqu'à la région supérieure. Assez fréquente sur le flanc méridional des Aiguilles-Rouges et sur le versant nord de la chaîne du Mont-Blanc; sous la Tapiaz et sous la Tête-de-Troie, au-dessus du Grand-Bois; aux Bois-Prints près de Chamonix; aux Houches; aux Plançades sur le grand Saint-Bernard. Juin-juillet.

1649 (4) — *maxima DC.*, — *sylvatica Gaud.* (L. géante.)

— Les pâturages rocailleux, au bord des bois de la région moyenne, surtout en face de Chamonix; sous les chalets du Planet et sur les deux versants de la chaîne des Aiguilles-Rouges; en montant à Plampraz entre le Parchat et Lachat; au Keyzet, au-dessus de la Flégère; à Pormenaz; sur le Chouët; au sommet de Saint-Roch sur Sallanches; sous les Fys; à Pradaz sur le Saint-Bernard. Juin-juillet.

1650 (5) — *spadicea DC.* (L. brune.) — Les pâturages sablonneux, rocailleux, un peu humides et quelquefois même très-secs, sur les terrains siliceux glaciaires des régions moyenne et supérieure : au col de Balme; au-dessus des chalets de la Pendant; à Pierre-Ronde; moraines du glacier des Pèlerins et de la Mer de Glace; Nant du Fouilly en face de Chamonix; Entre les Champs, chemin de la Tête-Noire; toute la chaîne des Aiguilles-Rouges; le bassin supérieur de la Dranse d'Entremont; au grand Saint-Bernard, etc., etc. Juin-juillet.

1651 (6) — *albida DC.* (L. blanchâtre.) — Dans les forêts de sapins des régions moyenne et supérieure : entre Fourtz et Bourg-Saint-Pierre dans l'Entremont; sur Saint-Rémy, versant italien du Saint-Bernard; à Entre les Champs; et sur tout le versant nord de la chaîne du Mont-Blanc. Juin-juillet.

1652 (7) — *nivea DC.* (L. blanche.) — Commune dans les bois de sapins, depuis la région moyenne jusqu'à la supérieure : autour de Chamonix; au Bouchet; au Biolet; en allant aux cascades du Dard et des Pèlerins; à la Paraz; en allant au Montanvert; au grand Saint-Bernard et dans toute la vallée de Montjoie. Juin-juillet.

1653 (8) — *lutea DC.* (L. jaune.) — Les pâturages secs, rocailleux ou sablonneux des régions moyenne et supérieure : en montant au Montanvert; moraine latérale de la Mer de Glace; au Greppon, en face de Chamonix; hameau de la Joux; moraines du glacier des Pèlerins; Entre les Champs; col de Balme; toute la chaîne des Aiguilles-Rouges; Pavillon de Bellevue, etc., etc. Juillet-août.

1654 (9) — *campestris DC.* (L. champêtre.) — Assez fréquente dans les prés des régions inférieure et moyenne : autour de Chamonix; dans tout le bassin de l'Arve et dans celui de la Dranse d'Entremont. Avril-mai.

1655 (10) — *multiflora L.* (L. multiflore.) — Dans les bois et les pâturages rocailleux des régions moyenne et supérieure : sur les alluvions glaciaires de l'Arveyron; aux Couverets; à Hortaz; en descendant du sommet du Brevent et des Aiguilles-Rouges sur le lac Cornu; très-abondante au Bouchet de Chamonix; à Entre les Champs; au Pavillon de Bellevue; entre 1050 et 2300 m. Juillet-août.

b) nigricans DC. — Epis d'un brun noir, très-rapprochés; feuilles glabres, excepté à la base. Assez fréquente en allant au Montanvert et le long de la Mer de Glace, entre les Ponts et l'Angle; Pavillon de Bellevue; au Mont-Lachat; montagne de la Côte; vallon d'Entre les Eaux; Entre les Champs; aux Nants; au col de Balme; au Catogne d'Entremont; au grand Saint-Bernard.

c) congesta Lej. — Fleurs rapprochées en capitule lobulé : sur le revers méridional de la chaîne du Mont-Blanc.

1656 (11) — *spicata DC.* (L. en épi.) — Pelouses gazonnées de la région supérieure : entre les chalets de la Flégère et le pied des Aiguilles-Rouges; près du lac Blanc; au col de Balme et près des chalets de Catogne; moraines du glacier des Pèlerins; moraines de la Mer de Glace et de presque tous les glaciers de la chaîne du Mont-Blanc; pied de la Loriaz; sur les Montets; col de Berard; col de Fenêtre et pentes du Mont-Mort au grand Saint-Bernard. Juin-juillet.

b) grandiflora. — Epi de deux centimètres de longueur : à Entre les Champs, sur Argentière.

103ᵉ famille — AROIDÉES

1. Arum L.   (Gouet.)

1657 (1) — *maculatum L.* (G. tacheté, vulg. Pied-de-Veau.) — Dans les lieux humides, au bord des haies de la région inférieure. Indiqué seulement à Saint-Maurice, dans le Bas-Valais (Rion). Avril-mai.

104ᵉ famille — TYPHACÉES

1. Typha L.   (Massette.)

1658 (1) — *latifolia L.* (M. à larges feuilles.) — Commune dans les étangs et les mares du bassin inférieur de l'Arve, entre Saint-Martin, la Carbottaz et Maglan jusqu'à Cluses; au Guercet près de Martigny. Juillet-août.

1659 (2) — *angustifolia L.* (M. à feuilles étroites.) — Dans les mêmes stations et localités que la précédente. Juillet-août.

1660 (3) — *minima Hoppe.* (M. naine.) — Abondante au bord de l'Arve, près du pont de Saint-Martin et à Aranthon. Mai-juin.

2. Sparganium L. (Rubanier.)

1661 (1) — *ramosum Huds.* (R. rameux.) — Dans les fossés au bord de la route entre Sallanches et le Fayet (Personnat); au Guercet près de Martigny. Juin-juillet.

1662 (2) — *simplex Huds.* (R. simple.) — Commun dans les marais et les lieux inondés des régions inférieure et moyenne : au Bouchet, sur l'avenue du Montanvert; au Guercet près de Martigny. Juillet-août.

1663 (3) — *natans L.* (R. flottant.) — Au bord du lac de Pormenaz, à 1900 m. d'altitude. Juillet-août.

105ᵉ famille — CYPÉRACÉES

1. Cyperus L. (Souchet.)

1664 (1) — *flavescens L.* (S. jaunâtre.) — Dans les marais fangeux de la région inférieure : à Vernayaz près de la Verrerie; à Aranthon près de Bonneville. Juillet-septembre.

1665 (2) — *fuscus L.* (S. brun.) — Lieux fangeux au Bouchet et dans les marécages du bassin de l'Arve, à Aranthon et à Flumet. Juillet-septembre.

2. Schœnus L. (Choin.)

1666 (1) *nigricans L.* (C. noirâtre.) — Dans les marécages du bassin de la Dranse à Martigny. Mai-juin.

3. Scirpus L. (Scirpe.)

1667 (1) — *compressus Pers.* (Sc. comprimé.) — Dans les prairies humides depuis la région inférieure jusqu'à la région supérieure : au Bouchet; au col de Balme; à Entre les Champs; aux Chauderons; aux Pèlerins; dans l'Allée-Blanche; près de Saint-Rémy, versant sud du grand Saint-Bernard; entre 450 et 2350 m. Juillet-août.

1668 (2) — *sylvaticus L.* (Sc. des bois.) — Commun dans les lieux humides des régions inférieure et moyenne : le Bouchet; les Gaillands; les Praz; Argentière; Entre les Champs; Valorsine; Finhaut; entre 450 et 1500 m. Juillet-août.

1669 (3) — *lacustris L.* (Sc. lacustre.) — Dans les prairies marécageuses des régions inférieure et moyenne : Servoz et tout le bassin inférieur de l'Arve. Juillet-septembre.

1670 (4) — *setaceus L.* (Sc. sétacé.) — Signalé à Barberine

(Murith); à Habère-Lullin (Puget); mais ces indications sont douteuses. Juillet-août.

1671 (5) — *pauciflorus Lightf.* (Sc. pauciflore.) — Dans les prairies marécageuses des régions moyenne et supérieure : au Bouchet où il est très-abondant; à Saint-Martin : à Servoz; le long de l'Arve jusqu'au pont de la Carbottaz; Héry; Flumet; tourbières du Pavillon de Bellevue et du col du Bonhomme; dans l'Allée-Blanche; au bas de l'Ayettaz, versant italien du Saint-Bernard. Juin-août.

1672 (6) — *alpinus Schleich.* (Sc. des Alpes.) — Dans les pâturages secs de la région supérieure de la chaîne centrale du Mont-Blanc : aux Becs-Rouges; au Couvercle; sous l'Aiguille du Moine et sur quelques points de la chaîne des Aiguilles-Rouges. Août.

1673 (7) — *cœspitosus L.* (Sc. gazonnant.) — Très-commun dans les tourbières, les marécages et le long des cours d'eau dans les régions moyenne et supérieure : Entre les Champs, sur Argentière; en montant au col de Balme; autour de Pierre à Berard; à Bahyr au-dessus de la Mer de Glace; au Couvercle, en montant au Jardin: sur les deux versants des Aiguilles-Rouges; sur Arlevé; aux Mélèzes de Valorsine; sous la cascade de Berard; au lac Champey; au grand Saint-Bernard, autour de l'hospice, à la Chenalettaz, à Barasson, à la Combaz; val de Ferret, etc.; entre 1050 et 2550 m. Juin-juillet.

4. Heleocharis R. Br. (Héléochare.)

1674 (1) — *palustris R. Br..* — *Scirpus palustris L.* (H. des marais.) — Très-commun dans les marais des régions inférieure et moyenne : bassins de l'Arve, de la Dranse et de la Doire de Courmayeur. Juin-août.

1675 (2) — *uniglumis Link.,* — *Scirpus tenuis Schreb.* (H. glumacé.) — Dans les tourbières des trois régions, entre 500 et 2000 m. : aux Pozettes, en montant au col de Balme; à Entre les Champs; au Bouchet; au Pavillon de Bellevue. Juin-juillet.

1676 (3) — *acicularis R. Br.,* — *Scirpus acicularis L.* (H. aciculaire.) — Dans les lieux fangeux, au bord des étangs de la région inférieure : Aranthon et dans le bassin inférieur de l'Arve. Juin-août.

5. Eriophorum L. (Linaigrette.)

1677 (1) — *alpinum L.* (L. des Alpes.) — Assez fréquente

dans les marais des régions moyenne et supérieure : à Entre les Champs sur Argentière; en montant au col de Balme par les Pozettes, etc. Juin–juillet.

1678 (2) — *vaginatum L.* (L. engainée.) — Dans les tourbières de la région supérieure de tout le domaine de cette flore : en montant au col de Balme par les Pozettes; chalets de Catogne; en montant depuis le lac de Catogne à la frontière suisse; Charamillon; Combe de la Floriaz sur les Aiguilles-Rouges; en montant au col d'Anclave depuis le Mont-Jovet dans le val Montjoie; les marécages sous le pavillon des Montets, vers les Mayens. Juin–juillet.

1679 (3) — *Scheuchzeri Hoppe.* (L. de Scheuchzer.) — Dans les marais tourbeux de la région supérieure : col de Balme, en montant depuis le lac de Catogne à la frontière suisse; sur Charamillon; au col de Voza et en plusieurs endroits sur le grand Saint-Bernard. Juin-juillet.

1680 (4) — *latifolium Hoppe.* (L. à larges feuilles.) — Commune dans les régions inférieure et moyenne de tout notre domaine floral : bassin de l'Arve; bords de l'Eau-Noire à Valorsine; à Servoz; au Bouchet de Chamonix; au val d'Entremont, etc. Mai-juin.

1681 (5) — *angustifolium Roth.* (L. à feuilles étroites.) — Commune dans les marais des régions moyenne et supérieure : aux marais de Valorsine et d'Entre les Champs; à Hortaz; au Bouchet et sur le versant nord des Aiguilles-Rouges et des Pozettes; au grand Saint-Bernard. Mai-juin.

b) congestum Mert. et Koch. — Bords de l'Arve à Domancy.

6. **Elyna Schrad.** (Elyne.)

1682 (1) — *spicata Schrad.* (E. épiée.) — Dans les pâturages secs de la région supérieure : autour des pavillons du col de Balme où elle est assez abondante; col du Bonhomme; sommet de la montagne de Taconnaz; rochers gazonnés sous le mont Catogne, depuis le col de Balme à la Croix de Fer; sur les pentes qui dominent les Herbagères du côté de Petoude; en montant au Buet; vallon du Vieux Emousson; Bionnassay; sur le plateau de l'Are; à Rousselette près du Bonhomme; au grand Saint-Bernard près du lac, au Plan des Gouilles et près des Roches-polies; entre 2000 et 2700 m. d'altitude. Juillet-août.

7. **Kobresia Willd.** (Kobrésie.)

1683 (1) — *caricina Willd.* (K. caricine.) — Dans les pâturages de la région supérieure : montagne de la Saxe; vallon du Vieux Emousson; la Croix de Fer près du col de Balme. Cette espèce est rare et on ne la rencontre qu'à l'altitude de 2000 à 2400 m. Août.

8. **Carex L.** (Laîche.)

1684 (1) — *dioica L.* (L. dioïque.) — Commune dans les marécages des bassins inférieur et moyen de l'Arve et de la Dranse. Avril-mai.

1685 (2) — *Davalliana Sm.* (L. de Davall.) — Commune dans les marécages, depuis la région inférieure jusqu'à la région supérieure : en montant au Pavillon de Bellevue; col de Balme; les Pozettes; Pormenaz; le Bouchet de Chamonix; dans l'Allée-Blanche; Saint-Martin et Valorsine; entre 500 et 2500 m. d'altitude. Mai-juillet.

1686 (3) — *pulicaris L.* (L. puce.) — Dans les marais tourbeux de la région inférieure du bassin de l'Arve et sur les bords de la Menoge. Mai-juin.

1687 (4) — *pauciflora Lightf.* (L. pauciflore.) — Dans les marais tourbeux de la région supérieure : abondante en descendant des Pozettes aux chalets de Balme; entre les chalets du Plâno et ceux de Pormenaz. Juin-juillet.

1688 (5) — *microglochin Wahl.* (L. à utricules subulés.) Indiquée dans les endroits marécageux de la région supérieure, sur le revers méridional de la chaîne du Mont-Blanc, mais je ne l'y ai jamais trouvée. Juillet-août.

1689 (6) — *rupestris All.* (L. des rochers.) — Sur les rochers de la région supérieure : en montant au col de Balme; sur la chaîne des Aiguilles-Rouges et sur plusieurs points du revers septentrional de la chaîne du Mont-Blanc. Juillet-août.

1690 (7) — *fœtida Vill.* (L. fétide.) — Dans les pâturages de la région supérieure : abondante autour du pavillon du col de Balme; chalets de Charamillon; les deux revers des Aiguilles-Rouges; vallon de la Dioza; montagnes de Sâles et du val Montjoie; col du Bonhomme; le grand Saint-Bernard et le Catogne d'Entremont (E. Favre). Juillet-septembre.

1691 (8) — *microstyla Gay.* (L. à style court.) — Sur les pelouses humides de la région supérieure des limites nord-est de notre circonscription : au grand Saint-Bernard près du lac, près de la Morgue, entre le Jardin du Valais et le Plan des Gouilles. Très-rare. Juin-juillet.

1692 (9) — *incurva Lightf.*, — *juncifolia All.* (L. courbée.) — Pelouses de la région supérieure des limites nord-est de notre circonscription : indiquée au grand Saint-Bernard par de Charpentier, mais elle ne paraît pas y avoir été retrouvée. Juillet-août.

1693 (10) — *disticha Huds.* (L. distique.) — Dans les prairies humides de la région moyenne : au Bouchet de Chamonix et à celui de Servoz. Mai-juin.

1694 (11) — *vulpina L.* (L. des renards.) — Commune au bord des fossés de la région inférieure du bassin de l'Arve : entre le Fayet et Saint-Martin; à Bonneville, etc. Mai-juin.

1695 (12) — *muricata L.* (L. muriquée.) — Commune dans les prairies et les bois de la région inférieure de tout le bassin de l'Arve. Mai-juin.

1696 (13) — *divulsa Good.* (L. interrompue.) — Dans les bois des régions inférieure et moyennne du bassin de l'Arve : près de Rumilly (Puget), etc. Mai-juin.

1697 (14) — *paniculata L.* (L. paniculée.) — Dans les prairies marécageuses de tout le bassin de l'Arve : abonde au Bouchet, sur le chemin du Montanvert; aux Gaillands; aux Houches; à Pradaz et à Saint-Rémy, versant italien du grand Saint-Bernard. Mai-juillet.

1698 (15) — *teretiuscula Good.* (L. à tige arrondie.) — Dans les marais, depuis la plaine jusqu'à la région supérieure : au Guercet près de Martigny (Rion); au-dessus du chalet Marcoz à Menouve sur le grand Saint-Bernard, à 1900 m. d'altitude. Juin-août.

1699 (16) — *lagopina Wahl.*, — *approximata Hoppe.* (L. à épillets rapprochés.) — Dans les pâturages humides de la région supérieure, au nord-est des limites de ce *Guide :* entre l'Hôpital et la Combaz, versant suisse du grand Saint-Bernard. Juillet-septembre.

1700 (17) — *elongata L.* (L. allongée.) — Dans les marais de la région moyenne : bassin du Bonnant, entre Contamines et Notre-Dame de la Gorge; au Biolet près de Chamonix. Juin-juillet.

1701 (18) — *leporina L.* (L. des Lièvres.) — Assez fréquente dans les pâturages, principalement dans les régions inférieure et moyenne : au Bouchet de Chamonix; aux Chauderons; aux Couverets; à Hortaz; on la trouve aussi au grand Saint-Bernard. Mai-juillet.

1702 (19) — *stellulata Gaud.*, — *echinata Murr.* (L. étoilée.) — Dans les marais tourbeux des trois régions : au Bouchet; aux Chauderons; aux Couverets; à Hortaz; à Entre les Champs; aux Pozettes; au grand Saint-Bernard. Mai-juillet.

1703 (20) — *canescens L.* (L. blanchâtre.) — Dans les marais et au bord des ruisseaux de la région moyenne : près du hameau des Barats, le long du Bethys, à quelques minutes de Chamonix et aux Mouilles. Mai-juin.

1704 (21) — *Persoonii Lang.*, — *vitilis Fries.* (L. de Persoon.) — Endroits secs ou humides des régions moyenne et supérieure des bassins de l'Arve et de la Dranse d'Entremont : aux Chauderons sur Chamonix; aux Barats, le long du Bethys; au Bouchet; aux Couverets, sous les Bossons; au grand Saint-Bernard, sur les pentes de la Chenalettaz, au-dessus de la Laivraz et entre l'Hôpital et la Combaz; au Catogne de Martigny et à la Guraz de Bovernier. Juin-juillet.

1705 (22) — *remota L.* (L. espacée.) — Dans les lieux ombragés humides et le long des ruisseaux de la région inférieure du bassin de l'Arve : entre Bonneville et le pied du Brezon; à Servoz; à Chamonix et à Hortaz. Mai-juin.

1706 (23) — *curvula All.* (L. à feuilles courbées.) — Dans les endroits secs de la région supérieure : autour du pavillon du col de Balme; sommet du Couvercle; montagne de Taconnaz; les Rognes; mont Tricot; Tré-la-Tète; le Bonhomme; la Seigne; l'Allée-Blanche; le grand et le petit Saint-Bernard. Juillet-août.

b) major Nob. — Forme très-développée dans toutes ses parties et que l'on rencontre à l'extrême limite de la végétation; elle atteint jusqu'à 30 centimètres de haut entre l'Aiguille-Verte et le glacier d'Argentière, et jusqu'à 50 centimètres entre les chalets inférieurs et les chalets supérieurs de Lognan; sur le sable siliceux du terrain cristallin granitique.

1707 (24) — *bicolor All.* (L. bicolore.) — Pelouses de la région supérieure : le long du torrent dans la vallée d'Essert, vers les derniers chalets sous le col de Fenêtre; au grand Saint-Bernard, au-dessus du Plan-de-Jouat; entre le lac Combal et le glacier de l'Allée-Blanche. Juillet-août.

1708 (25) — *vulgaris Fries.*, — *Goodenowii Gay.* (L. commune.) — Marécages des régions moyenne et supérieure : au pied du Grand-Bois, en allant aux cascades du Dard et des

Pèlerins; au Bouchet; à Chamonix; aux Chavans; sur les Montées; aux Houches; sur les Pozettes, en allant au col de Balme; au grand Saint-Bernard. Mai-juin.

1709 (26) — *stricta Good.*, — *cæspitosa Gay.* (L. raide.) — Dans les prairies marécageuses de la région moyenne : en montant au Lavouet; aux Houches; au Bouchet; à Hortaz; aux Chavans; à Aranthon, etc. Mai-juin.

1710 (27) — *glauca Scop.* (L. glauque.) — Extrêmement commune dans les lieux humides des trois régions. Mai-juillet.

1711 (28) — *maxima Scop.*, — *pendula Huds.* (L. géante.) — Dans les lieux humides et le long des ruisseaux de la région moyenne : indiquée seulement près du pont de Bioge dans la vallée d'Abondance (Puget). Mai-juin.

1712 (29) — *alba Scop.* (L. blanche.) — Dans les bois des régions inférieure et moyenne du bassin de l'Arve : bois de Joux, au bord de l'ancienne route; vallon du Chatelard à Servoz; vallée d'Entremont près de Sembrancher. Mai.

1713 (30) — *capillaris L.* (L. capillaire.) — Dans les pâturages de la région supérieure : au col de Balme, près de la frontière suisse et près de la Croix de Fer; vallon du Vieux Emousson; Catogne de Sembrancher; grand Saint-Bernard, près des chalets de la Pierraz et près du Jardin-du-Valais. Juillet-septembre.

1714 (31) — *pallescens L.* (L. pâle.) — Dans les prairies humides et boisées de la région moyenne : au Bouchet près de Chamonix; tourbières du Plâno; flanc de Pormenaz tourné vers la Dioza; en traversant les Chys depuis l'Aiguille à Bochard sur le Mauvais-Pas; combe de la Floriaz et en montant aux Pozettes par le Chenavie; Saint-Bernard, aux Plançades et près de Saint-Rémy. Juin-juillet.

1715 (32) — *panicea L.* (L. faux-Panic.) — Lieux tourbeux des régions moyenne et supérieure : flanc de Pormenaz tourné vers la Dioza; au Plâno; au grand Saint-Bernard, etc. Mai.

1716 (33) — *vaginata Tausch.* (L. à gaîne.) — Rochers herbeux et secs de la région supérieure : près des torrents des Pèlerins et du Dard; entre les chalets de Katrafort et ceux de la Paraz. Juin-juillet.

1717 (34) — *nitida Host.*, — *obœsa All.* (L. lustrée.) — Commune dans les endroits sablonneux de la région inférieure des bassins de l'Arve et de la Dranse d'Entremont : Aranthon; à la Cretta blanche de Sembrancher; entre Bonneville et Annemasse; à Coupeau; au pont des Plagnes; à Saint-Gervais; au pont de Bioge. Avril-juin.

1718 (35) — *ustulata Wahlenb.* (L. brûlée.) — Indiquée sur les confins de nos limites du nord-est, mais je ne l'y ai point trouvée jusqu'ici. Juillet-août.

1719 (36) — *atrata L.* (L. noirâtre.) — Dans les pâturages rocailleux de la région supérieure : au col de Balme, où il est assez fréquent, mais surtout dans le vallon du Vieux Emousson; montagnes de Sâles; chaîne d'Anterne jusqu'au Buet; Cornettes de Bise; haut de la vallée de Ferret ou d'Issert; col de Ferret; sur les chalets de Proz de Bard; dans l'Allée-Blanche; au col du Bonhomme; au Mont-Jovet; au grand Saint-Bernard. Juillet-août.

1720 (37) — *aterrima Hoppe.,* — *atrata b. dubia Gaud.* (L. très-noire.) — Dans les lieux herbeux ou rocailleux de la région supérieure : au col de Balme, en montant depuis les chalets de Catogne (abondante et mêlée avec la précédente); sous les pavillons du col, du côté de Chamonix; base de la Loriaz; sur les Montets; en montant le Bois-Magnin; sous les chalets d'Arlevé au bord de la Dioza; près des chalets d'Amosson; vers les chalets du Flyet, sur le flanc de Pormenaz; au vallon d'Entre les Eaux; à la Pierraz et à Mont-Cubit sur le grand Saint-Bernard. Elle atteint jusqu'à 70 à 80 centimètres de haut. Juillet-août.

1721 (38) — *nigra All.* (L. noire.) — Dans les pâturages secs ou tourbeux de la région supérieure : sommet des Aiguilles-Rouges et sur leur versant nord; col de Balme; vers les chalets de Sardonnière et d'Ubine; cols du Bonhomme et de la Seigne; Allée-Blanche et grand Saint-Bernard; au Vergy; au Méry; dans le vallon du Vieux Emousson; toute la chaîne d'Anterne; montagnes de Sâles; le Buet; autour des chalets de Balme et de Catogne, dans le voisinage du col. Juillet-août.

1722 (39) — *limosa L.* (L. des fanges.) — Dans les tourbières des régions moyenne et supérieure : en montant aux Pozettes depuis Entre les Champs; vallon du Vieux Emousson. Juin-juillet.

1723 (40) — *præcox Jacq.* (L. précoce.) — Très-commune dans les prés et sur les collines des régions inférieure et moyenne : autour de Chamonix et dans toutes les vallées qui rentrent dans notre circonscription. Avril-mai.

1724 (41) — *tomentosa L.* (L. tomenteuse.) — Dans les prés ombragés et sur le bord des fossés de la région inférieure du bassin de l'Arve : à Aranthon, etc. Mai-juin.

1725 (42) — *pilulifera L.* (L. pilulifère.) — Dans les bois et les clairières de la région moyenne du bassin de l'Arve : à Pernant; à Chède (Personnat). Mai-juin.

1726 (43) — *ericetorum Poll.* (L. des bruyères.) — Dans les pâturages des régions moyenne et supérieure : à Coupeau, en face des Houches, dans la vallée de Chamonix. Juin.

1727 (44) — *montana L.* (L. de montagne.) — Commune dans les régions inférieure et moyenne : le long de l'ancienne route dans la plaine de Passy et dans tout le bassin de l'Arve; au pied des rochers du Plalet, au-dessus des chalets de la Charbonnière; au Montanvert et autour de Chamonix, aux cascades du Dard et des Pèlerins. Mai-juillet.

1728 (45) — *Halleriana Asso,* — *gynobasis Vill.* (L. de Haller.) — Dans les bois, sur les coteaux du bassin moyen de la Dranse d'Entremont : à la Cretta blanche de Sembrancher. Mai-juin.

1729 (46) — *humilis Leyss.* (L. naine.) — Coteaux secs de la région inférieure du bassin de la Dranse d'Entremont : aux Marques près de Martigny. Avril-mai.

1730 (47) — *digitata L.* (L. digitée.) — Commune dans les bois de la région inférieure des bassins de l'Arve et de la Dranse d'Entremont : au Bouchet de Chamonix et à celui de Servoz; au bois de Joux; dans la vallée de Berard; à Mont-Cubit sur le grand Saint-Bernard. Mai-juin

1731 (48) — *ornithopoda Willd.* (L. Pied-d'Oiseau.) — Lieux rocailleux ou gazonnés, depuis la région moyenne jusqu'à la supérieure : aux Ayers sur Servoz; derrière les Tours de Sâles; vallon du Vieux Émousson; plaine de Martigny depuis Vernayaz aux Marques; vallée d'Entremont et jusqu'à la Baux sous Mont-Cubit, au grand Saint-Bernard; entre 450 et 2400 m., principalement sur le terrain calcaire. Mai-septembre.

1732 (49) — *frigida All.* (L. des frimas.) — Rochers herbeux et humides de la région supérieure : vallon de la Floriaz; les deux versants de toute la chaîne des Aiguilles-Rouges; flancs de l'Aiguille à Bochard; bord des torrents du Dard et des Pèlerins, au-dessus des cascades de ce nom; Bahyr; Pierre à Berard, sous le Buet; la Flégère; Bouchet de Servoz; vallée de Montjoie jusqu'au col du Bonhomme; col de la Seigne; Allée-Blanche; vallée de Ferret, vers les chalets de Proz de Bard; grand Saint-Bernard, le long de l'aqueduc et entre l'hospice et la fontaine Potina. Alt. 700 à 2470 m. Juillet-août.

1733 (50) — *hispidula Gaud.* (L. hispidulée.) — Rochers

herbeux de la région supérieure du bassin de l'Arve : au col de Cœur sur Sallanches (Personnat). Juillet-août.

1734 (51) — *ferruginea Scop.* (L. ferrugineuse.) — Rochers herbeux et un peu humides de la région supérieure : sommet des Pozettes, en passant par les chalets de Balme; sous les chalets de Proz de Bard; sur le flanc de l'Aiguille à Bochard, un peu au-dessus du Mauvais-Pas; au Pas de l'Ours; au Plan des Gouilles et à Pradaz sur le grand Saint-Bernard. Juin-juillet.

1735 (52) — *sempervirens Vill.* (L. toujours verte.) — Sur les rochers de la région supérieure : abondante aux Becs-Rouges, au-dessus du col de Balme; en allant au Pavillon de Bellevue; au bord des torrents du Dard et des Pèlerins; au Mont-Lachat, sous l'Aiguille du Goûté; sommet du Couvercle en allant au Jardin de la Mer de Glace; aux Pozettes; au pied des Fys; à Valorsine; au grand Saint-Bernard, entre l'hospice et la fontaine Potina et entre l'Hôpital et la Combaz. Alt. supérieure 2470 m. Juillet-août.

1736 (53) — *firma Host.*, — *rigida Schr.* (L. ferme.) — Assez fréquente dans les régions moyenne et supérieure : vers les limites nord-ouest de ce *Guide*, au Mont Petitot et au Mont Vergy, en passant par le Brezon; aux Plançades, à Menouve, à Mont-Cubit et au-delà du Jardin du Valais sur le grand Saint-Bernard (E. Favre.) Juin-juillet.

1737 (54) — *tenuis Host.* (L. grêle.) — Dans les pâturages des régions moyenne et supérieure : sources de l'Arve; sous les pavillons du col de Balme ; sous le Pravzin; au Brocard; à Sainte-Marie aux Houches et au Brezon, près de la cascade. Mai-juin.

1738 (55) — *sylvatica Huds.* (L. des bois.) — Commune dans les bois de la région inférieure : au-dessus des Granges de Flaine (Personnat). Juin.

1739 (56) — *flava L.* (L. jaune.) — Dans les marécages des trois régions : au bord des torrents des Pèlerins et du Dard, sous les chalets de la Corne et de la Paraz; aux Pozettes sur le Chenavie; au Bouchet de Chamonix; à Hortaz; au grand Saint-Bernard. Mai-juillet.

b) lepidocarpa Godr. — Bassin moyen de l'Arve.

1740 (57) — *Œderi Ehrh.* (L. d'Œder.) — Dans les pâturages sablonneux des régions inférieure et moyenne : au Bouchet de Chamonix; marécages de Valorsine ; sous les Mélèzes de Valorsine; dans tout le bassin de l'Arve jusqu'à Aranthon près de Bonneville. Mai-juillet.

1741 (58)—*Hornschuchiana Hoppe*. (L. de Hornschuh.)— Dans les prairies tourbeuses du bassin de l'Arve, entre Scionzier et Rumilly. Mai-juin.

1742 (59) — *distans L*. (L. espacée.) — Dans les prairies marécageuses du bassin inférieur de l'Arve, entre Sallanches et Bonneville; au pont de la Bioge; aux Contours sous le grand Saint-Bernard, etc. Mai-juin.

1743 (60) — *pseudo-Cyperus L*. (L. faux-Souchet.) — Dans les marais de la région inférieure : au Guercet près de Martigny (Rion). Juin-juillet.

1744 (61) — *ampullacea Good*. (L. ampoulée.) — Dans les marais de la région inférieure : au Bouchet; aux Gaillands; à Servoz; à Domancy; à Sallanches; au lac de Champey. Mai-juin.

1745 (62) — *vesicaria L*. (L. vésiculeuse.) — Dans les marécages des bassins inférieur et moyen de l'Arve, de la Dranse de Martigny et de la Dranse d'Abondance. Mai-juin.

1746 (63) — *paludosa Good*. (L. des marécages.) — Dans les marécages et au bord des fossés inondés des régions inférieure et moyenne du bassin de l'Arve : très-abondante aux Chavans; aux Houches, etc. Mai-juin.

1747 (64) — *riparia Curt*. (L. des rives.) — Dans les fossés inondés du bassin inférieur de l'Arve, entre le Fayet et Aranthon. Mai-juin.

1748 (65) — *filiformis L*. (L. filiforme.) — Dans les marais tourbeux de la région moyenne, mais seulement au Haut de Lui et au-dessus de Bellegarde de Bellevaux (Puget). Mai-juin.

1749 (66) — *hirta L*. (L. hérissée.) — Commune dans les prés humides des trois régions : au Châble des Mollies; au col de Balme; autour de Chamonix; à Pormenaz; à Aranthon et aux environs de Martigny. Mai-juillet.

106ᵉ famille — GRAMINÉES

1. Phalaris L. (Alpiste.)

1750 (1) — *arundinacea L*. (A. Roseau.) — Dans les fossés et les marais, au bord des cours d'eau de la région inférieure des bassins de l'Arve et de la Dranse d'Entremont : cascade de Crepin, à Saint-Gervais; Martigny; bords de la Menoge. Juin-juillet.

2. **Anthoxanthum L.** (Flouve.)

1751 (1) — *odoratum L.* (F. odorante.) — Très-commune dans les prés et les bois des trois régions et jusqu'à l'extrême limite de la végétation, comme par exemple au grand Saint-Bernard, jusqu'à 2500 m.; aux Grands-Mulets et au Jardin de la Mer de Glace. Mai-juillet.

3. **Phleum L.** (Phléole.)

1752 (1) — *pratense L.* (P. des prés.) — Commun dans les prairies de la région inférieure des bassins de l'Arve et de la Dranse; à Courmayeur, etc. Juin-juillet.

b) prœcox Jord. — En montant à Flaine.

c) serotinum Jord. — Au-dessus des Granges.

d) intermedium Jord. — Au-dessus des Granges et au Fayet près des bains de Saint-Gervais.

e) nodosum Gaud. — Ubine de Pelloua (Puget).

1753 (2) — *Bœhmeri Wibel.* (P. de Bœhmer.) — Dans les prairies sèches de la région inférieure : à Courmayeur; aux Marques près de Martigny, etc. Juin-juillet.

1754 (3) — *asperum Jacq.* (P. rude.) — Au bord des champs de la région inférieure : bassins de l'Arve et de la Dranse; à Martigny; à la Bâtiaz et à la Croix; aux environs de Bonneville. Mai-juin.

1755 (4) — *alpinum L.* (P. des Alpes.) — Dans les pâturages de la région supérieure : Aiguille à Bochard; Montanvert; toute la chaîne des Aiguilles-Rouges; Entre les Champs; Bouchet; Plampraz; grand Saint-Bernard. Juillet-août.

b) commutatum Gaud. — Au Mont Criou, Sixt.

1756 (5) — *Michelii All.* (P. de Micheli.) — Dans les pâturages de la région supérieure : au Mont Criou sur Samoëns; au Brezon, dans la vallée du Reposoir; à Bovenaz; au grand Saint-Bernard (Gaud). Sur le terrain calcaire. Juillet-août.

4. **Alopecurus L.** (Vulpin.)

1757 (1) — *pratensis L.* (V. des prés.) — Dans les prés humides de la région inférieure. Mai-juin.

1758 (2) — *agrestis L.* (V. des champs.) — Assez répandu dans les champs et les vignes des régions inférieure et moyenne de notre circonscription. Mai-juillet.

1759 (3) — *geniculatus L.* (V. genouillé.) — Dans les fossés, les marais et au bord des étangs des régions inférieure et moyenne; au Bouchet de Chamonix, etc. Juin-août.

1760 (4) — *fulvus Sm.* (V. fauve.) — Dans les fossés inondés de la région inférieure : au Bouchet de Chamonix; à Vernayaz; au Guercet près de Martigny, etc. Juin-août.

5. Sesleria Arduin. (Seslérie.)

1761 (1) — *cœrulea Ard.* (S. bleuâtre) — Dans les pâturages rocailleux des régions moyenne et supérieure : au Bouchet de Servoz, près de la Dioza; au Mont-Lachat; au Brevent; au val Montjoie; au Catogne de Sembrancher; aux environs du col de Fenêtre; dans l'Allée-Blanche; vallée de Sixt, etc. Avril-août.

1762 (2) — *disticha Pers.* (S. distique.) — Dans les pâturages de la région supérieure, au nord-est de notre circonscription : au sommet du Catogne de Sembrancher. Juillet-août.

6. Setaria P. Beauv. (Sétaire.)

1763 (1) — *glauca P. Beauv.,* — *Panicum glaucum L.* (S. glauque.) — Dans les champs sablonneux de la région inférieure : coteaux de Passy; Coupeau; les Tines; la Joux; Martigny et Courmayeur. Juin-juillet.

1764 (2) — *viridis P. Beauv.,* — *Panicum viride L.* (S. verte.) — Dans les vignes et dans les champs après la moisson dans la région inférieure : tout le bassin de l'Arve et celui de la Dranse d'Entremont; aux Marques sur Martigny. Juin-juillet.

1765 (3) — *verticillata P. Beauv.,* — *Panicum verticillatum L.* (S. verticillée.) — Dans les cultures de la région inférieure des bassins de l'Arve et de la Dranse d'Entremont. Juin-août.

7. Panicum L. (Panic.)

1766 (1) — *crus-Galli L.* (P. Pied-de-Coq.) — Commun autour des décombres, dans les villages des bassins de l'Arve et de la Dranse d'Entremont. Juillet-août.

1767 (2) — *sanguinale L.* (P. sanguin) — Commun dans les lieux gras de la région inférieure, au bord des chemins du bassin de la Dranse d'Entremont. Juillet-septembre.

8. Cynodon Rich. (Cynodon.)

1768 (1) — *Dactylon Pers.,* — *Panicum Dactylon L.* (C. digité.) Commun dans les lieux arides et bien exposés, et le long des chemins de la région inférieure des bassins de l'Arve et de la Dranse d'Entremont. On le trouve aussi au Mont-Cenis d'Aoste, versant sud du Saint-Bernard. Juillet-septembre.

9. **Andropogon L.** (Barbon.)

1769 (1) — *Ischœmum L.* (B. Pied-de-Poule.) — Commun dans les lieux arides et rocailleux des terrains calcaires du bassin de l'Arve : à Passy ; à Joux ; à Servoz, etc. Août–octobre.

10. **Phragmites Trin.** (Roseau.)

1770 (1) — *communis Trin.*, — *Arundo Phragmites L.* (R commun.) — Très-commun dans les lieux inondés de la région inférieure des bassins de l'Arve et de la Dranse d'Entremont : près de Martigny ; dans toute la plaine du lac à Servoz, où on le fauche chaque année. Août-septembre.

b) nigricans Gren. et Godr. — Marais de Balme et bassin de l'Arve.

11. **Calamagrostis Roth.** (Calamagrostide.)

1771 (1) — *epigeios Roth.*, — *Arundo epigeios L.* (C. commune.) — Commune dans les sables humides des berges de l'Arve et de la Dranse d'Entremont : Martigny, sous les Marques ; Servoz ; Passy, etc. Juillet-août.

1772 (2) — *littorea DC.* (C. des rivages.) — Dans les mêmes stations et régions que la précédente, depuis le bassin moyen de l'Arve jusqu'aux dernières limites de la végétation ; sur toute la chaîne des Aiguilles-Rouges ; au Montanvert ; aux Montets ; dans le Bas-Valais. Juin-juillet.

1773 (3) — *tenella Host.* (C. frêle.) — Lieux herbeux de la région supérieure : au Montanvert ; au col de Balme ; sur les deux versants des Aiguilles-Rouges ; au Brevent ; à la Flègère ; à la Floriaz ; au Mont Criou sur Sixt ; au Mont-Bovinette dans le val de Champey ; près de l'hospice du grand Saint-Bernard. Juillet-août.

b) mutica Koch. — En montant au pavillon de Bellevue.

1774 (4) — *varia Schrad.*, — *montana DC.*, — *sylvatica Host.* (C. variée.) — Assez fréquente dans les bois des régions moyenne et supérieure : près du lac de Champey ; aux Montets ; base des Aiguilles-Rouges et dans toutes les vallées comprises dans notre circonscription. Juillet-août.

Obs. On a créé aux dépens du type le *C. montana DC.* et

le *C. sylvatica Host;* le premier ne s'élève pas au-dessus de la région inférieure et s'arrête à peu près où le second commence à paraître.

12. **Agrostis L.** (Agrostide.)

1775 (1) — *alba Schrad.,* — *stolonifera L.* (**A.** blanche.) — Commune dans les prés, depuis la région inférieure jusqu'à la région supérieure, dans la plupart des vallées qui se rattachent à la chaîne du Mont-Blanc : vallée de Chamonix; sous le glacier des Bossons; aux Pèlerins et à Praz d'Avaz. Juillet-août.

b) decumbens Gaud. — Très-commune dans les prés et les champs de la région moyenne, par exemple dans la vallée de Chamonix.

c) pallens Gaud. — Blanc-jaunâtre; dans les prés de la vallée de Chamonix.

d) compacta Duval-Jouve, in litt. — Même localité que les précédentes variétés.

e) diffusa Host. — A fleurs violettes; cette variété croît avec les précédentes et forme la base du foin des prairies.

1776 (2) — *vulgaris With.* (**A.** commune.) — Très-commune dans tous les prés, entre 450 et 2450 m. d'altitude. Juillet-août.

b) pumila L. — Forme naine, que l'on trouve sur le bord des torrents sablonneux et humides de la vallée de Chamonix; Nants du Fouilly, des Pèlerins et du Dard; en allant au Montanvert.

1777 (3) — *canina L.* (**A.** des chiens.) — Dans les lieux sablonneux et ombragés de la région inférieure des bassins de l'Arve et de la Dranse d'Entremont : aux Marques sur Martigny, etc. Juillet.

1778 (4) — *alpina Scop.* (**A.** des Alpes.) — Dans les pâturages rocailleux des régions moyenne et supérieure : au col de Balme, près du lac de Catogne; aux Becs-Rouges; moraines latérales de la Mer de Glace; Combe de la Floriaz; arête de la Griaz; source de l'Arveyron; Mer de Glace d'Argentière; Pavillon de Bellevue; Allée-Blanche; autour du lac du grand Saint-Bernard. Juillet-août.

b) flavescens Host., — *aurata All.* — Pavillon de Bellevue et torrent des Pèlerins près de Chamonix; au-dessus de Menouve; entre le lac et Mont-Cubit sur le grand Saint-Bernard.

1779 (5) — *Schleicheri Jord. et Verlot.*, — *filiformis Vill.* (A. de Schleicher.) — Assez fréquente sur les rochers herbeux et humides de la région supérieure : sur le Nantau; chalets de Sardonnière sur Samoëns: Mont-Criou; le Bostan; combe de Sixt; le Buet; la chaîne d'Anterne; revers nord des Aiguilles-Rouges, sur la Dioza ; sommet du Brezon; principalement sur le calcaire. Juillet-août.

1780 (6) — *rupestris All.* (A. des rochers.) — Dans les pâturages rocailleux des régions moyenne et supérieure : Mont Vergy; Mont Méry; le Brezon; montée de Leschaux; Hautigny, au-dessus de Bellegarde de Bellevaux; montée des Cornettes de Bise sur la chapelle d'Abondance; le Buet et toute la chaîne des Aiguilles-Rouges; la Flégère, les Charmoz et sous le glacier de ce nom; sous le Grand-Béchard; le Brevent; la Croix de Fer au col de Balme; sommet de l'arête de Taconnaz; vallon d'Entre les Eaux; vallée de la Mer de Glace; Montanvert; le Chapeau; val de Montjoie jusqu'au col du Bonhomme et en plusieurs endroits du grand Saint-Bernard. Juillet-août.

1781 (7) — *spica-venti L.*, — *Apera spica-venti* (A. épi du Vent.) — Dans les champs de la région inférieure du bassin de la Dranse d'Entremont : sur les Marques de Martigny. Juin-juillet.

b) *purpurea Gaud.* — Val d'Entremont.

13. Stipa L. (Stipe.)

1782 (1) — *pennata L.* (S. plumeuse.) — Lieux arides, rocailleux, exposés au soleil, dans le bassin inférieur de la Dranse d'Entremont : les Marques de Martigny, entre le hameau de la Croix et la Bâtiaz; la Larzettaz de Sembrancher ; Saint-Maurice. Mai-juin.

1783 (2) — *capillata L.* (S. chevelue.) — Sur les collines exposées au soleil, dans la région inférieure : à la Bâtiaz de Martigny. Juillet-août.

14. Lasiagrostis Link. (Lasiagrostide.)

1784 (1) — *Calamagrostis Link* (L. argentée.) — Assez fréquente sur les rochers herbeux et rocailleux des régions moyenne et supérieure, sur les terrains calcaire et cristallin : en montant le couloir de Lachat sous Plampraz; Ubine de Pelloua; combe de Sixt. Juillet-août.

15. Milium L. (Millet.)

1785 (1) — *effusum L.* (M. épanché.) — Lieux frais et om-

bragés des bois de la région inférieure du bassin de l'Arve :
Aranthon près Bonneville. Mai-juillet.

16. **Aira L.** (Canche.)

1786 (1) — *caryophyllea L.* (C. caryophyllée.) — Dans les
champs du bassin inférieur de l'Arve : environs d'Allinges et de
Thonon. Mai-juin.

1787 (2) — *cæspitosa L.,* — *Deschampsia cæspitosa P.
Beauv.* (C. gazonnante.) — Dans les prés et les bois; au bord
des ruisseaux des régions inférieure et moyenne : autour de
Chamonix; abondante au hameau des Nants; Valorsine, vers
les Mélèzes; en allant au Montanvert depuis Chamonix. Juin-
août.

b) alpina Gaud. — En allant au col de Balme et au Buet;
au grand Saint-Bernard, sur les bords du lac.

1788 (3) — *flexuosa L.,* — *Deschampsia flexuosa Griseb.*
(C. flexueuse.) — Dans les pâturages et les bois des régions
moyenne et supérieure : très-commune aux alentours de Chamonix; Pavillon de Bellevue; col du Bonhomme; Courmayeur;
grand Saint-Bernard; Salvan; Finhaut, etc. Juillet-août.

17. **Avena L.** (Avoine.)

1789 (1) — *sativa L.* (A. cultivée.) — On la cultive dans
les régions inférieure et moyenne de notre circonscription.
Juillet-août.

1790 (2) — *orientalis Schreb.* (A. d'Orient, vulg. A. de
Hongrie.) — On la cultive dans les mêmes régions que la précédente. Juillet-août.

1791 (3) — *fatua L.* (A. folle.) — Dans les moissons des
régions inférieure et moyenne : au Brezon; à Mégève; à Passy,
et dans le Bas-Valais, à Martigny. Juin-juillet.

1792 (4) — *Scheuchzeri All.,* — *versicolor Vill.* (A. de
Scheuchzer.) — Dans les pâturages secs de la région supé-
rieure : abondante autour du col de Balme, surtout aux Becs-
Rouges; sur les deux versants de la chaîne des Aiguilles-Rou-
ges; la Parsaz sous Plampraz; le Brevent; la Flégère; les
Chézerys; sur les moraines latérales de la Mer de Glace; le
Couvercle; le Jardin de la Mer de Glace; arête de la Griaz;
Tré la Tête; le Catogne d'Entremont et en plusieurs endroits
sur le grand Saint-Bernard. Juillet-août.

1793 (5) — *pubescens L.* (A. pubescente.) — Assez commune dans les prés et les pâturages des bassins de l'Arve et

de la Dranse d'Entremont, depuis la plaine jusque sur les montagnes. Mai-juillet.

b) alpina Gaud. — Pâturages de la région supérieure : au grand Saint-Bernard; au Vergy et au Méry.

1794 (6) — *pratensis L.* (A. des prés.) — Dans les prairies sèches et sur les coteaux incultes du bassin inférieur de l'Arve. Juin-juillet.

1795 (7) — *elatior L.,* — *Arrhenatherum elatius M. et K.* (A. élevée.) — Dans les prairies des régions inférieure et moyenne des bassins de l'Arve et de la Dranse d'Entremont. Juin-juillet.

b) bulbosum Gaud., — *Avena bulbosa Willd.* — Presque aussi fréquente que la précédente, dans les champs et les moissons.

1796 (8) — *flavescens L.,* — *Trisetum flavescens P. Beauv.* (A. jaunâtre.) — Commune dans les prés et les bois depuis la région inférieure jusqu'à la supérieure : pâturages de Taconnaz, des Praz-d'Avaz, du Mont-Lachat; Pavillon de Bellevue; entre la cantine de Proz et Bourg-Saint-Pierre. Juin-août.

1797 (9) — *distichophylla Vill.,* — *Trisetum distichophyllum P. Beauv.* (A. à feuilles distiques.) — Lieux rocailleux ou sablonneux de la région supérieure : vallon du Vieux Emousson; Combe de Sixt; Buet; Mont Criou sur Samoëns, vallée de Sixt; Cornettes de Vacheresse; montagnes de Sâles sur Servoz; vallée de Montjoie, depuis Mont Jovet au Bonhomme; toute l'Allée-Blanche et sur le grand Saint-Bernard. Juillet-août.

1798 (10) — *subspicata Sut..* — *Trisetum subspicatum P. Beauv.* (A. épiée.) — Pâturages rocailleux de la région supérieure, à l'extrême limite de la végétation : aux Grands-Mulets, à 2700 m.; Cornettes de Vacheresse; Ubine de Pelloua; près des chalets de Sardonnière, entre les cols de Coux et de Golèze; Catogne de Sembrancher; au col de Fenètre; aux Roches-Polies; sommet de la Chenalettaz au grand Saint-Bernard, à 2800 m. Juillet-août.

1799 (11) — *Gaudiniana Boiss.,* sub *Triseto.,* — *Trisetum Cavanillesii Trin.* (A. de Gaudin.) — Lieux sablonneux, sur les murs et dans les haies. Cette espèce, si peu répandue, ne croît pas dans notre circonscription, mais on la rencontre sur deux points voisins de nos limites : à Saint-Léonard dans le Bas-Valais, à Villefranche et Aimaville dans la vallée d'Aoste. Avril-mai.

18. Holcus L. (Houque)

1800 (1) — *lanatus L.* (H. laineuse) — Commune dans les bois des régions inférieures, au bord des chemins dans les bassins de l'Arve et de la Dranse d'Entremont. Juin–juillet.

1801 (2) — *mollis L.* (H. molle.) — Dans les bois et les champs du bassin de l'Arve, entre Bonneville et le Saxonnet et dans la vallée d'Entremont, près de Martigny et du Brocard. Juillet-août.

19. Kœleria Pers. (Kœlérie.)

1802 (1) — *cristata Pers.*, — *Aira cristata L.* (K. à crêtes.) — Commune dans les prés et les pâturages des trois régions. Juin-juillet.

b) gracilis Pers. — Epi allongé (7-10 centimètres), étroit et serré, d'un blanc argenté : en montant au Cramont; au Mont Clou entre Sembrancher et Bovernier.

1803 (2) — *valesiaca Gaud.* (K. du Valais). — Coteaux arides et bien exposés du bassin inférieur de la Dranse d'Entremont : aux Marques sur Martigny; à Sembrancher. Mai-juin.

1804 (3) — *glauca DC.* (K. glauque.) — Endroits rocailleux et bien exposés de la région moyenne, sur le revers méridional de la chaîne du Mont-Blanc : en montant au Cramont; base de la Saxe sur Courmayeur; dans le vallon du Chapi. Juin-juillet.

20. Glyceria R. Br. (Glycérie.)

1805 (1) — *fluitans R. Br.* (G. flottante.) — Dans les fossés inondés du bassin inférieur de l'Arve et de celui de la Dranse : entre le Fayet et Bonneville, en suivant la route de Marny; Bouchet de Servoz; Chamonix; près de Martigny. Elle s'élève jusqu'à l'alt. de 1700 m., par ex. à Proz en montant au grand Saint-Bernard. Juin-septembre.

1806 (2) — *plicata Fries.* (G. pliée.) — Dans le bassin moyen de l'Arve : lac Bénit, au Mont-Saxonnet près de Bonneville (Reuter). Juin–juillet.

21. Catabrosa P. Beauv. (Catabrose.)

1807 (1) — *aquatica P. Beauv.*, — *Glyceria aquatica Prest.* (non *Wahl.*), — *Aira aquatica L.* (C. aquatique.) — Bord des fossés et des eaux stagnantes, dans les régions inférieure et moyenne : bassin de l'Arve entre Scionzier et Bonneville; Martigny; entre les Contours et Saint-Rémy, versant italien du grand Saint-Bernard. Juillet.

22. **Sclerochloa P. Beauv.** (Sclérochloa.)

1808 (1) — *dura P. Beauv.*, — *Poa dura Scop.* (S. dur.) — Champs de la région inférieure, au nord-est de nos limites : la Bâtiaz de Martigny. Mai.

23. **Poa L.** (Pâturin.)

1809 (1) — *annua L.* (P. annuel.) — Très-commun dans les prés et les pâturages des trois régions, surtout dans le voisinage des chalets. Avril-octobre.

b) varia Gaud., — *supina Schrad.* — Fréquent au Bouchet de Chamonix, sur la montagne de la Côte et on le rencontre aussi au grand Saint-Bernard.

1810 (2) — *minor Gaud.* (P. nain.) — Eboulis calcaires de la région supérieure : chalets de Sardonnière; col de Golèze; Rostang; Beney; Combe de Sixt; Buet; Brevent; Jardin de la Mer de Glace; lac Combal; Saint-Bernard Juillet.

1811 (3) — *concinna Gaud.* (P. mignon.) — Sur les coteaux sablonneux à Courmayeur, très abondant à Branson dans le Bas-Valais, vers les limites nord-est de notre circonscription. Avril-mai.

1812 (4) — *laxa Hœnk.* (P. lâche.) — Pâturages de la région supérieure : les deux versants de la chaîne des Aiguilles-Rouges; base de l'Aiguille-Pourrie, au-dessus des chalets de la Pendant; vallée de Berard au pied du Buet; arête de la Griaz; sur les deux flancs de la chaîne du Mont-Blanc; vallée de la Mer de Glace; à l'Angle; aux Chézerys; dans l'Allée-Blanche; au grand Saint-Bernard. Juillet-août.

b) flavescens Parl. — Au col de Balme; aux Becs-Rouges; entre les chalets inférieurs et les chalets supérieurs de l'Allée-Blanche; moraines latérales de la Mer de Glace; au Brevent et près du lac du grand Saint-Bernard.

1813 (5) — *cœsia Sm.*, — *aspera Gaud.* (P. bleuâtre.) — Sur les rochers bien exposés de la région supérieure : aux Grands-Mulets; au grand Saint-Bernard. Juillet-août.

1814 (6) — *nemoralis L.* (P. des forêts.) — Dans les bois rocailleux, depuis la région inférieure jusqu'à la supérieure, dans toute l'étendue de notre circonscription : commun autour de Chamonix, aux cascades du Dard et des Pèlerins. Juin-juillet.

a) vulgaris. — Epillets petits : aux Pèlerins; au val d'Illiez; à Gueuroz, etc.

b) glauca Bast. — Forme glauque des bois humides et ombragés : à Katrafort, etc.

c) alpina Gren. et Godr. — Epillets à 3-4 fleurs, à panicule droite et peu fournie. Dans les bois de la région moyenne : montagnes de Sâles.

d) firmula. — Moraines latérales de la Mer de Glace; grand Saint-Bernard, à Tzaraire et le long du torrent qui descend de l'Ardifagoz à Pradaz.

1815 (7) — *alpina L.* (P. des Alpes.) — Fréquent dans les pâturages rocailleux des régions moyenne et supérieure : autour de Chamonix; le Bouchet; vallon d'Entre les Eaux; Entre les Champs sur Argentière; près de la Tête-Rouge et du Tour; vallée d'Abondance; vallée de Montjoie, jusqu'au Bonhomme; l'Allée-Blanche et le grand Saint-Bernard. Mai-juillet.

b) vivipara Koch. — Col de Balme; Montanvert; source d'Arveyron; grand Saint-Bernard.

c) brevifolia Koch. — Variété à feuilles brèves : Aiguilles-Rouges; Bovernier.

1816 (8) — *bulbosa L.* (P. bulbeux.) — Commun dans les lieux incultes et au bord des chemins, depuis la région inférieure jusqu'au-dessus de la région moyenne : Chamonix; Servoz; Courmayeur, etc., etc. Mai-juillet.

b) vivipara Gaud. — Aussi commun que le type : alluvions de l'Arve, entre Chède et le Fayet; depuis les Plagnes à Saint-Gervais-les-Bains, etc, etc.

1817 (9) — *compressa L.* (P. comprimé.) — Très-commun dans les lieux sablonneux, les champs et sur les murs des régions inférieure et moyenne : bassins de l'Arve, de la Dranse d'Entremont et de la Doire de Courmayeur; dans le vallon du Chapi sur Courmayeur; Habère-Lullin, etc. Juin-juillet.

1818 (10) — *distichophylla Gaud.,* — *cenisia All.,* — *flexuosa Host.* (P. distique.) — Eboulis rocailleux de la région supérieure : les deux versants de la chaîne des Aiguilles-Rouges; col de la Loriaz dans la vallée de Berard; la Floriaz; près des chalets de Sardonnière entre les cols de Coux et de Golèze; Combe de Sixt; lac Combal; au grand Saint-Bernard; Catogne de Sembrancher; plus fréquent sur le terrain calcaire que sur le cristallin. Juillet-août.

1819 (11) — *Halleridis R. et S.* (P. de Haller.) — Cette espèce se rapproche beaucoup de la précédente avec laquelle

elle a été longtemps confondue : diluvions caillouteux de la région supérieure : pâturages du col de Balme. Juillet-août.

1820 (12) — *pratensis L.* (P. des prés.) — Commun dans les prés des deux régions inférieures : autour de Chamonix; bassins de l'Arve, de la Dranse d'Entremont, etc., etc. Mai-juin.

b) angustifolia Sm. — Pont de la Carbottaz; plaine de Passy.

1821 (13) — *trivialis L..* — *scabra Ehrh.* (P. commun.) — Commun dans les prairies. depuis la région inférieure jusqu'à la moyenne, dans toutes les vallées de notre circonscription. Juin-juillet.

b) rubescens Reut. — Col d'Anterne; Pavillon de Bellevue.

1822 (14) — *sudetica Hœnke.,* — *Chaixi Vill.* (P. des Sudètes.) — Dans les bois, les taillis, les buissons de la région moyenne : vallée du Reposoir; pied de la chaîne des Aiguilles-Rouges; en allant au Brevent; au Keyzet; au bas de l'Ardifagoz sur le grand Saint-Bernard; val de Champey. Juin.

1823 (15) — *hybrida Gaud.* (P. hybride.) — Dans les pâturages des régions moyenne et supérieure : au Brezon, sur Bonneville; au col de Balme; Habère-Vailly; Mont Petitot. Juillet-août.

24. Eragrostis P. Beauv. (Eragrostis.)

1824 (1) — *poœoides P. Beauv.,* — *Poa Eragrostis L.* (E. amourette.) — Lieux secs des terrains sablonneux de la région des bassins de l'Arve et de la Dranse : entre Martigny-Bourg et le hameau de la Croix. Juillet-septembre.

1825 (2) — *pilosa P. Beauv.* (E. poilue.' — Dans la région inférieure des bassins de l'Arve et de la Dranse d'Entremont. Juillet-septembre.

25. Briza L. (Brize.)

1826 (1) — *media L.* (B. intermédiaire.) — Commune dans les prés des régions inférieure et moyenne, s'élevant jusqu'à la région supérieure dans tout le domaine de notre flore. Juin-juillet.

26. Melica L. (Mélique.)

1827 (1) — *ciliata L.,* — *nebrodensis Parl.* (M. ciliée.) — Lieux rocailleux de la région inférieure : bassin de la Dranse d'Entremont à Martigny et à Orsières; bassin de l'Arve moyen, sur les rochers herbeux en montant à la grotte de Balme; à Bellevaux dans la vallée d'Abondance. Juin-juillet.

1828 (2) — *nutans L.* (M. penchée.) — Commune dans les lieux ombragés de la région moyenne des bassins de l'Arve et de la Dranse d'Entremont : Chamonix; Argentière; Orsières, etc. Mai-juin.

1829 (3) — *uniflora Retz.* (M. uniflore.) — Dans les pâturages de la région inférieure et dans les mêmes limites que la précédente, mais moins commune. Mai-juin.

27. Scleropoa Griseb. (Scléropoa.)

1830 (1) — *rigida Griseb.* — *Poa rigida L.* (S. rigide.)— Lieux secs et pierreux exposés au midi : à l'entrée du vallon du Chapi sur Courmayeur; à Thonon (Puget). Juin.

28. Dactylis L. (Dactyle.)

1831 (1) — *glomerata L.* (D. aggloméré.) — Très-commun dans les prés des trois régions, mais il ne dépasse pas l'altitude de 2000 m. Juin-août.

29. Molinia Schrank. (Molinie.)

1832 (1) — *cærulea Mœnch.* (M. bleuâtre.) — Lieux marécageux, depuis la région moyenne jusqu'à la supérieure : au Bouchet; en montant au Pavillon de Bellevue, etc. Août-septembre.

b) minor Gaud. — Col de Voza et Pavillon de Bellevue.

1833 (2) — *serotina M. et K.* (M. tardive.) — Dans les mêmes stations que la précédente, mais indiquée seulement à la Vuardette de Martigny et au grand Saint-Bernard (Rion). Août-septembre.

30. Danthonia DC. (Danthonie.)

1834 (1) — *decumbens DC.,* — *Triodia decumbens P. Beauv.* (D. inclinée.) — Dans les pâturages et les bois de la région moyenne. Indiquée aux Voirons (Dr Bouvier). Juin-juillet.

31. Cynosurus L. (Crételle.)

1835 (1) — *cristatus L.* (C. des prés.) — Prairies et pâturages des régions inférieure et moyenne : Hortaz; Bouchet; Pavillon de Bellevue; les Houches; vallée d'Entremont, etc. Juin-juillet.

1836 (2) — *echinatus L.* (C. hérissée.) — Dans les champs de la région moyenne des bassins de l'Arve et de la Dranse d'Entremont : Bovernier; Sembrancher; Liddes; près de Bourg-Saint-Pierre; aux Chauderons et dans les moissons de la vallée de Chamonix. Juin-juillet.

32. **Festuca L.** (Fétuque.)

1837 (1) — *ciliata Link.,* — *Vulpia Myuros Rchb.* (F. ciliée.) — Au bord des chemins de la région inférieure des bassins de la Dranse de Martigny et de la Dranse d'Abondance : à Thonon (Puget). etc. Mai-juin.

1838 (2) — *ovina L.* (F. des brebis.) — Commune dans les pâturages secs et arides des régions inférieure et moyenne. Mai-juin.

a) valesiaca Gaud. — Feuilles très-rudes, glumelles à paillette inférieure brièvement aristée. Abondante sur les coteaux arides de la vallée d'Entremont; aux Marques sur Martigny, etc. Juillet.

b) tenuifolia Sibth. — Glumelles mutiques ou brièvement apiculées. Dans les bois rocailleux des régions inférieure et moyenne de notre champ d'étude : bassins de l'Arve et de la Dranse d'Entremont, par ex. à Servoz et à Martigny.

1839 (3) — *alpina Gaud.* (F. des Alpes.) — Pelouses de la région supérieure : au pied des parois de rochers abrités du bassin de l'Arve, à la Glacière du Brezon, du côté de Bonneville; au pied du Vergy; au col de Bellafrasse. au Mont Méry; montagnes de Sâles; col d'Anterne; Vacheresse. etc. Juillet-août.

1840 (4) — *Halleri All.* (F. de Haller.) — Pâturages rocailleux ou sablonneux de la région supérieure : au col de Balme et sur toute l'arête des Aiguilles-Rouges; au Brevent; au col du Cormet; à la Floriaz sur la Flégère; les deux moraines latérales de la Mer de Glace, entre le Montanvert et l'Angle ; au passage de l'Etallaz; toutes les sommités du val Montjoie et du grand Saint-Bernard. à Mont-Cubit, près de l'hospice, etc. Juillet-août.

1841 (5) — *duriuscula L.* (F. dure.) — Très-commune dans les prés secs et arides des régions inférieure et moyenne : Bouchet de Chamonix; Servoz et tout le bassin de l'Arve; vallée d'Entremont, etc. Mai-juin.

b) glauca Lam. — Plante glauque, à panicule courte. Endroits arides, exposés au soleil : au pied de la chaîne des Aiguilles-Rouges; aux Gaillands; à Bocher; au Bouchet de Servoz; aux Marques de Martigny, etc.

1842 (6) — *violacea Gaud.* (F. violette.) — Pâturages rocheux de la région supérieure : versant oriental de la chaîne des Aiguilles-Rouges, entre Plamprat, la Flégère, les Chézerys et le sommet de la chaîne; en montant à Lachat sous Plampraz; vallons du Vieux Emousson et d'Entre les Eaux; en allant au Montanvert; à Sembrancher, dans le val d'Entremont; au grand Saint-Bernard, etc. Juillet-août.

1843 (7) — *rubra L.* (F. rouge.) — Commune dans les prés et les endroits sablonneux des régions inférieure et moyenne : base des Aiguilles-Rouges; Chamonix; les Gaillands; Bocher Sainte-Marie, etc. Mai-juin.

1844 (8) — *heterophylla Lam.* (F. hétérophylle.) — Dans les bois ombragés de la région inférieure du bassin de l'Arve : au pont de la Menoge et de la Bioge, etc. Juin-août.

1845 (9) — *nigrescens Lam.,* — *heterophylla b. alpina Gr. et Godr.* (F. noirâtre.) — Commune dans les régions inférieure et moyenne : base des Aiguilles-Rouges; Argentière; Valorsine; Bouchet; col du Bonhomme; Allée-Blanche; grand Saint-Bernard, etc. Juin-juillet.

1846 (10) — *pumila Chaix.* (F. naine.) — Pâturages rocailleux de la région supérieure . rochers de la Crolx de Fer près du col de Balme; en montant des chalets de Catogne au col de Balme, en longeant la frontière suisse; toute la chaîne des Aiguilles-Rouges; chaîne d'Anterne; montagnes de Sâles; au Platet; au col du Bonhomme; au grand Saint-Bernard et au col de Fenêtre. Elle est moins fréquente sur le cristallin que sur les terrains calcaires. Juillet-août.

1847 (11) — *raria Hœnk.* (F. variable.) — Rochers herbeux de la région supérieure : versant nord de la chaîne des Aiguilles-Rouges; Allée-Blanche; grand Saint-Bernard, à la Baux, à Mont-Cubit; au col de Fenêtre. Juillet-août.

1848 (12) — *flavescens Bell.* (F. jaunâtre.) — Pâturages rocailleux de la région supérieure : sur toute la chaîne des Aiguilles-Rouges, à gauche en montant le couloir de Lachat sous Plampraz; sur la Flégère et au-dessus des chalets des Chézerys et des Frasserands. Juillet-août.

1849 (13) — *pilosa Hall. fil.* (F. poilue.) — Pâturages de la région supérieure des limites nord-est de notre circonscription : au grand Saint-Bernard; à la Grand-Lui et près de la Tour-des-Fous. Juillet.

1850 (14) — *Scheuchzeri Gaud.* (F. de Scheuchzer.) — Pâturages de la région supérieure : Mont Méry; vallée du Reposoir; chaîne d'Anterne; montagnes de Sixt; val d'Illiez, etc. Juillet-août.

1851 (15) — *sylvatica Vill.* (F. des bois.) — Dans les bois des régions inférieure et moyenne : bassin moyen de l'Arve et sur les montagnes qui composent la chaîne du Mont-Blanc. Juin-juillet.

1852 (16) — *arundinacea Schreb.* (F. Roseau.) — Dans les marais des vallées de l'Arve et de la Dranse d'Entremont. Juin-juillet.

1853 (17) — *pratensis Huds.,* — *elatior L.* (F. des prés.) — Très-commune dans les prairies fertiles de notre circonscription : bassin moyen de l'Arve; Chamonix; les Barats; les Chauderons, etc. Juin-juillet.

1854 (18) — *gigantea Vill.* (F. géante.) — Dans les bois et les lieux ombragés humides de la région inférieure des bassins de l'Arve et de la Dranse d'Abondance. Juin-juillet.

33. Bromus L. (Brome.)

1855 (1) — *asper L.* (B. rude.) — Dans les bois, depuis la région inférieure jusqu'à la moyenne des limites nord-est de notre circonscription : aux Marques de Martigny; entre la Croix et la Bâtiaz; pont de la Bioge, etc. Juin-juillet.

1856 (2) — *erectus Huds.* (B. dressé.) — Très-commun dans les prés secs et arides des régions inférieure et moyenne : autour de Chamonix; à Servoz; sous le Platet; à Saint-Martin près de Sallanches; au pont de la Carbottaz; à Martigny et dans le val d'Entremont. Mai-juin.

1857 (3) — *sterilis L.* (B. stérile.) — Dans les lieux incultes de la région inférieure : tout le bassin de l'Arve; vallée d'Entremont; aux Marques de Martigny, entre la Croix et la Bâtiaz; Courmayeur, etc. Mai-août.

1858 (4) — *tectorum L.* (B. des toits.) — Dans les lieux secs et stériles de la région inférieure : les Marques de Martigny, entre le hameau de la Combe et la Croix; vallée d'Entremont; sous Saint-Rémy, versant italien du grand Saint-Bernard. Mai-juin.

1859 (5) — *mollis L.* (B. mollet.) — Commun dans les prés et les endroits graveleux des bassins inférieur et moyen de l'Arve et de la Dranse d'Entremont. Juin-juillet.

1860 (6) — *commutatus Schrad.* (B. confondu.) — Dans les prés et au bord des chemins de la région inférieure des bassins de l'Arve et de la Dranse d'Entremont. Juin.

1861 (7) — *squarrosus L.* (B. squarreux.) — Dans les lieux stériles, graveleux et secs de la région inférieure du bassin de la Dranse d'Entremont : depuis la Bâtiaz, les Marques, la Croix, la Combe, jusqu'à Orsières. Mai-juin.

b) *villosus Gaud.* — A la Chartreuse de Sembrancher, dans la vallée d'Entremont.

1862 (8) — *arvensis L.* (B. des champs.)—Dans les champs et le long des chemins de la région inférieure des bassins de l'Arve et de la Dranse d'Entremont : entre le Chatelard, Chêde et Saint-Martin; depuis le Brocard à Sembrancher dans la vallée d'Entremont. Juin-juillet.

1863 (9) — *secalinus L.* (B. sécalin.) — Dans les champs de la région inférieure des vallées de l'Arve et de la Dranse d'Entremont. Juin-juillet.

34. Hordeum L. (Orge.)

1864 (1) — *vulgare L.* (O. commune.) — Cultivée dans les régions inférieure et moyenne de tout le domaine de cette flore. Juin.

1865 (2) — *hexastichon L.* (O. à six rangs.) — Cultivée dans les mêmes régions que la précédente, mais plus rarement : Habère-Lullin; Martigny, etc. Juin.

1866 (3) — *distichum L.* (O. à deux rangs.) — Généralement cultivée depuis la plaine jusqu'à la limite extrême de la région des moissons. Juin.

1867 (4) — *murinum L.* (O. des murs, vulg. Queue-de-souris.) — Très-commune le long des routes et au pied des murs dans les régions inférieure et moyenne. Juin-juillet.

1868 (5) — *secalinum Schreb.* (O. faux-Seigle.) — Peu répandue : dans le bassin inférieur de l'Arve, au Châble près de Saint-Julien (Rapin). Juin-juillet.

35. Elymus L. (Elyme.)

1869 (1) — *europæus L.* (E. d'Europe.) — Dans les bois ombragés de la région moyenne : commun dans le bassin moyen de l'Arve et de la Dranse d'Abondance. Juin-août.

36. **Secale L.** (Seigle.)

1870 (1) — *Cereale L.* (S. cultivé.) — Cultivé partout dans les régions inférieure et moyenne de' notre circonscription : Chamonix; Argentière; Mégève; vallée d'Entremont, etc. Mai-juin.

37. **Triticum P. Beauv.** (Froment.)

1871 (1) — *vulgare Vill*. (F. commun, vulg. Blé, Froment.) — Cultivé généralement dans les régions inférieure et moyenne. Mai-juin.

1872 (2) — *turgidum L*. (F. Pétanielle, vulg. Gros blé, non-nette.) — Diffère du froment commun par son épi plus gros et par son cariopse ovoïde, ventru. Cultivé dans les mêmes régions que le précédent. Juin.

1873 (3) — *Spelta L*. (F. Epeautre.) — Rarement cultivé dans notre circonscription et seulement dans la région inférieure. Juin.

1874 (4) — *monococcum L*. (F. Locular.) — On le cultive dans la région inférieure du bassin de l'Arve. Juin.

38. **Agropyrum P. Beauv.** (Agropyre.)

1875 (1) — *repens P. Beauv*., — *Triticum repens L*. (A. Chiendent.) — Très-commun dans les lieux cultivés des régions inférieure et moyenne. Juin-juillet.

1876 (2) — *caninum Ræm. et Schultz*.. — *Triticum caninum Huds*. (A. des chiens.) — Dans les lieux ombragés, le long des chemins des régions inférieure et moyenne du bassin de la Dranse d'Entremont : Martigny-Bourg; entre la Croix et Bovernier; à Habère-Lullin (Puget). Juillet.

1877 (3) — *glaucum Ræm. et Schultz*. (A. glauque.) — Sur les coteaux arides de la région inférieure du bassin de la Dranse d'Entremont : les Marques de Martigny; entre la Croix et Bovernier. Juillet-août.

39. **Brachypodium P. Beauv.** (Brachypode.)

1878 (1) — *sylvaticum Ræm. et Schultz*. (B. des bois.) — Commun dans les bois, les haies et les lieux ombragés de la région inférieure du bassin de l'Arve; à Chamonix; aux Nants; à Habère-Lullin (Puget), etc. Juillet-septembre.

1879 (2) — *pinnatum P. Beauv*. (B. penné.) — Commun dans les prés secs et au bord des bois des régions inférieure et moyenne : bassin de l'Arve, à Chamonix, à Argentière, à Servoz; environs de Habère-Lullin; les Marques de Martigny, etc. Juillet-août.

40. **Lolium L.** (Ivraie.)

1880 (1) — *perenne L.* (I. vivace.) — Commune dans les prés et au bord des champs des régions inférieure et moyenne : tout le bassin de l'Arve, à Mégève, à Saint-Gervais, à Chamonix; sous le château de Bourg-Saint-Pierre dans la vallée d'Entremont. Juin-juillet.

b) tenue Schrad. — Mégève, bord des champs.

1881 (2) — *italicum Al. Braun.* (I. d'Italie.) — Cultivée comme plante fourragère sur quelques points du bassin de l'Arve; plus ou moins spontanée dans nos contrées, par ex. à Mégève et dans la vallée de Chamonix. Juin-septembre.

b) muticum. — Environs de Chamonix.

1882 (3) — *multiflorum Lam.* (I. multiflore.) — Dans les lieux cultivés des régions inférieure et moyenne. Juin-juillet.

1883 (4) — *temulentum L.* (I. enivrante.) — Dans les moissons, principalement de froment et de seigle. Çà et là : près des Valettes et dans les champs d'orge à Orsières dans la vallée d'Entremont. Juin-juillet.

1884 (5) — *linicola Sond.,* — *arvense Schrad.* (I. linicole.) — Dans les champs de lin des vallées de l'Arve et de la Dranse d'Entremont : à Martigny et à Chamonix. Juin-juillet.

41. **Nardus L.** (Nard.)

1885 (1) — *stricta L.* (N. roide.) — Pâturages des régions moyenne et supérieure : autour de la chaîne du Mont-Blanc; sur toutes les sommités de la chaîne des Aiguilles-Rouges; au pied du Grand-Bois; aux cascades du Dard et des Pèlerins; au Bouchet; au grand Saint-Bernard, etc. Juin-juillet.

SUPPLÉMENT

33 (12) *Ranunculus parnassifolius L.* — Ajoutez aux localités : Dent du Midi; Porte des Aravis, au-dessus de la Giétaz; signalée au grand Saint-Bernard.

63 (3) *Aconitum paniculatum Lam.*, var. *depauperatum.* — Allée-Blanche, à la descente du col de la Seigne.

16 *bis.* **Lunaria L.** (Lunaire.)

128 *bis. Lunaria biennis Mœnch.* (L. bisannuelle.) — Subspontanée à Orsières, près de la cure, le long de la Dranse. Juin-juillet.

244 (7) *Alsine Villarsii M. et K.* — Ajoutez aux localités : Dent du Midi.

246 (9) *Alsine Bauhinorum Gay.* — Ajoutez aux localités : Mer de Glace.

345 (3) *Trifolium alpestre L.* — Ajoutez aux localités : dans les bois du Montanvert.

444 (11) *Potentilla opaca L.* — Ajoutez aux localités : sur le Cramont au-dessus de Courmayeur.

483 (5) *Rosa intricata Dsgl.* — Ajoutez aux localités : Saint-Jean-de-Sixt dans la vallée de Thônes; La Chapelle dans la vallée d'Abondance.

503 (25) *R. dumosa Puget.* — Ajoutez aux localités : Saint-Rémy sous le grand Saint-Bernard; Orsières dans la vallée d'Entremont.

538 *bis. R. marginata Wallr.* (R. à feuilles glabres.) — Dans les haies de la région moyenne. Indiquée à la Clusaz, vallée de Thônes et au Grand Bornand. Juin-juillet.

584 (106) *R. montana Chaix*, var. *pauciglandulosa.* — A Saint-Rémy sous le grand Saint-Bernard.

584 (106) *R. montana Chaix*, var. *latifolia.* — Au Mont Andey sur Bonneville.

689 (8) *Saxifraga controversa Sternbg.* — Ajoutez aux localités : cascade de Pissevache près de Vernayaz; grand Saint-Bernard.

739 (1) *Angelica sylvestris b. montana Gaud.* — Pâturages sur la Flégère.

743 (4) *Peucedanum austriacum Koch.* — Ajoutez aux localités : pâturages rocailleux sur la Flégère.

802 (3) *Asperula longiflora W. et K.* — Ajoutez aux localités : Martigny; Orsières; Saint-Pierre près d'Aoste.

872 (8) *Artemisia spicata Wulf.* — Ajoutez aux localités : petit Saint-Bernard.

876 (1) *Leucanthemum vulgare Lam.,* var. *atratum DC.* — Chaîne des Aravis, Bonhomme; la Clusaz dans la vallée de Thônes.

887 *bis. Achillea tanacetifolia All.* (A. à feuilles de Tanaisie.) — Prairies de la région supérieure : à la Gittaz, au haut de la vallée de Beaufort. Juillet-août.

900 (2) *Gnaphalium norvegicum Gunn.* — Ajoutez aux localités : Les Contamines.

904 (3) *G. Hoppeanum Koch.* — Ajoutez aux localités : en montant des Contamines au col du Joly.

954 *bis. Carlina acanthifolia All.* (Carline à feuilles d'Acanthe.) — Entre Saint-Rémy et Saint-Oyen, versant sud du grand Saint-Bernard, en compagnie du *Tragopogon crocifolius L.* (F.-O. Wolf). Juin-août.

1046 *bis. Hieracium Wolfianum E. Favre.* (Epervière de Wolf.) — Dans les bois rocailleux près de Bovernier dans la vallée d'Entremont. Elle a les calathides du *H. rupicolum Fries*, mais encore plus grandes, et les feuilles du *H. incisum Hoppe* ou même du *H. præcox Jord.* C'est peut-être un *H. rupicolum × præcox* ou une *forma umbrosa* du *H. rupicolum Fries* Juin-juillet.

1084 (13) *Campanula Scheuchzeri Vill.* — Ajoutez aux localités : environs de Chamonix, entre 1500 et 2000 m.

1282 *bis. Mentha mollissima Borkh.* (Menthe à feuilles très-molles.) — Vallée de Chamonix; Grand Bornand; vallée de Thônes. Septembre-octobre.

1320 (2) *Galeopsis intermedia Vill.* — Ajoutez aux localités : de Chamonix à la Mer de Glace.

1322 (4) *G. Reichenbachii Reut.* — Ajoutez aux localités : dans les champs à Chamonix.

1325 (2) *Stachys alpina L.* — Ajoutez aux localités : au Montanvert, près de Chamonix.

www.ingramcontent.com/pod-product-compliance
Lightning Source LLC
LaVergne TN
LVHW021533170726
843501LV00004B/1050